U0117232

莎士比亚的科学

一位剧作家和他的时代

The Science of Shakespeare

A New Look at the Playwright's Universe

[加]丹·福克

— 著 —

斯韩俊

— 译 —

华东师范大学出版社

·上海·

图书在版编目（CIP）数据

莎士比亚的科学：一位剧作家和他的时代/(加)丹·福克著;斯韩俊译. —上海：华东师范大学出版社,2022

（三棱镜译丛）

ISBN 978 - 7 - 5760 - 2843 - 0

Ⅰ.①莎… Ⅱ.①丹… ②斯… Ⅲ.①科学史—世界 Ⅳ.①G3

中国版本图书馆 CIP 数据核字(2022)第 216720 号

莎士比亚的科学：一位剧作家和他的时代

著　　者　[加] 丹·福克
译　　者　斯韩俊
责任编辑　朱华华　张婷婷
特约审读　程云琦
责任校对　张佳妮　时东明
装帧设计　刘怡霖

出版发行　华东师范大学出版社
社　　址　上海市中山北路 3663 号　邮编 200062
网　　址　www.ecnupress.com.cn
电　　话　021 - 60821666　行政传真 021 - 62572105
客服电话　021 - 62865537　门市(邮购)电话 021 - 62869887
地　　址　上海市中山北路 3663 号华东师范大学校内先锋路口
网　　店　http://hdsdcbs.tmall.com

印 刷 者　上海景条印刷有限公司
开　　本　890 毫米×1240 毫米　1/32
印　　张　13.75
字　　数　259 千字
版　　次　2023 年 6 月第 1 版
印　　次　2024 年 9 月第 2 次
书　　号　ISBN 978 - 7 - 5760 - 2843 - 0
定　　价　68.00 元

出 版 人　王　焰

目　录

前言和致谢　1

序　言　1

“上天保佑”

引　言　1

“诗人的眼睛，激扬一转，就扫视了人间天上，天上人间……”

1. 宇宙学简史　16

“起来吧，美丽的太阳……”

2. 尼古拉·哥白尼，迟疑的改革者　40

“眩晕的人认为世界颠倒了……”

3. 第谷·布拉赫和托马斯·迪格斯　57

“雄伟的屋顶上满是金色的火焰……”

4. 哥白尼的影子和科学的曙光　80

“那些自命不凡的文人学士……”

5. 英格兰科学的崛起和都铎望远镜的问题 104
“镀着一层泪液的愁人之眼……”

6. 威廉·莎士比亚简史 134
“谁能够告诉我我是什么人？”

7.《哈姆莱特》中的科学 167
“天地之间有许多事情……”

8. 阅读莎士比亚，阅读隐藏的含义 197
“……把一只鹰当作了一只鹭鸶……”

9. 莎士比亚和伽利略 223
“世界在旋转吗？”

10. 占星术的诱惑 253
“出于上天旨意做叛徒……”

11. 莎士比亚时代的魔法 272
“美即丑恶丑即美……”

12. 莎士比亚与医学 293
“紊乱的身体……”

13. 生活在物质世界　313

“几匹蚂蚁大小的细马替她拖着车子……”

14. 消逝的众神　334

“天神掌握着我们的命运，正像顽童捉到飞虫一样……”

结　语　359

“人家说奇迹已经过去了……”

注　释　370

参考文献　403

译后记　421

前言和致谢

巧合的是，我对科学的热爱和对莎士比亚的喜欢可以追溯到大约同一时间：当我的父母第一次带我去看《麦克白》(*Macbeth*)时，我才十岁或十一岁；大约在那时，他们给我买了一本H. A. 雷(H. A. Rey)的《认识星星》(*Know the Stars*)，这是一本很棒的儿童天文学书籍。[雷喜欢天文学，也喜欢猴子；他与他的妻子玛格丽特(Margaret)一起，是“好奇的乔治”(Curious George)的创造者。]后来我才意识到莎士比亚对天文学有一定的了解。这是显而易见的，因为他经常提到日出、日食、极星等；但多年来，我丝毫没有思考过此事。我还知道莎士比亚和伽利略出生于同一年；但这一事实通常被斥为鸡毛蒜皮的小事。(当然，1564年是个好年份，但那又如何呢？)

1996年1月，天文学家彼得·厄舍(Peter Usher)在美国天文学会的一次会议上发表了一篇题为《重新解读莎士比亚的〈哈姆莱特〉》(“A New Reading of Shakespeare's *Hamlet*”)的论文，这是一个转折点。(很幸运，这次会议在我的家乡多伦多举行。)但是，厄舍的研究显然有争议，他的论文只溅起了一点小水花；很快我又回到了有关黑洞和大爆炸的文章写作中。但大约在2010年，莎士比亚诞辰450周年酝酿之时，我开始进行更深入的挖掘——很快我意识到，我只触及了一个丰富而未被深入探讨的话题的表面。不久，我发现一些受人尊敬的莎士比亚学者开始研究这位剧作家的科学知识，尤其是在天文学方面。另一个幸运的消息是：做这方面研究的最前沿学者之一斯科特·迈萨诺

(Scott Maisano)就居住在波士顿，这正是我在 2011 到 2012 年的居住地，当时我在麻省理工学院担任奈特科学新闻研究员(Knight Science Journalism Fellow)。

我意识到《莎士比亚与科学》(*Shakespeare and science*)将会成为一部引人入胜的电台纪录片，于是把它推荐给了 CBC 电台的《概念》(*Ideas*)频道，他们同意了我的看法。这本书利用了许多最初为那个项目进行的采访。随着研究的继续，图书馆成了我的第二个家；我旁听了大学的莎士比亚课程；我去看了尽可能多的莎士比亚剧作演出。观看演出的总数我已经记不清了，但各种各样的都有：室内的、室外的；简约的、奢华的；无预算的、低预算的和专业的。我喜欢在伦敦莎士比亚环球剧院给《亨利五世》(*Henry V*)当"低层次观众"；我看了很多版本的《皆大欢喜》(*As You Like It*)、《第十二夜》(*Twelfth Night*)和《理查三世》(*Richard III*)；我看了虐恋版的《安东尼与克莉奥佩特拉》(*Antony and Cleopatra*)(我们姑且说里面可以看到很多皮革制品)和"无政府主义"式的《一报还一报》(*Measure for Measure*)，其中巴那丁(Barnardine)由一个手偶扮演(这被证明是相当有效的，尽管它在一定程度上限制了他的动作)。

在《莎士比亚的科学：一位剧作家和他的时代》(*The Science of Shakespeare: A New Look at the Playwright's Universe*)一书中，我审视这位剧作家的世界，仔细研究他那个时代的科学(请记住，我们今天所说的"科学"此时才刚刚开始出现)。这个主题——现代科学的诞生——本身就很吸引人，我希望读者会喜欢这本书，将其作为一部思想史来阅读，并关注这一非凡的发现(discovery)时期。我还研究了这些发现如何在莎士比亚的作品中得到体现，更广泛地说，它们如何重塑整个社会。因此，尽管关于这一时期的著作很多，而且莎士比亚也是历史上被研究得最多的人物之一，但我希望，通过探索这位剧作家与其所处世界这一方面之间的联系，本书能提供一些新的东西。

如果不是那些学者们——多得列不出名字——在相关研究中对这一主题的比我深入得多的探索，这本书就不可能完成；他们的书籍和期刊文章的价值不可估量。我特别感谢那些允许我向他们（有时是反复地）提出各种有关莎士比亚问题的研究人员，尤其感谢那些允许我拿着麦克风为CBC电台的纪录片采访他们的人。这些人员包括：哈佛大学的斯蒂芬·格林布拉特（Stephen Greenblatt），牛津大学的约翰·皮切尔（John Pitcher），得克萨斯大学奥斯汀分校（University of Texas-Austin）的埃里克·马林（Eric Mallin），以及最近从迈阿密大学（University of Miami）退休的科林·麦克金（Colin McGinn）。斯科特·迈萨诺不止一次接受了采访，回答了无数的问题，他应该受到特别的感谢。彼得·厄舍的工作是这个项目的催化剂之一，也值得特别感谢。我还要感谢大西洋两岸的许多博物馆馆长、导游和图书管理员。在伦敦，与科学博物馆的鲍里斯·贾丁（Boris Jardine）及旧手术室博物馆和草药阁博物馆（Old Operating Theatre Museum and Herb Garret）的凯文·弗鲁德（Kevin Flude）的会面尤其富有成果。欧文·金格里奇（Owen Gingerich）和唐纳德·奥尔森（Donald Olson）回答了我许多有关天文学历史的问题，雷·贾亚瓦德哈纳（Ray Jayawardhana）在超新星物理学方面为我指明了正确的方向。许多学者在不知不觉中帮助过我；例如，大卫·利维（David Levy）的著作让我在早期英格兰现代文学中找到了大量对天文学的参考引用。我还要感谢欢迎我进入他们课堂的教授们——包括哈佛大学的戈登·特斯基(Gordon Teskey)、麻省理工学院的彼得·唐纳森(Peter Donaldson)、多伦多大学的克里斯托弗·沃利(Christopher Warley)和杰里米·洛佩兹(Jeremy Lopez)。

我要感谢我不知疲倦的经纪人，他们是跨大西洋社(Transatlantic Agency)的肖恩·布拉德利(Shaun Bradley)和圣马丁出版社(St. Martin's Press)耐心的编辑彼得·约瑟夫(Peter Joseph)、制作编辑大卫·斯坦福·伯尔(David Stanford Burr)和文案编辑特里·麦克加里(Terry McGarry)。杰西卡·米斯法德(Jessica Misfud)在帮助收集能够说明这项研究的图片方面起到了非常重要的作用。我要特别感谢玛丽娜·德·桑蒂斯(Marina De Santis)将意大利语译成英语的高超技巧。迈萨诺博士很慷慨地花时间查阅了部分手稿内容，阿曼达·格夫特(Amanda Gefter)和比尔·拉坦齐(Bill Lattanzi)也做了同样的工作。(尽管如此，读者不应假定书中提到的任何一位研究人员一定会同意我得出的任何特定结论；当然，书中的任何错误都纯粹是我自己的错误。)在这一过程中，我的家人和朋友一直支持着我，没有他们的爱和支持，我不可能成功。

最后，尽管我在图书馆、教室和剧院里待了很长时间，但我并不自诩是一名专业的莎士比亚学者：我只是一名对科学着迷、对历史好奇的记者，而且——就像世界上的数百万人一样——我对莎士比亚的成就心怀敬畏。我使用脚注、尾注和详尽的参考书目来记录我的文献来源，并为读者提供更多的信息；然而，这本书的目标读者并非专家，而是那些像我一样，对科学改变世界的方式感到惊奇的人，以及那些喜欢阅读和观看莎士比亚作品并从中获得乐趣的人。

序　言

“上天保佑”

英格兰沃里克郡，埃文河畔的斯特拉福德

1572年11月19日

下午6:05

“爸爸！”

一位中年男子转过身来迎接他的儿子，那孩子正随着十几个男孩一起走出新国王学校（King's New School）进入教堂巷（Chapel Lane）。天变冷了；那人把斗篷拉到了胸口。他很庆幸能戴着新皮帽，而不像去年冬天只能凑合着戴那种毡帽。男孩一如既往地精力充沛，似乎不介意寒冷。

“你不用陪我回家，爸爸。我快九岁了。”在冬天寒冷的空气中可以看到男孩呼出的热气。

“八岁半还不算‘快九岁’。但你是对的，威廉，你现在是个年轻人了，”父亲回答道，“碰巧我在教堂有事，正准备回家。我们现在赶快吧，妈妈和孩子们都在等着呢。我希望你今天没有给亨特老师（Master Hunt）添麻烦。”

“亨特老师的母亲生病了，所以他不得不去阿尔维斯顿。”

父亲吃了一惊；通常他是第一个听到这种消息的人。“是这样的吗？"

"但是另一个老师来代课了，"男孩继续说道，"是詹金斯老师（Master Jenkins）。我们仍要学习拉丁语语法。但我们还讨论了《圣经》，而且高年级的孩子们读了一首贺拉斯（Horace）的诗，还演了一部罗马戏剧中的一个场景。"

"贺拉斯是我的最爱。你能记起几句吗？"

"让我想想……'*There is nothing that the hands of the Claudii will not accomplish*'（'——没有什么是克劳狄的双手做不成的——'）"

"不是用英语。贺拉斯不该用英语来读。威廉，请用拉丁语。"

"噢，爸爸，学校放学了。我不喜欢[1]拉丁语。"

"你喜不喜欢根本不重要。你必须学会如何做一个绅士——以在接下来的几年里免得受罚。现在继续。用拉丁语。"

"嗯……'*nil Claudiae non perficient manus, quas et … um … benignus numine Iuppiter*'（'没有什么是克劳狄的双手做不成的，因为……呃……朱庇特在天上'）——"

"'*Benigno numine*'，"他的父亲打断他，纠正他的语法，"意思是'上天保佑'。那已经够了。你做得很好，威廉。"

两人从教堂巷转到高街。天渐渐黑了；漫长的冬夜一直向前延伸。满月将稍微驱散些黑暗，但它只是爬行在东方的地平线上。这是一个阴天——早些时候下了一点雪——但随着风的吹拂，云层终于开始散开。在东南方，闪耀着巨大的木星朱庇特（Jupiter）——就是罗马人进军战场时所信仰的朱庇特；也是贺拉斯歌颂过的朱庇特。当他们到达

---

1 加着重号的内容在原书中为斜体，为原著作者所加。后文如无特殊标注，皆为此种情况，不再一一说明。——译者

亨利街时，威廉停下来抬头盯着天空。

“你在看什么，儿子？”

“詹金斯老师跟我们说了一些东西。他说天空中出现了一颗新星。他说他昨天在牛津，大家都在谈论这件事。”

父亲放声大笑。“别傻了，威廉。我在公会里也听到一些人在谈论这件事，但牧师说不可能是新星，而他当然是对的。有可能是一颗彗星。”

“但是爸爸，詹金斯老师说它是一颗星星，就在那个既像造型滑稽的女王，又像个‘M’形的星座中。”

“仙后座。”父亲回答道。他不由自主地转向北方，想看看那里会有什么。他的儿子转身跟随他的目光。“上帝不是像史密斯先生敲出马蹄铁那样创造新星。上帝在数千年前创造了世界，他不需要进行改善。”

男孩停顿了一下。

“我想就是它了！”威廉指着从极点向东的一颗明亮的星星，云层已经消散，现在刚好可以看到。它就在“M”形仙后座的左侧。

这位父亲必须承认那里有些东西。不管是什么，它甚至比木星还要亮。据他回忆，比那天早上的金星还明亮。

“爸爸——它意味着什么？”

“我不知道，儿子。而且我不知道那是否真的是它的样子。它既可能是魔鬼的创作，也可以是上帝的创造。现在我们真的必须继续赶路了，不然晚饭就凉了。更不用说我的手指了。”

“我来了，爸爸。”当他父亲沿着街继续走时，男孩还是徘徊着看了最后一眼。“真漂亮，”他说，然后跑着追上去，“爸爸，我认为这不是彗星，因为彗星有尾巴。”

“詹金斯老师有更多的胡话吗？好吧，猫也有尾巴，但是奥尔登太太的猫没有尾巴，也仍然是只猫。”

男孩顿了一下，似乎陷入了沉思：“为什么奥尔登太太的猫没有尾巴？”

“他们说奥尔登先生的狗把它咬掉了。”他的父亲回答。

“好吧，也许是狗咬掉了新星的尾巴。”男孩回道。

“儿子，你的想象力真丰富。威廉，天上有几只狗？”

男孩再次停顿了一下，然后露出一个灿烂的笑容：“两个，爸爸！去年冬天，您指给我看了——大狗和小狗！”

父亲笑了：“儿子，你确实很聪明，不是吗？现在，请用拉丁语说出它们的名字。”

“噢，爸爸！*Canis* ... *Canis Major* 和 *Canis Minor*（犬……大犬座和小犬座）。”

“很好，儿子。天呐，我保证以后你会成为一名优秀的律师。”

引　言

“诗人的眼睛，

激扬一转，就扫视了人间天上，天上人间……”

我坐在霍顿图书馆（Houghton Library）一楼宽敞通风的房间里，这是一座小而优雅的新古典主义建筑，紧挨着哈佛大学巨大的威德纳图书馆（Widener Library）。临近学期末，房间里只有八九个人，大家或是翻阅着布满灰尘的书籍，或是在笔记本电脑的键盘上敲打着。被人遗忘的学者画像凝视着我们，带有金色指针的巨钟则在门口上方若隐若现。外面阴暗的天空下着毛毛细雨，我正注视着面前桌上的两本书。

两本书都很古老——差不多有四百年历史了——尽管左边那本还要早八十年。我轻轻地拿起第一本书。它的浅米色封面是由猪皮覆盖在木头上制成的，可能与内页本身一样古老。（当时，购买“书”的客户实际上是从书商那里买回一捆书页，然后付钱让装订工把它们以美观的方式装订起来。）几乎不可辨认的《圣经》中的场景被压在封面和封底上；图书管理员告诉我，这个过程称为“盲印”。随着时间的流逝，书脊上作者的名字几乎消失了。

两个细长的可能是黄铜制的金属扣将封皮合在一起。我轻轻地打开它们，然后提起封面。页面僵硬、翘曲，好像它们曾经湿透了——谁知道是在多少年前——然后又被晾干。空白的内页上有前任主人的几处涂鸦，还有一张贴纸，上面写着他的名字——一位 1922 届的毕业生，他将这本书捐赠给了哈佛大学。然后我翻到了扉页，作者的名字清晰易辨，尽管排字员显然很难将所有内容排成一行：

NICOLAI CO-
PERNICI TORINENSIS
DE REVOLUTIONIBUS ORBI-
um coeleftium，Libri VI.

当然这是拉丁语。在当时，"s"看起来像是"f"，因此实际上是"*coelestium*"——"天体的"，或者更准确地说是"天上的"。作者的名字，实际上是托伦（Toruń）的尼古拉·哥白尼（Nicolaus Copernicus）。书的完整标题是《论天体的运行，共六卷》(*On the Revolutions of the Heavenly Spheres, in Six Books*)，通常缩写为《天体运行论》(*On the Revolutions*)或《运行论》(*De revolutionibus*)，甚至可简称为《运行》(*De rev*)；我想一点点拉丁语不会对我们造成影响，所以我还是称其为《运行论》。无论我们如何称呼它，这都是一本将宇宙翻个底朝天的书。页面底部是出版商的名字[约翰尼斯·彼得雷乌斯(Johannes Petreius)]，出版地点(纽伦堡)和出版年份(1543)：

Norimbergae apud Ioh. Petreium，
Anno M. D. XLIII.

翻动书页时，每一页都发出特别令人满意的声音。我很快翻到了著名的哥白尼图表，在第10页左页(意为"左手页面")，位于两段拉丁文字之间(见图0.1)。

书中还有140多幅其他图表，其中大多数专业性很强，现在只有科学史学家才会感兴趣——但是这张图表已经成为标志性的东西。它可能是西方思想史上最重要的图表之一。

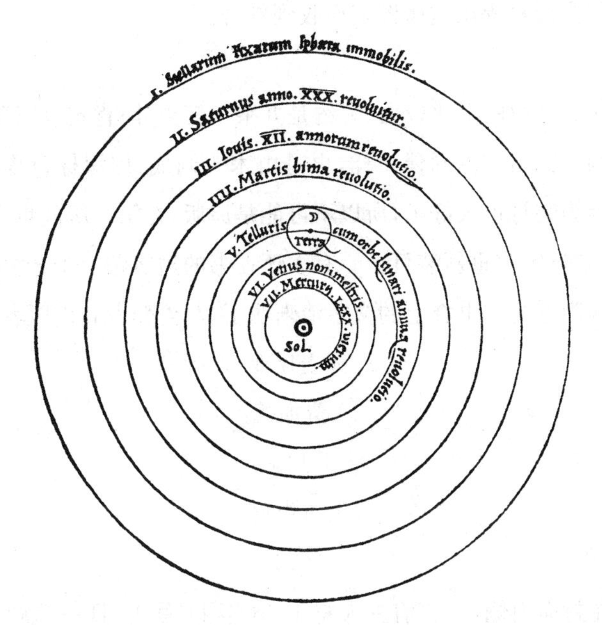

图 0.1 西方思想史上最重要的图表之一：哥白尼对日心说的图解，摘自 1543 年出版的《天体运行论》。图像选择/艺术资源，纽约

该图表显示了一系列同心圆；中心是一个很小的圆圈，中间有一个圆点，标有“Sol”。（以我粗浅的拉丁语水平也足以知道“*sol*”就是“太阳”。）较大的圆圈标记着行星绕太阳旋转时的路径轨道。而我们在的地方：距离太阳的第三块石头，只是一个点，标记着“Terra”——地球。环绕这个小圆点的是另一个微小物体，一个新月形的月亮。当我还是一个有些书呆子气但具有科学头脑的孩子时，我曾无数次绘制过这张图表[1]，但是作为第十万个这么做的孩子，你不会得到任何加分。但你

1 当然，我的版本包括九颗行星——自古以来已知的五颗行星，再加上近代发现的四颗。如果 2006 年冥王星的降级已在 21 世纪儿童的脑海中烙了印，那么现在将是八颗行星。

确实会因为最早提出这张图表而收到赞誉。

在我右手边的书比较大，大约是九乘十三英寸；肯定有三磅或四磅重。它的封面与它的同伴一样，也是由木头制成，用深棕色皮革覆盖。这本书因为装订得太好了，所以不可能是原版；在第一版问世一两个世纪之后，它肯定被重新装订了。有人还在书的边缘贴上了金箔叶；这本书仍然闪闪发光。书脊上的文字清晰明了，写着作者和出版者的名字：

莎士比亚

I.贾加德

和

E.布卢恩

1623

就在封面内侧，一位前主人将 1848 年 11 月 11 日一篇题为《莎士比亚对开本》（“The Folios of Shakespeare”）的报纸文章贴在了上面。这本收集有 36 部莎士比亚最重要戏剧的合集经历了多个版本，但第一本即著名的 1623 年的《第一对开本》（First Folio）在世界各地的图书馆和博物馆中都占据着首要地位。任何学习过莎士比亚的人都会觉得这本书的扉页很熟悉，而且——与哥白尼那本相比有一个耳目一新的变化——它是用英语写的：

威廉·

莎士比亚先生的（SHAKESPEARES）

喜剧、

历史剧和

悲剧。

根据真正的原版本刊印。

不要对拼写大惊小怪：研究早期现代英语的学者们向我们肯定了当时拼写还没有标准化，甚至莎士比亚本人在签署自己的名字时也会混淆。[1] 下面这幅大家熟悉的黑白版画是由马丁·德鲁斯特（Martin Droeshout）创作的——目前已知仅存的两件能精确描绘这位剧作家的作品之一（见图 0.2）。（另一件是位于埃文河畔斯特拉特福圣三一教堂的葬礼纪念碑，可以追溯到 1616 年这位剧作家去世后和 1623 年《第一对开本》出版前的某个时间。）

莎士比亚的朋友兼剧作家本·琼森（Ben Jonson）在一篇介绍性笔记中请读者不要花太多时间凝视肖像，因为莎士比亚的语言会使他永生。这篇笔记敦促我们“不要看他的肖像，而是看他的书”。

这两本书之间有什么联系吗？莎士比亚知道哥白尼的革命性思想吗？他在乎吗？事后看来历史是如此清晰：在四个世纪之后回顾，我们发现莎士比亚生活在一个非凡的时代。中世纪的世界——充满魔法、占星术、巫术和各种迷信——刚刚开始让位于思维方式更为现代的世界。莎士比亚和伽利略同年出生，而关于人体、地球和整个宇宙的新观念刚刚开始变革西方思想。第一本现代解剖学书籍由佛兰德籍医师安德烈·维萨里（Andreas Vesalius）于 1543 年出版，与《天体运行论》同一年。莎士比亚是否可能不清楚这些发展——或者他只是模糊地意识

1 这位剧作家有六个毫无争议的签名得以保留下来，全部都在法律文件上，从“Shakp”和“Shakspe”到“Shaksper”和“Shakspere”不等。然而，更为人熟悉的“Shakespeare”被用在他最早署名出版的作品中——他的两本叙事诗《维纳斯与阿多尼斯》（*Venus and Adonis*）和《露易丝受辱记》（*The Rape of Lucrece*），分别于 1593 年和 1594 年出版。

图 0.2 莎士比亚《第一对开本》(First Folio)的卷首插图，由他的同事约翰・海明斯(John Heminges)和亨利・康德尔(Henry Condell)编撰，共 36 部作品。该书出版于剧作家去世七年后的 1623 年。布里奇曼艺术图书馆，伦敦

到，但不感兴趣？

对于一些文学家来说，这种新世界图景的影响显而易见：在《解剖世界》(*An Anatomy of the World*，1611)的一段著名文字中，约翰·邓恩(John Donne)哀叹“新哲学呼唤所有怀疑……太阳不见了，地球也不见了，没有人的智慧/能指引他去哪里寻找”。半个世纪后，约翰·弥尔顿(John Milton)在《失乐园》(*Paradise Lost*)中用了很长的篇幅来辩论宇宙的结构；事实上，他在诗中曾三次提到伽利略(有一次直接提到了他的名字；这位天文学家是当世唯一有资格被提及的人)。据说，在伽利略被软禁于佛罗伦萨郊外别墅的最后几年，弥尔顿甚至亲眼见过这位意大利科学家。到了弥尔顿的时代，正如一位学者所说的，哥白尼体系是“所有有思想的人都必须考虑的一种科学力量”。此外弥尔顿曾在剑桥大学读书，而邓恩在牛津大学和剑桥大学都学习过。莎士比亚的创作时间稍微早一些，他只受过当地文法学校的教育；琼森有句著名的俏皮话：他的同事只懂“很少的拉丁语和更少的希腊语”。

传统观点认为，莎士比亚对“新哲学”没有意识，或者说他几乎没有意识到。并不是莎士比亚学者或早期现代科学史学家忽略了莎士比亚的作品与标志着我们现在称之为“科学革命”的思想和发现之间的可能联系，而是他们已经研究过并得出了结论：没有这样的联系存在过。我认为这是错误的。最近，就在 2005 年，约翰·卡特赖特(John Cartwright)和布赖恩·贝克(Brian Baker)在《文学与科学：社会影响和互动》(*Literature and Science: Social Impact and Interaction*)一书中认为：“……那个时代最伟大的诗人，威廉·莎士比亚，对天文学家的成就或关注点漠不关心。”再早几年，威廉·伯恩斯(William Burns)在《科学革命：一部百科全书》(*The Scientific Revolution: An Encyclopedia*，

2001)中宣称“威廉·莎士比亚……对科学几乎不感兴趣”。与此同时，托马斯·麦克林顿(Thomas McAlindon)认为，尽管莎士比亚深切关注宇宙问题，但在他的戏剧中“没有(哥白尼式)革命的迹象”。为什么我们那么容易把莎士比亚看成是一个完全前科学时期的人物呢？推论之一是莎士比亚的戏剧中充斥着对中世纪世界观的参考引用。他经常提到星空，而提及的方式通常与那个已去世十四个世纪的古希腊天文学家——托勒密的思想相一致。这种推论认为，因为当时思想传播缓慢，莎士比亚不可能对新的思维方式了解过多。哥白尼主义花了几十年才传到英格兰，这个地方从任何程度上来说都是思想落后之地。此外，哥白尼关于宇宙的新观念并没有真正在学术上得到认可，这种情况一直持续到伽利略的望远镜观测为其提供了某种程度上的观测支持——而这要到 1610 年才会出现，那时莎士比亚已经在收拾行囊，准备在他的家乡斯特拉福德好好退休了。

但是，也许我们不应该如此草率就下定论。首先，虽然人们对哥白尼理论的接受速度缓慢，但在欧洲中部的几个大学城中，人们对它的热情已初见端倪。该理论的确在英格兰吸引了许多早期拥护者，那里弥漫着一种追求知识自由和理性探索的精神(可以说是受新教民族信仰的熏陶，与天主教在欧洲更为压制的气氛形成对比)。[1] 哥白尼的开创性著作于 1543 年出版，比莎士比亚的出生日早二十一年；到 1556 年，

---

1 当然，这是一种简单化的说法——天主教会的耶稣会士创立了一些欧洲最好的学校——但两种宗教对奇迹的不同看法值得注意。根据教会教义，天主教徒有义务相信上帝会继续干预人类事务，而新教徒则认为，正如莎士比亚《终成眷属》中的拉佛(Lafeu)所说，“奇迹已经过去了”(2.3.3)。参见迪尔(Dear)，《科学革命》(*Miracles, Experiments, and the Oridnary Course of Nature*)；科赫尔(Kocher)，第 191 页；约翰逊(Johnson)，《文艺复兴时期英格兰的天文学思想》(*Astronomical Thought in Renaissance England*)，第 149—150 页。

它已经在一本英文书籍，即罗伯特·雷科德(Robert Recorde)的《知识的城堡》(*The Castle of Knowledge*)中得到了好评。1576年(莎士比亚十二岁时)，天文学家托马斯·迪格斯(Thomas Digges)首次对这一理论进行了完整的阐述。迪格斯的书中有一张太阳系的示意图，在图中可以看到恒星无限地向外延伸，这是一幅无限宇宙的图景，其大胆程度甚至超过了哥白尼。

我们将看到，莎士比亚与迪格斯家族有着多种联系。(有一阵子，他和迪格斯的儿子伦纳德都住在伦敦北部，二人的住处相隔不到三个街区。伦纳德是一位诗人，一个早期莎士比亚的"粉丝"，他在《第一对开本》开篇作了一首介绍性的诗歌。)莎士比亚可能遇到过当时英格兰的其他科学伟人，从托马斯·哈里奥特(Thomas Harriot)到伊丽莎白女王自己的"科学顾问"约翰·迪伊(John Dee)——此人经常被当作《暴风雨》(*The Tempest*)中普洛斯彼罗(Prospero)的原型。然后还有意大利哲学家和神秘主义者乔尔丹诺·布鲁诺(Giordano Bruno)，他在16世纪80年代前往英格兰，在那里讲授哥白尼主义和其他具有挑衅性的观点。莎士比亚不大可能见过布鲁诺，但很可能接触过他的思想。

而且，正如小说化的序言所暗示的那样，莎士比亚可能亲眼见到过一些"新天文学"的证据。1572年11月，一颗明亮的新星照亮了夜空，出现在仙后座中。(今天我们知道这是超新星，意味着一颗巨大的恒星爆炸和死亡。)它是如此明亮，几个月的时间内其亮度甚至超过金星，成为除了太阳和月亮之外天空中最明亮的物体。(实际上，即使在白天也可以看到它。)迪格斯在英格兰观察到了它，丹麦天文学家第谷·布拉赫(Tycho Brahe)观察得更仔细，他发表的关于这颗新星的描述甚至在该星从天空中消失之前就引起了轰动。这个奇特的幽灵——今天我们把它简称为“第谷新星”(Tycho's star)——给予了古代人的宇宙学以巨大打击，驳斥了天体永恒不变的观念。

令人惊讶的是，三十二年后的1604年，又有一颗新星爆发，德国数学家约翰内斯·开普勒(Johannes Kepler)对其进行了研究。[1] 当时莎士比亚四十岁，正处于他职业生涯的鼎盛时期，此时开普勒星照亮了欧洲的天空。即使他可能未见到第谷新星，他也不可能错过开普勒星。这是一个耀眼炫目的景象，令人无法忽视。实际上，就天体事件而言，莎士比亚生活在一个非常多事的时期：1577年，一颗耀眼的彗星显示出一条长尾，延伸至八分之一的天空，而另外两颗彗星则分别出现在1582年和1607年；之后1605年秋天的日食使欧洲的天空陷入一片黑暗。因此，人们有充分的理由对宇宙中发生的事件产生兴趣。

我们还应该指出，英格兰，特别是伦敦，并不是荒芜落后之地。这个城市到处都是商人和水手，他们对我们现在所说的“科学”非常感兴趣，特别是对最新的技术进展，尤其是那些与导航艺术相关的部分。伦敦格雷山姆学院(Gresham College)的课程始设于1597年，内容包括天文学、几何学和医学。弗朗西斯·培根(Francis Bacon)在其开创性著作《学术的进展》(*The Advancement of Learning*)中倡导观察和经验知识的重要性，该书于1605年出版，当时莎士比亚正在写作《李尔王》(*King Lear*)。法国政治家和散文家米歇尔·德·蒙田(Michel de Montaigne)提出的大胆想法早在两年前就已有了英文译本。[尽管莎士比亚学者经常讨论蒙田对剧作家的影响——其中一些戏剧包含了对《蒙田随笔》(*Essays*)的几乎是逐字逐句的摘录，但蒙田特别提到了哥白尼理论

1 我之所以说“令人惊讶”，是因为一般来说，超新星极其罕见。1604年的开普勒星是我们已知的银河系中最后一颗爆炸的恒星。

的事实却常被忽略。]

但是,对一场重估可能终于到来了。在过去的几年中,少数学者已经开始更仔细地研究莎士比亚对当时科学发现的兴趣——他知道什么,是什么时候知道的,以及这些知识如何在他的作品中得到体现。例如,马萨诸塞州大学波士顿分校的斯科特·迈萨诺就莎士比亚对当时科学的认识及其对他戏剧的影响,尤其是对后期爱情剧的影响撰写了大量的证据。牛津大学的约翰·皮切尔和乔纳森·贝特(Jonathan Bate)等其他学者也承认莎士比亚对同时代科学的兴趣,并在受人欢迎的传记和戏剧(学术版)中进行了讨论。重新评价的一个结果是,可以新的方式来阅读熟悉的段落。思考一下《特洛伊罗斯与克瑞西达》(*Troilus and Cressida*)里俄底修斯(Ulysses)的演讲,他提到"灿烂的太阳才能高拱出天,炯察寰宇……"[1] (1.3.89—90)[2]"寰宇"的指代一开始听起来就像中世纪宇宙学一样简单,包括他将太阳称为"行星"。在20世纪40年代,这段文字是E. M. W. 蒂亚德(E. M. W. Tillyard)认为莎士比亚时代应该被视为中世纪而不是现代的主要根据,他在其重要著作《伊丽莎白时代的世界图景》(*The Elizabethan World Picture*)中对此做了讨论。目前一些学者继续追随蒂亚德的脚步,在雅顿版(the Arden edition)中,大卫·贝文顿(David Bevington)将该行简单地标记为"托勒密主义的概念"。但是正如贝特指出的那样,通过强调太阳的中心作用,这一段落"可能暗示着新的日心天文学"。与此同时,詹

1　原文为"the glorious planet Sol / In noble eminence enthroned and sphered ...",其中"planet"意为"行星","sphere"意为"球体、领域"。——译者

2　此处标注的是原著作者引用莎士比亚戏剧的版本出处,而中译本参见《莎士比亚全集》,朱生豪译,北京:中国文史出版社,2013年。后文如无特殊标注,皆为此种情况,不再一一说明。——译者

姆斯·夏皮罗(James Shapiro)承认莎士比亚知道托勒密的科学“已经因哥白尼革命而声名狼藉”。

1610年,莎士比亚还没有准备好退休;他还有几年时间,在这段时间内还会再创作五部戏剧(其中,独创两部(包括《暴风雨》),与同事合作三部)。正是从这一时期我们发现了《辛白林》(*Cymbeline*),一个更加诱人的暗示:这位剧作家可能已经意识到了新的宇宙学。这部奇怪的剧本结合了古英格兰和古罗马的元素,似乎写于1610年——晚得恰到好处,因为莎士比亚可能读到过伽利略在那年春天发表的关于他借助望远镜所得发现的记述。迈萨诺和皮切尔都支持这一假设。“朱庇特”(Jupiter)本人出现在剧本的结尾处,而舞台方向则要求四个鬼魂围成一圈跳舞;这是否暗指伽利略新发现的四颗木星卫星?

我们再来看一下一个更具争议性的人物的作品。天文学家彼得·厄舍最近刚从宾夕法尼亚州大学退休。与迈萨诺和皮切尔一样,厄舍认为《辛白林》中朱庇特那场戏是对伽利略发现的回应,但他对“莎士比亚的科学”的看法更进一步,认为在整个剧作家的职业生涯中都能找到他运用科学知识的例子。厄舍对《哈姆莱特》(*Hamlet*)特别感兴趣,认为整部戏剧是一个关于相互竞争的宇宙观的寓言。根据厄舍的说法,该剧不仅引用了哥白尼和托勒密,还引用了第谷·布拉赫,后者推动了太阳系的混合模型(这一折中方案保留了古代托勒密体系和新的哥白尼模型)。迪格斯也是厄舍理论的核心。当哈姆莱特设想自己是“无限空间之王”(2.2.255)时,他会不会是在暗示他的同胞托马斯·迪格斯所首次描述的新的无限宇宙?

厄舍的提议听起来有些牵强——但即使持怀疑态度的人在看到第谷·布拉赫的徽章时也会重新考虑,他们会注意到第谷的两个亲戚分别叫“罗森格兰兹”(Rosencrans)和“吉尔登斯吞”(Guildensteren)。[1] 在此观点上厄舍并不孤单;几位莎士比亚研究的主流学者至少愿意承认这位剧作家受到过第谷的天文学影响。

莎士比亚笔下的角色以一种现代读者似乎很陌生的方式与宇宙联系在一起。用托马斯·麦克林顿的话说,他们拥有“宇宙想象力”:无论是因喜悦而哭泣,还是为痛苦而流泪,他们都仰望天空进行确认。他们呼唤着“朱庇特”“神灵”或“天堂”,努力使自己的生活变得有意义。

因此,毫不奇怪,我们发现了许多与占星术相关的引用。但莎士比亚笔下也有一些角色反对这种迷信,例如凯歇斯(Cassius)宣称“亲爱的勃鲁托斯(Brutus),那错处并不在我们的命运,而在我们自己”[《裘力斯·凯撒》(*Julius Caesar*, 1.2.139—140)],或者《李尔王》中的爱德蒙(Edmond)在嘲笑那些将不幸归咎于天堂的人时,驳斥这种占星术幻想是“世上精妙的自欺思想”(1.2.104)。至于宗教,尽管莎士比亚经常提到《圣经》故事,但他从未使用过“圣经”这个词。他笔下的人物也没有对死亡之后的生命抱有多大信仰。他生活在一个信仰的时代,但他的作品中,尤其是在他的职业生涯即将结束之际,始终存在怀疑倾向;在《李尔王》中,这一倾向几乎成了一种欢快的虚无主义。他笔下的人物经常呼吁诸神来帮助他们,但他们绝望的恳求却极少得到回应。莎士比亚是否与他的同事克里斯托弗·马洛(Christopher Marlowe)一样,是一个秘密的无神论者呢?

当然,所有推测都必须谨慎。莎士比亚不仅是最受人们喜爱的英语作家,也是受到了最严格审阅的作家。关于剧作家的生活和工作,有

---

1 这两个名字与暗中监视哈姆莱特的间谍的名字雷同,而这两个名字在丹麦人名中并不常见,剧中其他角色均采用大众化的名字,即剧中人物的命名手法非常不一致。——译者

大量非常好的学术研究，还有大量一般的研究。如此这般的一个原因是他说了很多：他很多产，所有作品加起来有885000个单词。然而，只有少量的文献阐述了他的个人生活，我们只能对他的个人思想和信念做出一些有根据的猜测。没有日记，没有信件，也没有手稿，我们只能依靠莎士比亚出版的作品。有种危险永远存在，那就是将角色的信仰归因于剧作家本人。而且，由于莎士比亚使用的语言对现代读者来说经常具有挑战性，因此他的表达的确切含义有时难以捉摸（实际上，有时它们是故意含糊的）。总是存在这样的诱惑，人们容易歪曲事实以适应自己所钟爱的理论。（与《圣经》一样，只要看得足够仔细，人们可以在莎士比亚的戏剧中找到任何东西。）我们将考虑各种各样的观点——主要来自知名莎士比亚学者，偶尔也会有一些来自其他领域的专家，但他们仍然对我们理解莎士比亚的世界有所贡献。然而，我会尽最大的努力来表明各种观点是否被广泛接受。

在接下来的章节中，我们将审视莎士比亚时代的科学，首先是详细了解当时的天文学知识，然后将我们的视野扩大到更广泛的物理科学和生命科学——以及与它们如此紧密交织在一起的占星术、炼金术和魔法。在整个过程中，我们将询问莎士比亚知道什么，以及这对其作品有何影响。显然，莎士比亚不是伊丽莎白时代的卡尔·萨根（Carl Sagan）——他首先保证的是舞台艺术，而不是哲学或科学。[1] 但我认为，仔细阅读他的作品，就会发现他对自然世界的兴趣之深。我希望能

1 直到大约1700年，“科学”一词才与其现代含义接近，而“科学家”一词直到19世纪30年代才进入英语词汇。文艺复兴时期，对自然世界的研究通常被称为“自然哲学”，但正如我们将看到的那样，它涵盖了比当今科学更广泛的探究领域。（令事情更复杂的是，那时也使用“科学”一词——大致意思是“知识”。）然而，出于可读性考虑，尽管可能不合时宜，我将使用“科学”一词，用来指那些如今被视为科学追求的努力。

表明，他对宇宙观念在变化的意识比我们通常想象的要强烈。莎士比亚的作品经常反映出他那个时代的科学思想——以及他们所提出的哲学问题——而我们对这些思想研究得越仔细，就越能更好地理解他的成就。

1. 宇宙学简史

“起来吧，美丽的太阳……”

莎士比亚的观众不必远眺就能见到星星：一个木制天篷从舞台顶部伸下来，它的底面——被称为“天堂”——装饰着色彩鲜艳的星星和星座。它在《哈姆莱特》中达到了预期目的，例如，当王子提到“这一顶壮丽的帐幕，这个金黄色的火球点缀着的庄严的屋宇”(2.2.283—285)，或者当凯撒宣称“天上布满了无数的星辰”(《裘力斯·凯撒》，3.1.63)。

由这个简单的戏剧装置产生的宇宙观与我们的祖先数千年来对宇宙的设想相距不远：我们在夜晚抬头仰望，看到无数星辰和明亮的光点，它们看起来就像是画在夜空巨大的黑色画布上。[1] 那时，没有电灯带来的光污染，天空真的是黑色的。在《安东尼与克莉奥佩特拉》(*Antony and Cleopatra*)中，当莱必多斯(Lepidus)对凯撒说“让所有的星星吐放它们的光明，一路上照耀着你们！”(3.2.65—66)，我们可以想象，这些星星确实足够明亮。(在实际生活中，一点点月光就可能有所帮助。)星辰是如此熟悉，但又如此神秘。它们当然很遥远——攀登到最高的山峰似乎并没有使它们更近——但距离到底有多远，无人知晓。它们也许就是遥不可及，也许只是比大洋或最高的山峰远一点。

人们对太阳更加熟悉，它的存在更为亲人：最明亮的灯；生命的给

1　或者至少，它们看起来似乎数不胜数。今天我们知道，任何时候人类用肉眼都只能看到大约两千颗星星(这对一个在理想条件下拥有完美视力的人而言，已经是多的了)。

予者。每个人都知道太阳从东方升起并在西方落下，但他们也知道这种模式在一年中的细微变化：冬天，太阳只以一个低弧的方式穿过南方天空，夏天白日则更长，太阳需要更长的时间越过天空。这样的循环年复一年，完美可靠。一个农夫必须知道太阳的运动规律，剧作家也是如此；为了看清舞台上的动作，人们不得不面对仲夏刺眼的阳光，以及秋天长长的阴影和冬季过早的黑暗。而如果观众得眯眼看剧，那么精致的舞台工艺品和壮观的服饰就没有意义了。正如彼得·阿克罗伊德(Peter Ackroyd)所写，莎士比亚“知道露天舞台上时间和日光的流逝，因此他的阴影下的场景是为伦敦夜色渐深的时候而写”。舞台指示要求角色“带着火炬”或“带着光”上场，往往会出现在戏剧的最后一幕中。(也有证据表明，环球剧院的建造与夏至时太阳升起的位置保持一致。)当然，我们可能会误读一个信号：在《罗密欧与朱丽叶》(*Romeo and Juliet*)中，这对恋人对即将来临的黎明迹象进行了著名的争论。一只鸟在叫——但它是百灵鸟还是夜莺？“夜晚的星光已被烧尽，”罗密欧宣称，“愉快的白昼蹑足踏上了迷雾的山巅。”朱丽叶听到也看到了相同的信号，但她一厢情愿地对它们做了不同的解释：“那光明不是晨曦，我知道；那是从太阳中吐射出来的流星。”(当时流星的物理原理尚未被理解，人们普遍猜测它们是地球在太阳的影响下“呼出”的蒸汽。)最终，罗密欧屈服了；如果朱丽叶说现在是夜晚，那就这样吧：

> 我愿意说那边灰白色的云彩不是黎明睁开它的睡眼，
>
> 那不过是月亮(Cynthia)的眉宇间反映出来的微光；
>
> 那响彻云霄的歌声，
>
> 也不是出于云雀的喉中。
>
> (3.5.19—22)

对于现代读者来说，唯一棘手的部分可能是剧中对“辛西娅”(Cynthia)的引用；在一个好的学术版本中，会有一个脚注注明辛西娅是希腊神话中月亮女神的名字。正如罗密欧所指出的那样，反射月亮光的云层确实可能被误认为是即将来临的黎明。

初升的太阳在《罗密欧与朱丽叶》中打扰了年轻的恋人，也打扰了《裘力斯·凯撒》里的阴谋者。阴谋者们聚集在勃鲁托斯花园里的夜间聚会上，计划下一步的行动——但他们需要花些时间来思考太阳到底将从哪里升起：

狄歇斯

这儿是东方，天不是从这儿亮起来的吗？

凯斯卡

不。

西那

啊！对不起，先生，它是从这儿亮起来的；

那边镶嵌在云中的灰白色的条纹，便是预报天明的使者。

凯斯卡

你们将要承认你们两人都弄错了。

这儿我用剑指着的所在，就是太阳升起的地方；

在这样初春的季节，

它正在南方逐渐增加它的热力；

再过两个月，它就要更高地向北方升起，吐射它的烈焰了。

这儿才是正东，也就是圣殿所在的地方。

(2.1.100—110)

尽管有谋杀需要计划，有野心需要挫败，有国家需要重建——但首先，让我们讨论一下太阳从地平线上升起的位置！在这一点没有达成共识之前，似乎什么都不会发生。有趣的是，莎士比亚几乎说对了。我们知道现在是三月中旬[也称作“月中日”(ides)或其他]，这意味着几乎正好是春分——因此，太阳几乎会从正东边升起，而不是像凯斯卡所说的那样“在南方逐渐增加它的热力”。但他有一点是对的，那就是随着时间的流逝，太阳升起的位置将向北移动。(但时间是个问题：在这一场戏的后面部分，我们被告知是三点钟——在一年中的任何时候，这对于日出甚或黎明都太早了。)[1]

月亮的外观和运行模式都像太阳那样为人熟知：它也从东方升起并在西方落下，尽管它的外观在经历不同阶段时会发生巨大变化，以月为周期，盈亏变化。每个月有几天，它完全消失了，只会在日落之后短暂地发光，以薄薄的月牙状重新出现在西方天空中。大约一周后，到了“上弦月”，月亮在南方天空中像大写字母“D”一样闪着光芒。再过一周，它变成雄伟的满月，在夕阳下升起，整夜照耀着。月球周期与太阳周期一样可靠地循环往复。

然后还有星星——“天上的明灯”，巴萨尼奥(Bassanio)在《威尼斯商人》(5.1.219)中如此诗意地描述它们。星星也在移动——并非杂乱，而是一致地从东向西移动。如果你面朝北方，会发现它们似乎沿逆时针方向旋转，就像附着在巨型风车上一样。只有北极星或“极星”似

1　正如您可能想象的那样，许多学者对这段看似轻松的插曲进行过学术分析。关于过早的日出及其不正确的位置，亚瑟·汉弗莱斯(Arthur Humphreys)敦促读者不要担心这种“微小的矛盾”，毕竟，它“在舞台上未被注意到”。汉弗莱斯说，该场景的主要功能是减轻紧张感，它还“创造了一种当地的气氛，标志着重大的进展，并将人们的注意力集中到圣殿上”。(牛津版，第135页)

乎是固定在风车中心的。(自 17 世纪以来它就被称为“北极星”,恰好位于北天极附近,是人们想象中地球轴心指向的点。)当然,莎士比亚熟知这一基本的天文事实。在《裘力斯·凯撒》中,皇帝将自己比作极星:“……可是我是像北极星一样坚定,它的不可动摇的性质,在天宇中是无与伦比的。”(3.1.60—62)由于其他恒星以平稳的速度绕北极星运动,因此可以将天空本身当作时钟。对于莎士比亚笔下的角色来说,从星辰的位置知晓时间很简单,对他的观众来说肯定也一样。在《亨利四世·上篇》(*Henry Ⅳ, Part 1*)中,一位农民根据北斗七星(the Big Dipper)的位置来知晓时间,北斗七星今天在英国被称为“the Plough”[1],而在伊丽莎白时代则被称为“Charles's Wain”,即“查尔斯的马车”:“北斗星已经高悬在新烟囱上,咱们的马儿却还没有套好。”(2.1.2—3)

尽管地球与星星的距离是未知的,但为了方便,我们可以想象它们位于距地球一定距离的位置,被固定在一个巨大透明球体的内表面上。球体带着星星一起绕着地球旋转;在这个安排中,人类居住在中心看着天空中星辰的无尽运行。

星星还显示出第二种运动。除了日常的上升下落,其整个旋转似乎还夜复一夜地略有偏移。几个星期过后,这种转变更加明显。以强大的猎手——猎户座(Orion)为例。秋天时,它大约在午夜上升。然而,到了圣诞节,它上升的时间要早得多,大约在日落的时候。在下一个秋天,猎户座会再次在午夜升起。与季节一年一轮回一样,此周期持续一年。这些运动直接且可以预测,一个牧羊人会知道哪个星座在哪

1 北斗七星在英国被称作“the Plough”,在美国被叫作“the Big Dipper”,含义相同。——译者

个季节可见，以及该盯着哪个方向看。

流浪者

但是，夜空中某些物体的运行并不是如此简单。从远古时代起，天空观察者就注意到，有一些恒星状的物体并不与其他恒星同步移动；夜复一夜，季节更替，它们改变着与星座的相对位置。今天，我们把它们称为行星；这个词源自希腊语中的“流浪者”(wanderer)。其中五颗流浪者星在远古时代就广为人知——水星、金星、火星、木星和土星。

尽管这些行星在流浪，但它们并没有任意乱跑：人们始终可以在围绕夜空的窄带内找到它们，也就是由十二星座确定的黄道带。在这点上，太阳、月亮也和它们一样在黄道带内，因此有时人们会说七个（而不是五个）流浪天体。但是这些流浪者星看起来似乎在路径上存在着一些有趣的差异：水星看起来像暗淡的微红色恒星，迅速移动——只有月亮看起来比它移动得更快——但它总是看起来离太阳比较近。灿烂的白色金星移动得慢一点，离太阳也更远，但不是太远（从未见过这两个行星位于太阳的对面）。火星具有独特的微红色，其移动速度比太阳慢；乳白色的木星和土星也是如此。它们的路径跨越整个天空，因此有时它们靠近太阳，有时与太阳相对。其中，土星是最慢的，相对其他恒星，它的运动要花几周的时间才能被察觉到，并且需要近三十年它才能完成一个完整的周期。

对于克里斯托弗·马洛的《浮士德博士的悲剧》(*Doctor Faustus*)一书标题中的主人公来说，这些星辰的运行动作是基本的。浮士德博士将“行星的双重运动”区分开来——指的是它们每日的上升下落以及相对黄道十二宫的更复杂的运动。他说，土星的运行周期是“三十年，木星十二年，火星四年，太阳、金星和水星一年，月亮二十八天。呃，这是新生们的猜想"(7.51—56)。实际上，火星的运行周期更接近两年，但也已足够接近：对于马洛和他博学的博士来说，这些对天空的基本理解——知道哪些物体在天空的哪个部分可见以及可见时长——都是日常知识。

然而，行星不只是夜空中的光点，它们也与神联系在一起。每颗行星都有自己的力量和影响范围。对于希腊人和罗马人来说，金星是爱神，火星是战争之神，土星既是农业之神，又是时间之神，而水星则是一位使者，是旅行之神——考虑到土星的步伐和水星的迅捷，这是有道理的。木星，通常也是行星中最亮的星，则是众神之王。[1]

行星的运动显示出许多规律性，但是也有一些特别奇怪的行为。夜复一夜，行星通常向东方倾斜一点；数周后，这就显而易见了。最终，它们相对于恒星背景完成一个完整的圆周。但是，每年有几周或几个月的时间，它们会改变方向，夜夜向西移动，然后恢复通常的向东运动。与更常见的"直向"运动相比，天文学家将这种回溯称为"逆行"运动。同样，这些在伊丽莎白时代曾是常见的术语——在占星术和天文学中都有使用。在《终成眷属》(*All's Well That Ends Well*)中，海丽娜(Helena)用这点来取笑帕洛(Parolles)在战场上的技能：

海丽娜

帕洛先生，你降生的时候准是吉星照命。

帕洛

不错，我是武曲星照命。

---

1 金星通常在亮度上超过木星，然而，人最多只能在日落之后几个小时或日出之前几个小时才能看到它。而根据在轨道上的不同位置，木星可以在夜晚的任何时候发光。

海丽娜

我也相信你是地地道道在武曲星下面降生的。

帕洛

为什么在武曲星下面?

海丽娜

一打起仗来,你就甘拜下风,那还不是在武曲星下面降生的吗?

帕洛

我是说在武曲星居前的时候。

海丽娜

我看还是在退后的时候吧?

帕洛

为什么说退后呢?

海丽娜

交手的时候,你总是步步退后呀。

(1.1.190—200)

火星,除了是战争之神外,还是最令人困惑的行星。其逆行运动的幅度大于其他行星,使其成为最容易见到的向后运动的例子,同时,它也是最需要解释其运动的天体。正如《亨利六世·上篇》(*Henry Ⅵ, Part 1*)中法国国王很早指出的那样,"马尔斯[1]他真实的运行轨迹,恰

---

1 即火星(Mars)。——译者

似在苍宇，在这尘世，至今一样是一个不解之谜”(1.2.191—192)。就像逆行运动一样，火星令天文学家困惑不已，他们不断努力地调整天体模型来解释行星运动的这一奇怪特征。

天上的球体

一个充满希望的开始是，想象太阳、月亮和行星都固定在一个巨大透明的球体上，但这还远远不够：至少，每个星球都必须有自己的轨道球层，这样它才能独立于其他流浪者而移动；这些嵌套的球层——想象一下洋葱的不同表层——能以不同的速度旋转，而地球在中心静止不动。最里面的球层承载着月亮，月亮夜复一夜移动得很远；接下来是水星，然后是金星。在那些之后，是太阳，太阳之外是火星、木星和土星的球层，最后是包含恒星本身的球层，有时也被称为“苍穹”(正如哈姆莱特王子在前面的段落中提到的那样)。因此，人们不会谈论单个巨大的球体，而是谈论一个球体系统——如图 1.1 所示。也许这些球体是由某种晶体组成的，它们必须坚固，同时又完全透明。

尽管这个模型在 16 世纪已经有了长足的发展，但刚才描述的古老画面或多或少是与青年莎士比亚同时代的普通人对宇宙的想象。当看到父亲的鬼魂后，哈姆莱特说幻象有可能使他的眼睛“像脱了轨道的星球一样向前突出”[1](1.5.22)，他的听众能毫不费力地理解这个比喻；在莎士比亚的所有作品中都可以找到类似的表达。奥布朗(Oberon)在《仲夏夜之梦》(*A Midsummer Night's Dream*)中描述美人鱼唱的歌曲——如此可爱以至于“好几个星星都疯狂地跳出了它们的轨道”以便

1 这句话在剧本中应为哈姆莱特父亲的鬼魂所说，而不是哈姆莱特。——译者

图 1.1 古希腊的地心说：宇宙是一个同心球层系统，承载着太阳、其他恒星和行星——包括太阳和月亮——跨过天空。只有在陆地上，我们才能找到土、水、气、火四种元素。（在这幅 **1599** 年问世的精美的雕刻作品中，擎天巨神阿特拉斯背负着整个宇宙系统。）这种经历各种调整的古老模型，在近两千年里一直占据主导地位。格兰杰收藏，纽约

更好地聆听它(2.1.153)。如果你看了某部西部片，其中有一个角色对另一个角色说“这个小镇不够大，容不下我们两个”，请记住，莎士比亚是最先这样描述的人——尽管他讨论的是所有星球而不仅是城镇。在《亨利四世·上篇》中，亨利亲王(Prince Henry)对他的大敌哈利·潘西(Harry Percy)说：“一个轨道上不能有两颗星球同时行动；一个英格兰也不能容纳哈利·潘西和威尔士亲王并峙称雄。”(5.4.64—66)

我们这里大致描述的是近东远古文明数千年来对天空的想象：宇宙被描绘成一个由嵌套的半透明球体组成的复杂系统，将天上的太阳、月亮、行星和恒星承载在每天和每年的周期中。这也是伟大的思想家亚里士多德在公元前4世纪想象宇宙的方式。在亚里士多德时代，人们已经认识到地球本身是球形的；但它被认为是静止不动地固定在宇宙的中心，被错综复杂的半透明球体所包围，承载着五颗或七颗行星——如果我们将太阳和月亮也算作“流浪者”的话。

亚里士多德还注意到天上和地下发生的事情之间有着深刻差异。陆地上，即“月下”世界，以不断变化为特征，容易堕落衰败。这与太阳、月亮和行星的完美形成了鲜明的对比，其运行就像注满油的机器一样可预测且有规律(如果我们将宇宙看作神的创造物，而不是在铁匠的车间里建造的东西，那么这个比喻就不那么过时了，但是无论哪种方式，我们都看到一件可以见证其创造者才能的手工艺品)。亚里士多德之前的希腊人就认为地球上的一切都是由四种元素组成的，即土、气、火和水。我们周围看到的一切，无论是老鼠还是山峰，都可以看作是这些元素的特定排列，它们以不同的形式运动和结合在一起。正如克里斯托弗·马洛笔下的帖木儿(Tamburlaine)所言：“自然用四种元素将我们构筑，在我们的胸膛中交战……”[《帖木儿大帝·上篇》(*Tamburlaine the Great*, *Part 1*),2.6.58—59]甚至《第十二夜》中的托比·培尔契爵士(Sir Toby Belch)也问道:“我们的生命不是由四大元素组成的吗?”(2.3.9)

在一个等级森严的世界中,元素本身被人们根据所设想的高贵品质进行排名,这并不奇怪。火是最有价值的,接下来是气;重一点的水充满了下面的海洋;土是元素的基础,位于底部。不管在今天看来这个系统多么古怪,它基本上能有效运行:当观察到火焰上升时,可以看作是火试图到达天界,即它们的天然家园;类似的原因可以用来解释雨水滴入大海或岩石落在地上。

这些仅限于“月下”世界的元素一直在不断变化。但“月上”世界,即天国,没有流露出任何变化的迹象。对亚里士多德来说,这个拥有各个球层的天界由一种精华构成,也就是“第五元素”。有时候,在固定恒星的球层之外又增加了一个天层,这就是“原动天”(*primum mobile*,“最先运动的地方”),人们认为是它推动了整个天界系统的运转。

在考虑天体运动时,亚里士多德受到柏拉图的影响,而柏拉图又受到毕达哥拉斯追随者的影响。毕达哥拉斯是希腊早期的思想家,认为宇宙本质上是数学,其创造者是神圣的几何学家。在几何学家考虑的许多形状中,有一个形状比其他任何形状都更完美。这就是圆(或者在三维上说是球体)。正如一位叫赛科诺伯斯克(Sacrobosco)的中世纪天文学家指出的那样,天空之所以必须是球形的,有三个原因:首先,球体没有起点和终点,因此是“永恒的”;其次,一个球体与任何其他相同表面积的形状相比,具有更大的体积;第三,任何其他形状似乎都会留有“未使用”的空间。特别是第一个原因,它渗透进了希腊数学思想中,因此,亚里士多德想象行星在以完美的圆周做运动。这有点棘手,因为众所周知，实际从地球上看，行星确实显示出了一些不规则运动。但亚里士多德认为，这肯定是一种幻象：他和他的追随者们相信，从正确的角度看，所有天体运动确实是完美统一且完全是圆形的。

圆周上的圆周

这种嵌套的水晶球系统极具吸引力——但是任何密切关注行星运动的人都意识到这还不够；行星的运动太复杂了。例如，用这个圆周运动仍然不能清楚解释行星的逆行运动。最合适的猜测是每个行星都需要两个这样的球层轨道：一个大的轨道用以说明基本的向东运动；还有一个较小的用以解释行星逆行时的“圆环”。这些较小的圆被称为本轮（*epicycles*）（来自希腊语，意思是“偏离中心的圆”）。

古希腊数学家和天文学家克劳狄斯·托勒密（Claudius Ptolemy，约90—168）对这种系统做了最详细的说明。[1] 托勒密的体系错综复杂，采用的是几何学的设计，如今除天文学史学家外，其他任何人都不熟悉。我们不会过多地涉及托勒密天文学，但是其主要内容值得一看。就如亚里士多德的体系一样，地球位于宇宙的中心。如前所述，每个行星都有两种运动：它围绕一个小的本轮运动，而本轮的中心围绕地球绕着一个较大的圆周旋转，称为均轮。同时，均轮并非精确地定位在地球上，而是定位在附近的一个偏心点上，称为偏心轮。托勒密的天文学还有一个方面值得我们注意：托勒密想象天体不仅以完美的圆周运动，而且是以恒定的速度运动。这是有问题的，因为从地球上测量的话，系统中的速度并不像描述的那样恒定。但是相对于偏心轮“另一

---

1 托勒密居住在埃及的亚历山大港，此处当时是罗马帝国的一个省。托勒密用希腊语写作。

侧”的假想点，这个速度会是恒定的，偏离中心的距离与地球一致。该假想点被称为偏心匀速点。

如果你觉得所有这些都非常复杂，那你并不孤单。13 世纪时，莱昂国王阿方索十世要求拟定一套新的天文表；所有计算都使用托勒密体系进行，该体系当时在天体问题上仍然占据主导地位。当一位助手向他解释这一体系时，据说国王曾如此评论：“如果万能的主在进行创造之前曾征询我的意见，我应该会推荐一些更简单的东西。”

三个世纪后，这种明显的复杂性将困扰诗人约翰·弥尔顿。在《失乐园》中，亚当询问天堂的结构，天使拉斐尔回答说，上帝一定在嘲笑人类为解释宇宙而做出的拼死努力：

> ……当他们模拟天空，
> 计算星星数量的时候，他们将如何支配
> 这样一个巨大的构架，如何构建、拆毁、设计
> 以便为现象找到依据，拯救现象，
> 怎样在草率画就的圆周和偏心轮上面，
> 球层之中有球层，
> 还有同心圆和本轮来束缚天体……
>
> (8.79—84)

值得注意的是，它与托勒密体系听起来一样复杂，但是更实用：允许天文学家（和占星家）以合理的精确度预测行星的位置，从而使他们能够“拯救现象”（save the appearances）（这个短语源自希腊语，在弥尔顿借用它作诗时，早已被普遍使用），为夜空中游荡的光点找到依据。尽管出现了严重的故障，但托勒密体系仍然有效。这不仅仅是因为托勒密将地球而不是太阳置于中心，还因为它本身不会影响预测位置，因

为这两种方案在数学上是等效的。但是他对球体尺寸的估算则有很大偏差。它们是基于对地球和太阳之间距离的“最佳猜测”得出的——结果托勒密低估了二十倍；这反过来又推翻了所有其他对距离的估算。

托勒密的观点是在他那本厚重的书中提出的。值得庆幸的是，这本书不再以希腊语名称[大致译为《数学系统论著》(*Mathematical Systematic Treatise*)]闻名，而是以其在数百年后的名称为人所知：《天文学大成》(*Almagest*)——来自阿拉伯语，意为“雄伟”或“伟大”。该书分为十三个部分或“卷”，每个部分都塞满了图表、表格和公式(要记住，在最初出现后的1300年中，它都只能被手工复制)，比之前的任何天文学著作都更加详尽和权威，它将主导接下来十四个世纪宇宙学的思想和教学。

在中世纪欧洲，基督教神学采用了古希腊描述宇宙的一些内容(尽管不是全部)。在天主教国家和新教徒的土地上都保存下来的是一种“基督教化的亚里士多德主义”。这是一种世界观，包含了亚里士多德描述的天体和地球结构，以及托勒密描述的各种天体运动的基本要素，比如均轮、偏心轮和本轮。这是一个巧妙的综合——并且是一幅极具凝聚力的世界图景。

微观与宏观

这里对天体运动的讨论忽略了中世纪的宇宙观与人类生活是多么息息相关——至少是基督教和希腊哲学完成合并后出现的宇宙版本。然而，这不是一个完整的统一。早期的教会接受了希腊思想中与基督教信仰相容的一些关键概念，其他的则被丢弃了。[例如，“原动天”的概念很容易理解；对于基督徒来说，这个可以简单地与上帝本人联系在一起，他可以充当“第一因”(first cause)，为各个轨道球层提供最初的动力。]

二者融合后出现的画面，是一种深刻的统一：一种崇高的秩序存在于整个自然界，从最底层的岩石到最崇高的星星——而人类占据了中间独特的位置，理性上高尚，但身体脆弱。每一事物和每一个人都在这个庞大的宇宙体系中占有一席之地，有时被称为“存在的巨链”(Great Chain Being)。国王统治人民；男人统领他们的家庭。这是一个相互联系的网络，有一位公正并无所不能的上帝在天上监督。有了这种等级结构，我们就可以了解为什么宇宙学具有政治意义——或者，你也可以说为何政治具有宇宙学意义。国王仅次于上帝，而上帝统治天堂。

这是把君主与天堂联系在一起的一小步——这个观念在《国家领域》(*Sphaera Civitatis*)的扉页插图中得到了生动的阐释。《国家领域》是一本关于亚里士多德的《政治学》(*Politics*)的评论书，由作家约翰·凯斯(John Case)撰写并于 1588 年出版(见图 1.2)。作为没有继承人的女王，伊丽莎白能被宽恕的最主要原因是她惧怕混乱。但是这样的刻画不仅仅限于将君主等同于神圣秩序，更把她置于天堂的境界。该图完全是托勒密式的，以地球为中心。但是正如乔纳森·贝特指出的那样，如果以哥白尼主义来呈现它，把象征君主的太阳置于中央，也并不会有什么争议性；无论用哪种方式，女王都“以不可抗拒的权威来主持整个体系”。(很久以后，在 17 世纪下半叶，法国的路易十四将这个隐喻推到了人们在合理限度内所能预料的极致：宣称自己为“太阳王”。)王室无须与太阳相比；一颗星星就足够了。在本·琼森的一部假面剧(masque)中，一位王子宣称：

> 我，你的亚瑟，
>
> 转化成星星；和那个框架

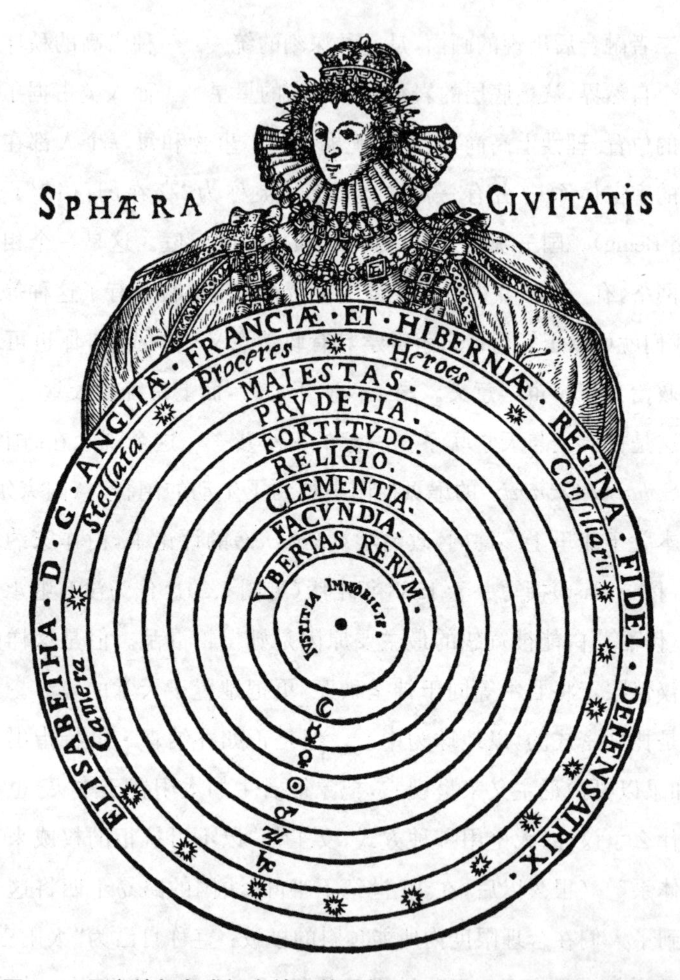

图 1.2　君主被想象成拥有神圣的属性，将其描绘成在天堂维持宇宙秩序是合理的——这一想法在 1588 年的一本政治评论书的扉页图中得到了生动的说明（请注意，伊丽莎白女王居于亚里士多德的以地球为中心的宇宙之上）。格兰杰收藏，纽约

或者被称为我的星座

在很久以前，正如我应该表现的那样，

大角星(Arcturus)，曾经是你的国王，现在是你的星星。

伊丽莎白是女性，因此无法与大角星相提并论；相反，正如阿拉斯泰尔·福勒(Alastair Fowler)指出的那样，她经常被比作希腊神话中的"星辰少女"艾斯特莱雅(Astraea)。艾斯特莱雅与正义、纯真和纯洁相关。生而为人，她排斥人类的邪恶，上升到天空后成为处女座(the Virgin)——对童贞女王来说相当合适。

巨大的权力当然带来巨大的责任，因此国王和王子的道德水平必须高于普通人。正如在《辛白林》中伊摩琴(Imogen)指出的那样："……国王们的欺诈是比乞丐的假话更可鄙的。"(3.6.13—14)很少有人会怀疑社会秩序和天体秩序之间的深刻联系，即微观世界和宏观世界的内在统一性——这种思维方式浓缩在凯尔弗妮娅(Calpurnia)著名的警告中："乞丐死了的时候，天上不会有彗星出现；君王们的凋殒才会上感天象。"[1](《裘力斯·凯撒》，2.2.30—31)在《特洛伊罗斯与克瑞西达》中，俄底修斯将这个类比推得更远。在一次精彩的演讲中，他描述了社会秩序与宇宙秩序之间错综复杂的平行关系：

诸天的星辰，在运行的时候，

谁都恪守着自身的等级和地位，

遵循着各自的不变的轨道，

依照着一定的范围、季候和方式，

履行它们经常的职责；

---

1 如今，这种比较在西方已经或多或少地消失了。

所以灿烂的太阳才能高拱出天，

炯察寰宇……

(1.3.85—91)

正如我们所见，根据个人的理解，这段话既可以看作是托勒密式的也可以是哥白尼式的。[1] 无论哪种方式，所有人和物都有自己的位置和目的。不必惊讶，人们几乎没有希望改善自己的命运，尝试这样做就像是在宇宙的神圣机器中放了一把扳手，很可能遭受天谴。最重要的是，这是一个互相联系的世界，正如历史学家劳伦斯·普林西比(Lawrence Principe)所说，它的每个角落都“充满了目的和意义”。

古代著作也很受重视。在莎士比亚时代，已经去世一千八百多年的柏拉图和亚里士多德仍然被认为比任何当世的思想家都更具权威。特别是对于自然科学，亚里士多德就是权威。而柏拉图谈到了人与宇宙之间的联系，即微观世界和宏观世界(“有序小世界”和“有序大世界”)之间的联系。当我们努力想了解地球上的生活时，我们可以向天堂寻求指导：它们的有序结构是过上理性且有意义的生活的典范和蓝图。从占星术到医学的每一门学问都源于这个简单的主张。我们可以看到自然哲学虽然大致相当于我们现在所谓的“科学”，但其范围却更广：不仅包括观测科学，还包括神学和形而上学。因此我们就可以理解，为什么在17世纪下半叶像艾萨克·牛顿爵士

---

1 克里斯汀·奥尔森(Kirstin Olsen)写道：“俄底修斯的演讲有时被认为是莎士比亚对哥白尼体系的一种倾向……但是这段话充其量是模棱两可的……‘这个中心’可能是太阳也极有可能是地球，太阳被描述为‘位于其中’的行星，这可能意味着它们在所有轨道的中心，或者在金星和火星之间传统的亚里士多德或托勒密体系的位置。”[克里斯汀·奥尔森，《莎士比亚的一切：莎士比亚世界百科全书》(*All Things Shakespeare: An Encyclopedia of Shakespeare's World*)，第1卷，第69—70页]

这样的人物能够第一天进行科学实验，第二天涉猎炼金术，再之后一天研究晦涩的《圣经》经文。

研究自然就是研究上帝的创造。这种观点在文艺复兴时期的欧洲无处不在，但最紧凑最雄辩的表达体现在《诗篇·19》中："诸天述说神的荣耀；穹苍传扬他的手段。"[在这一点上，新教徒和天主教徒意见完全一致。正如加尔文(Calvin)写的："宇宙的娴熟秩序对我们来说是一面镜子，我们可以在其中思考神，不然，神是不可见的。"]看到上帝的手工艺品是一回事，理解就是另一回事了。造物主以神秘的方式工作，没有凡人能完全掌握他对人类的规划——但是，也许可以通过研究上帝的创造来瞥见其中一二。人类可以通过"两本书"来认识上帝——自然之书或圣经之书，即通过他的话语或他的作品。

在莎士比亚时代，这个比喻无处不在：自然界被视为一本通过正确训练就可以阅读的书。我们对这位剧作家细读过的文字有一些看法，几乎可以肯定他读过法国人皮埃尔·德拉·普里莫达耶(Pierre de la Primaudaye)撰写的百科全书，此人宣称我们必须查阅两本"书"才能认识上帝："我们必须把两本书放在我们眼前，这两本书是上帝所赐，用以指导我们，并引导我们了解自己，即自然之书和世界之书。"请注意，莎士比亚并不羞于把这个隐喻投射回古罗马。在《安东尼与克莉奥佩特拉》中，占卜者谈到他的能力："在造化的无穷尽的秘籍中，我曾经涉猎一二。"(1.2.10—11)

虽然是两本"书"，但有一个共同的目的：认识上帝的思想，以及通过上帝了解生命的意义和目的。普林西比写道，当新的时代来临，最伟大的思想家们"看着处处联系的世界充满了目的和意义，同时也充满神秘、惊奇和希望"。

从中世纪到现代

人们看待世界的方式已经发生了深刻变化——尽管当时没有人认识它的到最初萌芽。我们现在认为是科学革命的时期——大约1500年至1700年——当时的人并不觉得有什么。而且,我们今天在科学博物馆中庆祝的发现可能对当时的普通人几乎没有影响。正如彼得·迪尔(Peter Dear)评论的:"目前尚不清楚16世纪和17世纪经典的'科学革命'给普通人带来了多大的变化。"它带来的创新"使人们日常生活的大多数特征保持不变"。正如史蒂文·夏平(Steven Shapin)指出的那样,"科学革命"一词从20世纪30年代末才开始广泛使用。[1] [近年来引用夏平《科学革命》(*The Scientific Revolution*)一书的第一句话很流行:"没有科学革命这样的东西。而这本书就是关于它的。"]然而,不可否认,这是一个空前的关于探索、调查和发现的时代。

无论我们如何称呼这一时期,一些相当重要的事情发生了,即使它们更渐进,与过去传统的决裂没有像"革命"这个名称所暗示的那样厉害。但是,这并不是凭空出现的;相反,这建立在中世纪后期的基础之上。而且这些并非同时发生在所有地方;医学、工程学、商业以及视觉艺术和文学方面的我们现在认为是"现代"发展的东西,在意大利出现几十年后才传到欧洲更偏远的地区。正如普林西比所说,这是"一张思想和潮流交织在一起的丰富挂毯,一个各种体系和观念竞争的喧闹市场,一座在所有思想和实践领域实验的繁忙实验室"。15世纪发明的印刷机促使思想以更新更快的速度传播,而航海发现则为殖民和剥削

1 夏平还提醒人们,许多历史研究都以欧洲为中心:"……绝大多数17世纪的人没有生活在欧洲,并不知道他们生活在'17世纪',也不知道科学革命正在发生。"(史蒂文·夏平,《科学革命》,第8页)

打开了新世界。通过阿拉伯语翻译被重新发现的古典文本在欧洲掀起了新的学习热潮。这些作品包括我们接触过的亚里士多德和托勒密的著作，以及欧几里得(Euclid)的几何学、盖伦(Galen)的医学著作等。

这一学习浪潮与罗马天主教会的活动密切相关。中世纪最好的学校是与修道院和大教堂关联的学校。到中世纪晚期，这些地方已经成为我们现在称之为“科学”的中心(正如前面提到的，在那个时候，这种探求属于自然哲学领域)。也有大学，最早的建立于1200年左右；这些也在很大程度上作为宗教机构运作。大学提供的最高学位是神学——尽管为了获得它，学生还必须掌握数学、逻辑和自然哲学。

对现代西方读者而言，科学与信仰之间的这种紧密联系似乎很奇怪，这是因为他们生活在现代西方社会，尤其是西方科学已经成为其时代的世俗追求，并且畅销书作家们宣称，宗教与科学对立是进步的障碍。科学与宗教之间不断发展的关系是一个庞大而复杂的主题，但有一件事很清楚：无论这种关系在今天如何，四百年前都大不相同。科学与宗教之间没有“冲突”，原因很简单，即两种追求之间不存在差别。一方面，宗教只是社会结构的一部分；科学革命的所有关键人物都是具有某种信仰的人。[如今，弗朗西斯·培根被誉为现代科学的奠基人之一——但是，首次阅读《学术的进展》(1605)的读者可能会惊讶地发现他详细阐释了上帝和《圣经》。]而且，他的研究对象——天堂——被视为上帝工艺精湛的无可争议的证据。在16世纪中叶写作的罗伯特·雷科德，对于这方面的热衷就很典型。他的《知识的城堡》既是一本有关天文学的教科书，又是一种宗教信仰的表达。他在开篇提到：

哦，雄伟庄严的神殿。哦，上帝荣耀的宝座和位子：你的纯洁

> 无瑕谁能形容？你的美丽凝视着点缀，闪闪发光……哦，奇妙的创造者，哦，善治的上帝：你的作品都是奇妙的，你的狡猾不为所知：然而那本书中所有知识的种子都已播种……

研究天文学就是研究“自然之书”；这使人们对上帝有了更多的了解。雷科德向他的读者保证：“从来没有任何优秀的天文学家否认上帝的威严和天意。”正如历史学家保罗·科赫尔（Paul Kocher）所说，早期现代科学“更多地被引用来证明上帝的存在，而不是否定他，其主要论点是，对奇妙宇宙结构的研究使人类意识到，一定有一个造物主”。普林西比写道，对自然的研究被视为“一种固有的宗教活动”。21世纪的科学研究者需要审视自己的信仰，这是一种更为现代的想法，对当时的伟大思想家来说无法理解。

但是，正如普林西比强调的那样，科学与信仰之间的联系比之前所述还要深入。对于欧洲早期现代的思想家来说，他写道，“基督教教义不是个人的选择，而是自然或历史事实”：

> 神学从来没有降级为“个人信仰”的状态；就像今天的科学一样，是普遍认可事实的一个体系并在不断追寻关于存在的真理……因此，神学思想在科学研究和推测中起了主要作用——不是作为外部的“影响力”，而是自然哲学家在研究的世界的重要组成部分。

这个提醒非常有用，因为今天通常出现的情况是，拿起一本新闻杂志就可能读到宗教思想家受到的科学“影响”，或者读到少量受宗教观念影响的科学思想（可以想到现代宇宙学中的大爆炸模型）。可以假设科学是一个整体的、不断扩大的智慧库，而宗教（和哲学）只是随之而来。不管我们今天如何看待这种观点，在早期现代欧洲它都是毫无意义的。科学与宗教之间的所谓战争很大程度上是19世纪后期的发明，尽管今天它可能具有一定意义，但普林西比准确地提醒我们，这"没有描述真实的历史情况"[1]。

从中世纪晚期到文艺复兴，也许科学与信仰相互依存最明显的例子来自我们一直在讨论的领域：天文学。宗教领袖依靠天文学家的工作来确定复活节的日期，这是基督教日历中最神圣的一天。复活节的日期通过复杂的算法来计算，该算法则取决于春分点的日期——白天与黑夜的时间完全相等，标志着春天开始的第一天。但是，确定春分的日期本身是一个难题，只有通过仔细观察天体才能做到。为了协助这项工作的进行，整个基督教在欧洲的数十座教堂和大教堂也被用作天文观测台，其中许多教堂都在墙壁或天花板上策略性地放置小孔使阳光照射到地面的南北"子午线"上，所得的测量值有助于确定计算复活节所需要的二至点和二分点的日期。因此，多个世纪以来，罗马天主教堂一直是欧洲天文学研究的最大赞助者。[2]

因此，无须惊讶，许多近代早期的自然哲学家也是某种宗教教徒。16 世纪早期，对于一位来自欧洲东部偏远地区的虔诚天主教神职人员来说，情况确实如此。他认为，研究天堂可能和研究错综复杂的教会律法一样有益。他很快就会把宇宙颠倒过来。

---

1 在引发"冲突"范式方面，这两本书具有特别的影响力——约翰·威廉·德雷珀(John William Draper)的《宗教与科学的冲突史》(*History of the Conflict between Religion and Science*, 1874)和安德鲁·迪克森·怀特(Andrew Dickson White)的《科学与神学的战争历史》(*A History of the Warfare of Science with Theology in Christendom*, 1896)。自从 1859 年达尔文的《物种起源》(*Origin of Species*)出版以来，科学与信仰之间的关系就受到了无休止的审视，至今仍然是一个令人着迷且复杂的主题。对于那些对历史观点感兴趣的人，罗纳德·L.拿本斯(Ronald L. Numbers)关于《伽利略的入狱及其他科学与宗教神话》(*Galileo Goes to Jail and Other Myths about Science and Religion*, 2009)的导读是一个很好的阅读起点。

2 要更全面地了解导致公历改革的"复活节问题"，请参阅我的《寻找时间》(*In Search of Time*)一书的第二章。

2. 尼古拉·哥白尼,迟疑的改革者

"眩晕的人认为世界颠倒了……"

持续了一千五百年的天文学思想被一个人推翻了,但我们对他知之甚少。在他的出生地——托伦的市政厅中有他的肖像,上面的尼古拉·哥白尼是一个苗条、脸颊凹陷的男人,他穿着红色的外套,有一头乌黑浓密的波浪状的头发。他漆黑、锐利的双眼不是看向前方而是凝视着他的左边,好像框架外有什么东西需要他注意。这幅肖像几乎没有透露出他的个性。我们确实知道他出生于1473年,是一个富商的儿子。当时的托伦市是皇家普鲁士(Royal Prussia)的一部分(包括在波兰国王控制下的普鲁士地区)。然而,他的家人讲德语,他年轻时曾以尼古拉斯·科佩尼格(Niklas Koppernigk)为名。[1] 哥白尼是在国外完成大部分学业的,这也解释了他决定采用拉丁名的原因。他先在克拉科夫学习,然后前往博洛尼亚攻读教会法(有关教会领袖权利和责任的法律)。他还成了一名坚定的人文主义者。[2]他的舅舅是一位有权势的主教,在他父亲去世后为他的教育和旅行提供了支持。1497年,哥白尼

1 至于哥白尼应该被视为德国人还是波兰人,这并不好判断,因为我们今天所知的"国籍"概念在16世纪并不存在。他可能会认为自己是"普鲁士人"。[请参阅索贝尔(Sobel),第5页;戴维斯(Davies),第20页。]

2 "人文主义"的含义已经发展了多个世纪,今天我们想到的是"世俗人文主义",但是在16世纪,它指的是对公民生活的参与、对学习的热爱以及对美德生活的追求;古代的艺术和文学被认为是可以实现的成就典范。正是通过这种用法,我们将某些高等教育称为"人文学科"。

返回家乡,他的舅舅任命他为波罗的海瓦尔米亚弗劳恩堡大教堂(今弗隆堡大教堂)的教士(比行政官高,但低于牧师)。在教会方面,哥白尼的野心似乎停止在了成为正式的神职人员之前,他很可能从未受命。后来他返回意大利,在帕多瓦成为一名医学生,并于1510年毕业后返回弗劳恩堡。

然而,关于他的个人生活,我们仍然一无所知;文献记录完全不存在。天文学家和科学史家欧文·金格里奇可能比今天的任何学者都更了解哥白尼,但在尼古拉的性格问题上他承认了他的失败:

> 哥白尼是什么样的人?他喜欢双关语吗?他曾经和他的同学或同行的教士们开玩笑吗?他喜欢音乐吗?……他有没有女朋友?他喜欢孩子吗?唉,这些问题无法回答。

我们确实知道哥白尼很早就痴迷于天文学,虽然无法确定具体的时间。在克拉科夫学习期间,他很可能接触过托勒密模型。1497年(他24岁时)春天在博洛尼亚,他协助著名天文学家诺瓦拉(Novara)观察了月球对金牛座的亮星——毕宿五(Aldebaran)的掩星现象[1];三年后,他在罗马观测到月偏食。

探寻背后的原因

在意大利学习时,哥白尼可能已经熟悉了托勒密体系的缺陷。他一在弗劳恩堡定居,就开始将几乎所有精力都花在研究天体和改善对天体运动的描述上,在这里他度过了生命中的最后四十年。他在大教堂周围的墙上加了一座观测塔,今天的游客还可以看到它。然而,由于

---

1 掩星是一种天文现象,其发生时,月亮似乎从恒星前方经过,会导致恒星消失长达几个小时。

潮湿的雾气经常从维斯杜拉河的河口翻滚而来，所以这里并不是理想的位置。（他承认："古人有天空更清澈的优势。"）最初，他只将自己的想法告诉了他最亲密的知己，但是对于那些认识他的人来说，显然他在做一些重要的事。正如一位同事观察到的那样："他讨论月亮和[太阳]的飞速运行，以及恒星和流浪的行星……他懂得利用奇妙的原理探寻现象背后的原因。"值得注意的是，在大多数人相信占星术的时代，哥白尼显然并不信。

如我们所见，托勒密体系并不缺乏准确性，它所描绘的静止的地球、天体围绕地球旋转都与人们对宇宙的常识相符。那么，是什么驱使哥白尼挑战已然建立的天堂模型呢？答案可能不止一个——但其中一个重要因素，是哥白尼对柏拉图圆周运动的理想化投入，他认为这是唯一可想象的天体的运行方式，并且他相信行星必须沿着这些圆周以恒定的速度运动。回想一下，在托勒密体系中，行星被认为仅以恒定速度相对于偏心匀速点运动。对于哥白尼来说，这种看似武断的发明与柏拉图的观点精神相悖，这"既不够绝对，也不够使心灵愉悦"。哥白尼提出了另一种模式：也许是太阳而不是地球位于观测运动的中心。早在1510年，他就意识到通过这种简单的转换，就可以构建一个系统，使行星以真正均匀的速度做圆周运动。这似乎是他最先关心的问题；新的结构——日心（以太阳为中心）而不是地心（以地球为中心）——可能是次要的。然而，一旦他做出了切换，他就被迷住了。"所有天体都以太阳为中心旋转，"他写道，"因此太阳是宇宙的中心。"至此，已经没有回头路了。[1]

---

1 关于为什么会经过一千四百年的时间才有人（除了少数古希腊思想家之外）采取这一简单步骤的有趣分析，请参见马戈利斯（Margolis），第91—102页。

巧合的是,哥白尼并不是第一个提出日心说模型的人;萨摩斯岛的阿里斯塔克斯(Aristarchus,约前 310—前 230)和其他一些古希腊天文学家曾提出过这一模型。然而,没有人研究清楚这一理论的细节,这个想法也似乎已被抛弃。(实际上,没有证据表明哥白尼知道阿里斯塔克斯的著作,这些著作的拉丁语翻译当时尚未出现。)因此,当哥白尼写了一篇概述“新”理论的简短手稿时,日心说开始复兴了。这篇大约成稿于 1510 年的短文被称为《短论》(*Commentariolus*)。

这是哥白尼理论传播的第一个涟漪,缓慢却不可阻挡。在英格兰人注意到之时,近半个世纪已经过去了;1556 年,罗伯特·雷科德在出版《知识的城堡》时提到了它。仅八年后,莎士比亚出生了,此时日心说模型还很年轻,还处于不确定阶段;但是,正如我们将看到的那样,每过十年,它的不确定性都在逐渐减弱。然而,它首次被提及时更像是一声耳语:《短论》并未在哥白尼生前出版,据说只有少量手稿得以流传。实际上,如果新理论没有传给一位名叫乔治·约阿希姆·雷蒂库斯(Georg Joachim Rheticus)的年轻德国天文学家,历史的发展可能会大不相同。雷蒂库斯被日心说模型吸引,特意赶赴弗劳恩堡与其作者见面。他将成为哥白尼唯一的学生。

同时,哥白尼越发确定托勒密体系极不优雅,无法代表天堂的真实结构。托勒密关于本轮、均轮的大杂烩式描述显得丑陋无比。天文学家支持它,“就像是有人试图通过组装不同来源的手、脚、头和其他部分来尝试描绘肖像一样,”他写道,“这些部分可能都画得很好,但它们无法组合在一起形成一个整体。这样的组件彼此之间没有真正的联系,它们组成的是一个怪物,而不是一个人。”

正如我们将看到的,与流行的神话相反,从任何客观意义上来说,哥白尼的模型都不比托勒密的“简单”。但是，一个以太阳为中心的体系确实可以解决从一开始就对天文学家形成挑战的许多问题。首先，它为人们观察到的行星有时会做逆行运动提供了一个简单的解释。以火星为例：当运动较快的地球经过运动较慢的红色星球或与之“重合”时，它似乎会暂时逆转运行方向。（这立即使托勒密体系中最大的本轮设定显得多余。）其次，新模型给出了一个简单的解释，来说明水星和金星为何总是看起来靠近天空中的太阳（即它们确实很接近太阳）。它也解决了第三个问题：人们看到行星在数周和数月的时间内亮度有所变化。在新体系中，地球是运动的；当沿轨道运动时，它有时更靠近特定的星球，有时甚至更远。这使行星的亮度不断变化非常合理。通过简化这些问题，哥白尼模型可以被视为一种更简单地描述行星运动的方式；它需要的任意假定和假设更少。正如哥白尼指出的那样，他选择“遵循自然的智慧，因为自然界非常谨慎，不会产生多余或无用的东西，通常它更喜欢赋予一件事物多种效果”。[1]

让地球运转

但这些优势是有代价的：哥白尼体系让地球运转；它现在只是一颗行星，与水星、金星和其他行星一样。“我们所看到的太阳的运动不是源于它的运动，”他写道，“而是源于地球和天球的运动；我们像其他行星一样，围绕着太阳运转。”该模型要求人们认为地球以极高的速度在太空中飞驰——这是对常识的严重违背。难怪哥白尼一直用“荒诞”

---

1 这个想法通常与中世纪的英格兰僧侣奥卡姆（Ockham）[或奥卡姆（Occam）]的威廉有关，又被称为“奥卡姆剃刀”。用他自己的话说：“如无必要，勿增实体。”[I.伯纳德·科恩（I. Bernard Cohen），《新物理学的诞生》（*Birth of a New Physics*），第127页]

一词来描述他自己的理论。

的确,高速运转的地球这一概念一直是一个主要的反对点:为什么我们感觉不到地球的运动?这里值得暂停一下思考自哥白尼时代以来我们的运动概念是如何演变的,因为这可能有助于我们理解为什么四百年前关于地球运动的想法会被认为如此荒谬。今天,我们可以乘坐喷气式客机体验(排除湍流)一段完美顺畅的旅程,当飞机在三万英尺的高度以每小时六百英里的速度飞驰时,许多人可以毫无困难地入睡。我们从诸如《阿波罗 13 号》和《星际迷航》系列的电影中感觉到,穿越太空(在没有激光爆炸和小行星撞击的情况下)时的旅行甚至更加顺畅——事实上确实如此。但是,在文艺复兴时期的欧洲,旅行要困难得多。正如约翰·格里宾(John Gribbin)提醒我们的那样:

> 请记住,在 16 世纪,运动意味着骑马疾驰或在有车辙的道路上颠簸。在没有任何直接经验的情况下,平稳运动(甚至像高速公路上的汽车一样平稳)的概念很难被理解——直到 19 世纪,人们还在担忧火车以最高达每小时 15 英里的速度行驶可能会危害人体健康。

一个正在运动的地球似乎从很多方面看都很离奇。想象一个扔到空中的球:如果地球在旋转,那么该球的落地点是否应该与投掷点相距一定距离?为什么鸟不以同样的方式后掠?的确,正是出于这样的原因,亚里士多德本人已经嘲笑了地球移动的想法。(顺便说一下,同样的问题可以用来反对地球每天的自转以及围绕太阳一年一度的公转。)然而,哥白尼给出了一个答案:地球必须携带着大气层及其内部的所有东西随其旋转,因此这种运动不会被感觉到。(完整的解释需要用到惯性的概念,运动的物体保持运动的趋势以及静止的物体保持静止的趋势。不幸的是,这个概念在当时还未为人所知,要到半个世纪后,在开普勒和伽利略的作品中才会出现。它最终成为牛顿力学的基石。）

此外还有更多的反对意见：如果地球真的绕着太阳旋转，那么在一年的过程中星星的位置应该会发生变化；用天文术语说就是，它们应该显示视差。[1] 但是，在恒星的位置上看不到这种偏移。而且如果地球在广阔的轨道上运动，那么一年中的某些时候它一定更接近某些恒星；因此，在季节变化中，恒星的亮度应有所不同。哥白尼认为，答案在于与太阳系相比，恒星距离我们相当遥远。

广阔浩瀚的、甚至可能是无限的宇宙与当时盛行的中世纪观点有根本上的不同。突然之间，人们发现恒星与我们的距离和想象不符。然而，对于哥白尼来说，这个新的、更大的宇宙——更具连贯性的宇宙学图景——比托勒密的数十过来的本轮更容易接受。“我认为，接受这个[更大的宇宙]，要比接受几乎无限地增加轨道球层而使人烦乱容易得多，”他写道，“后者正是那些要将地球留在宇宙中心的人所做的。”

假设或异端？

正如我们所讨论过的，科学在此时还没有与宗教“交战”，而事实上，包括哥白尼在内的许多科学家都是神职人员。那么，宗教思想家对这种新的天堂结构有什么异议（如果有的话）？首先，我们必须消除对哥白尼体系挥之不去的误解之一：它以某种方式将地球从宇宙中享有中心位置的特权“废黜”了。[2] 实际上，按照中世纪的观点，相对于行星

1 您可以在不离开椅子的情况下看到此效果：伸出手臂，竖起拇指放在眼前，闭上一只眼睛；然后换到另一只眼睛。请注意，您视线内拇指背后的背景似乎在变化，这就是视差。

2 要进行有用的讨论，请参阅丹尼斯·丹尼尔森（Dennis Danielson）在《伽利略的入狱及其他科学与宗教神话》中的文章（罗纳德·L.拿本斯编辑，2009年）。

的高球层和固定恒星的更高球层来说，地球处于“最低”位置。在地球中心，人们会发现地狱不是一个享有特别优待的地方。确实，有人可能会争辩说哥白尼使地球变得高贵，让地球与其他行星一起升入天堂——这可能是人们想象中离上帝更近的地方。话虽如此，哥白尼迫使我们将地球视为运动的物体，而且的确只是许多这样运动的物体之一，这一事实肯定令人不安。不管是不是“中心”，地球曾经至少是独特的、静止的。正如历史学家I.伯纳德·科恩所说：“亚里士多德体系中，地球基于其固定位置的独特性给人一种自豪感，而这种自豪感几乎不可能来自一颗相对较小的行星（相比木星或土星），而且其所处的位置还微不足道（连续七个行星轨道中的第三个位置）。”

被哥白尼主义威胁的是亚里士多德物理学而不是基督教教义——但是正如我们所讨论的，这两种意识形态在16世纪已经交织在一起。如果罗马天主教会与其他思想结盟，那么历史可能会完全不同。正如弗朗西斯·约翰逊(Francis Johnson)所注释的：“如果基督教神学家们之前没有致力于亚里士多德科学，他们在调和《圣经》经文与哥白尼思想上将不会有太大困难。”最初，教会几乎没有显示出任何对日心说模型的不适迹象。它最初被视为一种数学工具，也许有望改善天文预测。1515年梵蒂冈议会召开，在考虑改革当时使用的儒略历(Julian calendar)时，议会方写信给哥白尼征求意见。事实上，教皇克莱门特七世(Clement Ⅶ)的私人秘书讲授该理论时，听众中就有教宗和几位红衣主教。

然而，天体的结构——关于这些复杂数学模型的物理解释——是另一回事。这是教会领袖习惯于处理的事情，因为他们花了几个世纪的时间试图使亚里士多德物理学与《圣经》相协调，只保留那些与《圣经》相符的观点。《约书亚记》(*Book of Joshua*)中有一段被广泛讨论的经文，其中以色列人的领袖命令太阳——而非地球——保持静止来延长日照时间，从而使他的军队在战斗中获胜：

> 当耶和华将亚摩利人交付以色列人的日子，约书亚就祷告耶和华，在以色列人眼前说，日头啊，你要停在基遍。月亮啊，你要止在亚雅仑谷。
>
> 于是日头停留，月亮止住，直等国民向敌人报仇。……日头在天当中停住，不急速下落，约有一日之久。
>
> (10：12—13)

日心说的模型是否受到新教思想家的热情接待尚不清楚，像天主教徒一样，他们似乎更愿意接受哥白尼模型作为一种数学理论，以及简单地无视它所谓的"现实"。据说，改革家马丁·路德(Martin Luther)对该理论提出了种种嘲讽，他抨击那些试图提出"将整个天文学颠倒过来"而使自己听起来更"聪明"的天文学家，声称真理清楚地陈述在《圣经》中："我相信《圣经》，因为约书亚命令太阳静止不动，而不是地球。"还有一次，据说路德称哥白尼为一个"傻瓜"。[1]

当自然哲学似乎与经文相矛盾时，可供妥协的空间很小。1270年，巴黎主教发布了一份包含13项命题的清单，这些命题与较激进的亚里士多德主义者的观点有关，后者被认定为错误和异端。七年后，该清单扩展到219个条目；有20多个涉及宇宙学。其中包括，禁止宣称"世界对于其中所含的所有物种都是永恒的；时间是永恒的，运动[和]

---

1 达瓦·索贝尔(Dava Sobel)在他精彩的哥白尼传记——《更完美的天堂》(*A More Perfect Heaven*，2011)中讨论了这些评论，认为它们很可能只是传闻而已；另请参见丹尼尔·博斯汀(Daniel Boorstin)的《发现者》(*The Discoverers*)，第302页。请注意路德(1483—1546)与哥白尼几乎完全是同时代的人。

物质也是如此……”1

那么，也许不必惊讶于哥白尼对理论发表的犹豫不决，尽管他已经设定了详细的论述。在雷蒂库斯的敦促下，他才终于让自己的伟大作品面世。正如我们所见，在雷蒂库斯的监督下，这本书最终在纽伦堡印刷出版。在弥留之际，哥白尼终于见到了一本《天体运行论》的新书。

“宇宙的奇妙对称”

哥白尼的书不仅篇幅长而且高度数学化，编排结构上与托勒密的书类似，包含一系列概述主要论点的部分（“卷”）。（在扉页上，可以看到希腊文的柏拉图式箴言：“不懂几何者不得入内。”）然而，后来却出现了意料之外的事：哥白尼并不知晓这本书中增加了一个匿名的序言。现在我们知道该序言出自路德教会的神职人员安德烈亚斯·奥西安德（Andreas Osiander），在雷蒂库斯因为一个学术职位被调往莱比锡后，由他监督最后阶段的印刷过程。该序言是一份免责声明，坚称日心说体系只是理论模型，而不是对宇宙的真实描述。奥西安德似乎比雷蒂库斯更紧张。他在序言中告诫读者：“这些假设不一定正确，甚至是不可能的。相反，如果它们提供了与观测结果相符的演算，那么仅此一项就足够了。”确实，奥西安德说天文学并不从事于发现“真理”：

> 就假设而言，人们别期望天文学能提供任何确定的东西，因为天文学不能提供。读者也不该把为了其他目的而提出的想法当作真理，以便在离开这项研究时不会比刚刚开始进行研究时更愚蠢。

---

1 然而，历史学家告诫我们不要将这些谴责视为源于“教会”。更准确地说，它们是当地冲突的指示；在这种情况下，谴责是由当地主教发出的。［请参阅迈克尔·J. 尚克（Michael J. Shank）收录在《伽利略入狱》（*Galileo Goes to Jail*）中的文章。］

无论读者对这个序言作何感想，他们很快就会读到哥白尼本人的和平献祭——一封简短的信，信中他将这部作品献给了教皇保罗三世。这封信开头写道：

> 圣父，我已经猜到，一旦有些人发现了我写的这本关于宇宙天体运行的书中，地球被赋予了一种运动，他们必会叫嚣着要把我和我的观点驳倒。

哥白尼认识到这些攻击中有一些可能是因为宗教。他担心会有“胡说八道的人声称是天文学的行家，他们尽管实际上对天文学完全不了解，甚至会严重歪曲《圣经》的一些段落为自己所用，却竟敢对我的作品吹毛求疵并加以谴责”。他自信地声明这种攻击“毫无根据”。

最终，他安下心来着手他手头的研究。建立了地球运动的概念后，他总结了新的日心说图景。“确实，太阳似乎是坐在王位上管辖着它的行星家族，”他写道，“因此，我们从这种排列中发现宇宙具有令人惊异的对称性，并且天球的运动与大小之间有着坚定的和谐关系……”至于太阳，还有什么比处于这种奇妙排列的中心更好的地方呢？“在这个美丽的殿堂里，它能同时照耀一切。难道还有谁能把这盏明灯放在另一个更好的位置上吗？”尽管有奥西安德的序言，但哥白尼还是被日心说模型的优雅和连贯逻辑说服了。如果不考虑细节的话，这个想法已经使他确信这是对自然的真实描述。

不是革命吗？

在最近几十年中，学者们仔细研究了哥白尼著作所带来的所谓“革命”，发现它不算是革命性的。首先，与托勒密模型相比，他的模型并不一定能得出对行星位置更准确的预测；确实，从纯粹数学的角度来看,它们实际上是一样的。(人们可以认为哥白尼体系大致上相当于托勒密体系,只是太阳和地球的位置互换了。)事实上,新模型以其最简单的形式是无法得出行星的准确位置的,因为它包含一个致命错误。跟柏拉图一样,哥白尼也坚持认为圆周和天球是完美的体现,并假定行星以均匀的速度进行完美的圆周运动。要到七十年之后,约翰内斯·开普勒才推断出它们的真实形状(椭圆形而非圆形),从而纠正了这个错误。

哥白尼模型也没有以任何明确的方式变得"更简单"。为了精确匹配观测到的太阳、月亮和行星的运动,跟托勒密体系一样,日心说体系还是需要偏心轮和本轮;与其前身一样,它是一个非常复杂的圆周体系。(尽管它确实设法消除了等分点以及托勒密体系中最大的本轮,这两者在哥白尼模型中是多余的,并且它设法将圆周总数从大约 80 个减少到了 34 个。)哥白尼体系的复杂性似乎令人吃惊,尤其是鉴于《天体运行论》第 I 卷中重现的示意图——著名的整齐利落的同心圆(图 0.1,参见第 3 页)。历史学家认为,这只是为了示意,旨在使读者放松地进入阅读;后面,哥白尼列出了其理论中的所有数学和几何方面的复杂之处。《天体运行论》与《天文学大成》之间结构相似是毫无疑问的,很难说这本书比前一本书简单;甚至有人认为哥白尼的书更像是对前一本书的评论(尽管是批判性的),而不是"新"理论。"冒着近乎不分场合要聪明的风险,"S. K.赫宁格(S. K. Heninger)指出,"我们可以说哥白尼所做的只是对现有世界观的修改……哥白尼本人思考的是简化旧事物,而不是引入新事物"。请注意,标题指的是"天体"的革命,而不是"行星"的。正如 I.伯纳德·科恩所说,读者可以发现《天体运行论》在"几何方法和结构方面"与《天文学大成》相似,这"掩盖了任何简单地认为哥白尼的书显然更现代或更简单的说法”。不过，“简单性”并不是一个容易定义的词。有人可能争辩，哥白尼模型为逆行运动提供了一种更自然的解释，尽管仍有本轮，但它们的存在仅仅是为了提供其灵活性。

哥白尼的书几乎是保守和革新的混合产物。尽管他警告教皇其新理论是“荒谬的”，但他每次还强调了它与古代思想的连续性。他一次次提到这位或那位古希腊哲学家；正如彼得·迪尔所描述的，《天体运行论》“显然是对古希腊天文学传统的一种革新”。而且，正如赫宁格指出的那样：“只有在回顾过去的时候，他才扮演了激进知识分子的角色。”

哥白尼重筑天堂模型是一个改变历史进程的开创性事件——还是一项什么都没有改变的学术活动？今天，我们当然可以将其视为惊天动地(earth-shattering)——或更加字面的意思，“地球运动”(earth-moving)——的事件。为“后见之明”的力量欢呼三声。但是，哥白尼时代的情况如何呢？他的理论实际上引起了多大的轰动？对于在 20 世纪 80 年代写作的 I.伯纳德·科恩而言，《天体运行论》是如此无革命性以至于几乎应该被摒弃：“科学界发生哥白尼革命的想法与证据背道而驰……这只是后世历史学家编造的。”他补充说，我们通常认为的与哥白尼这个名字相关联的革命应该更恰当地归功于半个多世纪以后的开普勒。但是，在 21 世纪写作的哲学家理查德·德威特(Richard DeWitt)在著作中向我们确保，从哥白尼去世到 16 世纪末，“他的理论得到了广泛的阅读、讨论、教导和实际应用”。也许这二者都是正确的：哥白尼的著作只标志着革命的第一阶段；但是一些人肯定注意到了。正如亚瑟·科斯特勒(Arthur Koestler)曾经描述的那样，这并不是“没有人读的书”。

世界为谁而造?

实际上,哥白尼体系至少在一个方面具有革命性,即他的宇宙确实是巨大的。"就我们的感官所知,"他写道,"地球与天穹相比不过是微小的一点,如有限之比于无限。"最后一个词意味深长,尽管历史学家认为,哥白尼不可能想象存在一个无限的宇宙。但是,它比西方人在之前的世纪中曾想象过的任何东西都要大。一位13世纪的天文学家计算得出,已知行星中最遥远的土星距地球约7300万英里——正如一位历史学家所说,这已经"是一个令人震惊的距离,即使是对于游历最多的中世纪人而言",固定恒星大概就在比那更远的地方。有趣的是,因为接受了古希腊人对到太阳的距离的估算,所以哥白尼对行星距离的估计与托勒密模型相比实际上使太阳系收缩了。然而,到恒星的距离,却惊人地增加了。没有恒星视差意味着恒星必须比中世纪观念中的距离我们更加遥远。[1] 据估计,哥白尼的宇宙比中世纪的大四十万倍。在当时的时代,宇宙为我们人类的利益而存在是理所当然的。那么,是什么占据了行星和恒星之间的所有真空区间呢?它的目的是什么呢?

几十年后,当伽利略撰写有关这两个世界体系的论文时,他意识到了这一反对意见(现在已经很熟悉)。他的书以对话的形式撰写,他笔下的角色辛普利邱(Simplicio)是传统世界观的捍卫者,着力于"虚空"问题:

> 现在,当我们看到行星之间这种美丽的秩序时,它们围绕地球排列的距离与它们对地球产生的影响相称,对我们有益,那么在它们的最高轨道(即土星轨道)和恒星轨道之间将插入什么呢?一个

---

1 恒星视差直到19世纪30年代才终于被发现。

没有任何东西的广袤虚空，多余而徒劳。给谁使用？给谁方便？

自从人类思想诞生以来，人们就认为宇宙是为我们而造的。宇宙变得越大，就越难维持这种信念。伽利略望远镜揭示的奇观使这个问题复杂化了，但早在1580年——当伽利略和莎士比亚还是青少年时——法国作家蒙田就嘲笑了以人类为宇宙中心的想法。他想知道人类是怎么开始相信宇宙存在是“为了他方便”的。他问道：“可以想象出比这个可怜可鄙的生物更可笑的东西吗？——他甚至不是自己的主人，却觊觎震撼四方，称自己是宇宙的主人和帝王……”

在蒙田的怀疑和伽利略精明的推理中，我们看到新思维方式诞生的曙光。我们还将在莎士比亚的作品中发现这种新观点。将我们的星球从宇宙中心的位置拉下来并使其运动是至关重要的第一步。正如丹尼尔·博斯汀（Daniel Boorstin）所说：“没有什么比地球稳定不动以及我们是宇宙的中心更明显了。现代西方科学正是从否认这种常识性公理开始的。”早在16世纪末的几十年中，就已出现预兆：信仰并没有立即受到哥白尼宇宙的威胁——但它必须去适应。正如保罗·科赫尔所写的，赌注不可能更高了：

> 是否仍然有可能相信上帝为人类创造了世界？在地心说向日心说过渡的过程中，这是摆在基督教面前的一个重大问题。这是个高度复杂的问题，需要的不是一个简单的答案。人类的独特性、上帝的道德治理造福人类世界、创造奇迹的可能性、《圣经》关于物理世界真理的权威教导——这些以及许多其他相关问题似乎都岌岌可危。

20世纪和21世纪科学的决定性思想特征之一——在早期现代欧洲几乎是不可想象的——就是认为宇宙可能根本不是为我们的福祉而造；

它仅仅是存在着。[1]（当然，创造论者拒绝这种观点——即使是世俗自由主义者也难以接受。）人们在蒙田和伽利略这里感受到——正如我们所见，他们还将在莎士比亚那里看到——这种深刻变化的开端。

哥白尼的宇宙

顺便提一下，有关宇宙大小和行星运动的问题是相互联系的：前者越大，后者就越合理。毕竟，如果我们的星球如此微小，为什么整个宇宙都应该绕地球运动呢？或者，正如哥白尼所说的那样："如果在二十四个小时之内，广阔的宇宙应该旋转而不是停在其最小点，那真是令人惊讶！"这里采用的逻辑可以追溯到远古时代，并涉及"相对论"——不是爱因斯坦那种，而是对所有运动都是相对的的简单理解。哥白尼回忆起维吉尔对海上船只的描述。他援引《埃涅阿斯纪》（*Aeneid*）中的话说："我们从港口驶出，土地和城市向后消失。"——当然，更合理的推论是船舶在动，而不是土地和城市。"那么，地球的运动使我们认为整个宇宙都在旋转也就不足为奇了。"此外，这个更大的宇宙暗示了其他世界的可能性——或者至少允许它们存在。如果我们的太阳庇护着一个行星家族，谁能说清还有多少颗行星可能在距我们遥不可及的地方绕着恒星运转呢？

事实上，中世纪时人们经常讨论其他世界的可能性。许多中世纪的哲学家都争辩说，全能的上帝可以创造出他想要的任何数量的世界。即使这样，人们的普遍共识也是他只创造了一个：我们自己的这个蓝绿色世界。（我提到过巴黎主教于 1277 年更新了的异端言论清单。

---

1 "几乎是不可想象的"，但并非完全如此：纯粹自然主义的宇宙观念具有悠久的历史，特别是希腊原子主义者及其追随者的著作，我们将在第 13 和第 14 章中讨论。

第34条有点尴尬地强调，必须忠实地承认全能者可能创造了其他世界——但实际上这样的世界并不存在。）14世纪，一位名为尼可·奥瑞斯梅（Nicole Oresme）的法国哲学家仔细考虑了此事，深思了创建此类世界的各种机制以及它们可能的位置。然而，最后他总结道："但是，当然从来没有、也不会有一个以上的有形世界。"即使《天体运行论》没有在街头巷尾引起惊慌——有多少本书引起了？——它也确实标志着一个转折点。正如I.伯纳德·科恩所说："如果不动摇整个科学结构和我们对自己的看法，哥白尼提出的宇宙框架的改变就不可能实现。"

半个世纪后，一位好奇的意大利科学家将一个新发明——望远镜瞄准夜空。[1] 当他这么做的时候——我们将在第9章中看到——疯狂的哥白尼"假说"突然成为貌似合理的物理事实。但是，即使没有望远镜，反对古代宇宙学系统的证据仍在增加。1572年秋天，发生了一起至关重要的事件——我在序言中提到过并在引言中做了简要介绍。那年的11月，一颗明亮的"新星"出现在仙后座中，照亮了当时直至第二年的夜空。今天，我们称其为超新星，即一颗巨大的恒星耗尽其内核燃料、冲破外层后形成的炽热的物质和辐射爆炸。这颗新星将成为对亚里士多德和托勒密宇宙学的一种冒犯。威廉·莎士比亚当时八岁，而某个自负的丹麦人——他眼神敏捷，戴着金属鼻夹，当时只有二十六岁。两千年后，古老的世界体系开始在其基础之上出现了裂缝。

---

1 但是正如我们将要看到的那样，英格兰天文学家可能在16世纪下半叶拥有了某种类似于原始望远镜的东西。

3. 第谷·布拉赫和托马斯·迪格斯

“雄伟的屋顶上满是金色的火焰……”

故事开始于九千年前，不是发生在一个遥远的星系，而是在我们银河系中一个相对邻近的区域，就位于仙后座方向。日夜更替，世纪轮回，恒星看起来都相当稳定——但现代物理学表明，恒星实际上参与了自然力量之间的持续拉锯战。重力努力将所有事物融合在一起，核力量想把一切都摧毁。在生命的大部分时间中，恒星通过其核心的一系列核反应燃烧氢而发光，并且维持了各力量之间的平衡。但是，这颗特殊的恒星（今天它有一个缺乏想象力的名字——3C10），是一颗古老的恒星，它核心内的氢已经耗尽了。[1] 发生这种情况时，重力就成了主导力量，现在，主要只含碳和氧的恒星开始坍缩。曾经是红色巨人的它，现在已经演变成一颗“白矮星”。这种矮星的密度极大，虽然其重量与太阳相同，但通常只有地球般大小。（一个篮球大小的白矮星团的重量大约与一艘远洋客轮的重量相当。）在与一颗较大的伴星共同旋转的过程中，3C10 一直从其邻居那里吸收氢气，从而增加质量；这也导致恒星核心的温度升高。最终，当它的质量差不多达到一个半太阳的质量时，

1 令人困惑的是，这颗星有不止一个名字。3C10 指的是它在 20 世纪 50 年代的目录名称，当时人们第一次使用射电望远镜发现了这颗恒星的残留物。天文学家最终得出结论，这确实是第谷和其他人在 1572 年观察到的那颗恒星。天文学家有时称它为“SN 1572”（‘SN’指的是超新星，‘1572’指的是第一次观测到它的年份）。在通俗文学中，它通常被简单地称为“第谷之星”，或者，根据它现在的样子，称之为“第谷超新星遗迹”。（此外，这类超新星背后的物理模型不止一个，两颗白矮星的并合也可能产生这样的现象。）

一种新的反应开始了：碳原子彼此融合，引发了不可阻挡的核连锁反应。接着，冲击波穿过恒星，以每秒一万多英里的速度从核心向外辐射。恒星爆炸了。

当 3C10 还是一颗白矮星时，它比太阳暗淡得多。现在它成了一颗超新星，发出相当于十亿个太阳的光芒。它的亮度将——短暂地——与星系其余所有星星相加的亮度一样。在多少颗行星上，有多少生物抬起头，目睹了这颗恒星壮观的垂死挣扎？我们不知道——但我们确实知道他们什么时候会看到。光速达到每秒 186000 英里。如果距离恒星 1000 光年的地方有一处文明，那么他们将在 1000 年后（即大约 8000 年前）看到爆炸。由于 3C10 恰好位于距地球约 9000 光年的地方，所以恒星爆炸发出的光在 9000 年后才到达我们星球。[1] 穿越星际空间 9000 光年，那一束最初的光中的光子于 1572 年 11 月上旬到达地球。在那一刻之前，如果没有望远镜（当时尚未发明），那颗遥不可测的恒星将是不可见的。现在，突然之间，它像金星一样明亮。

其实在 3C10 发出的光到达我们星球之前，一个爱钻研的丹麦贵族——第谷・布拉赫（1546—1601）便开始迷上天文学。第谷——像伽利略一样，以他的名字被人所记住——在哥白尼的革命性著作出版 3 年后出生在斯堪尼亚（Scania，今天是瑞典南部的一部分）。他出生于一个强大的贵族家庭，家人都以为他最终会以士兵或行政人员的身份为国王服务。在叔叔的抚养下，第谷进入哥本哈根大学攻读法学，但很快

1 关于距 3C10 的距离的估算有很大的误差，因此估算光到达地球所需的时间也有误差。如果距离恰好是 9000 光年，那么我们可以说它在 9440 年前爆炸了（光到达地球的时间为 9000 年，加上第谷观测到时已经过去了的 440 多年）。

他就因天上发生的事情分心了。

第谷在1559年和1560年分别观测到月食和日食。还是少年时，第谷就惊讶于天文学家可以提前数月甚至数年预测日食。几年后，在德国留学期间，他目睹了土星耦合木星的现象(天文学家称其为合相)，这种引人注目的天体耦合现象大约每二十年发生一次。但是，第谷注意到，无论是基于托勒密的古老系统还是较新的哥白尼模型，已知的星表都不准确。两颗行星最接近的时间缩短了几天。第谷决心改进现有的星表。从那一刻起，他将全力以赴研究夜空。在接下来的几年中，他在欧洲各地旅行，在各个大学城学习，并随身携带书籍和工具。经过一段时间后，他成了一位观测大师。

"一颗新奇的星"

但最令人震惊的天体运动——巩固了第谷对天文学的热爱并最终改变了西方思维方式的进程——发生在1572年秋天，当时一颗新星在北方天空中爆炸了。旅行之后，第谷居住在斯堪尼亚，并在一块归亲戚所有的土地上建造了一个小型天文台。第谷于1572年11月11日首次发现这颗恒星。(事实证明，几天前少数其他欧洲观测家都见过这颗恒星。)几个月后，当第谷把想法付诸纸上时，他的激动之音犹在耳畔：

> 我惊愕地站在那里，眼睛盯着它，仿佛惊呆了。当我确信以前从来没有出现过这样的星星时，我被这难以置信的事情弄得如此困惑，我开始怀疑自己的眼睛。

第谷对这颗恒星的外观进行了数周的研究，还将笔记与欧洲其他观察家的进行了比较。他急忙撰写并出版了一本小书，记述了他对这一事件的论述，名为《论新星》(*De Nova Stella*)。[完整的标题实际上是《关于星辰，任何人在生活或记忆中从未见过的新星》(*De nova et nullius aevi memoria prius visa stella*)。]他的语气并不谦虚：

> 我注意到一颗新奇且异常的星，其光亮超过别的星，几乎在我头顶上闪耀。因为自从孩提时代以来，我便认识天上所有的星星……对我来说，很显然在天空中的那一区域不会有星，即使是最小的也没有，更何况是一颗如此明亮的星。

这颗不知从哪冒出来的新星，是“自世界之初开始，整个大自然中展现出的最大奇迹”。

不幸的是，新星不应该出现。这是对亚里士多德和托勒密宇宙学的一种冒犯，在这些宇宙学中，天界本质上被认为是完美不变的。人们如何理解一颗新星的出现？一种可能的解决方案是认为这实际上是一种地界现象；也许它位于地球大气层的高处(可以联想一下，今天很难将星星与飞机区别开来)。如果证明它是“月下的”，那么亚里士多德世界体系一切都好。但是，如果新星是“本地”现象，它就会显示视差——这意味着它将在稍微不同的位置(相对于背景恒星)，被地球上不同位置的观测者看到，或者是由一个观察者每隔几个小时进行观察，因为地球自转时会带动观察者跨越数千英里。[1] 传统上，月亮通常表示可破坏的陆地世界与恒星完美天界之间的边界，已知其视差约为一度。但是，第谷的新星没有显示出明显的视差。另外，相对于其他恒星，它似乎停留在天空中的同一位置(就像一位天文学家所说的，它没有显示“恰当的运动”)。“我的结论是，”第谷写道，“这颗星不是某种彗星或流星……而是一颗闪耀在穹苍本身的星星——自世界诞生以来的任何时代都从未有人见过。”

---

1 专业术语是日视差。

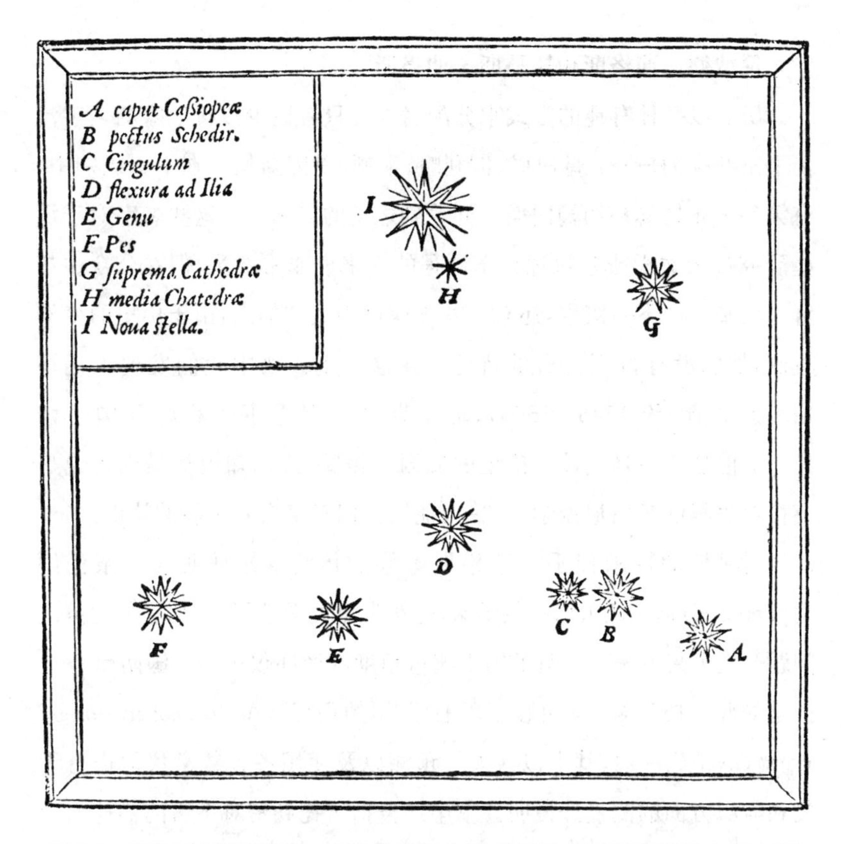

图 3.1　丹麦天文学家第谷·布拉赫是最先看到 1572 年的"新星"的人之一(这里描述为仙后座的"W"上方,拉丁语中为"Nova Stella")。这颗新星的出现挑战了亚里士多德的宇宙图景,其中天界被想象成是完美不变的。布里吉曼艺术图书馆,伦敦

第谷急于知道欧洲其他地方的观察者对这个怪异又奇妙的物体的看法。数以千计的人肯定已经看到了这颗新星,包括数十位专业的天文学家、占星家和数学家。他们中的许多人,例如第谷,都急于将其观察结果出版。其中就有一位名叫托马斯·迪格斯的英格兰天文学家,他是当时英格兰最重要的思想家之一。

伦纳德·迪格斯和托马斯·迪格斯

历史以一种有趣的方式来分配名人。只有极少数科学家的名字流传下来并家喻户晓：哥白尼、伽利略、牛顿、爱因斯坦。在下一级别中，有第谷·布拉赫和约翰内斯·开普勒之类的名字——这些名字对于那些研究过天文学或学习过科学课程的人来说非常熟悉，但在公众中却鲜为人知。再下一级别，还有一些本应广为人知的人，由于历史的变幻莫测，他们没有得到应有的待遇。在这一组人物中我们发现了托马斯·迪格斯（约 1546—1595）。迪格斯是一名军事工程师和国会议员——但这并不是他被人铭记的原因。相反，我们知道他是因为他是英格兰最早的哥白尼派学者之一，他使我们对宇宙有了新的认识。

对科学的探求似乎是迪格斯家族的传统。托马斯的父亲伦纳德（Leonard）是一位杰出的数学家，曾在牛津大学学习，在那里他对测量问题产生了兴趣——发明了用于测量角度的经纬仪——对国防事务他亦是如此。1555 年，他出版了历书《永恒的预言》（*A Prognostication of Right Good Effect*），其中包括天气预测以及使用各种数学仪器进行天文和航海方面的测量的说明。书中还概括了托勒密对宇宙的描述。他的另一本有关测量的书在接下来的一百五十年里一直在使用，至少修订翻版了二十次。他致力于讲清楚解决测量中各种实际问题的方法，并抱怨许多关于几何的书“被奇怪的舌头锁住了”。他指示读者，读第一遍时浏览文本，然后读第二遍时“多加判断，并在读第三遍时巧妙地实践”所述的各种方法。顺便说一句，如果历史略有不同，所有这些成就可能永远都不会实现：1553 年，伦纳德陷入了后来被称为“怀亚特叛乱”的事件，意图推翻玛丽女王。五百名阴谋嫌疑人被捕、受审并定罪，他是其中之一。但是，主谋被绞死的同时——也有许多人被车裂——伦纳德是其中被赦免的七十五人之一。

我们知道，伦纳德·迪格斯对夜空着迷——但他是否用肉眼注视或者是否有某种光学辅助，这一直是备受争议的话题。是他发明了原始望远镜并将其瞄准天空吗？如果他这样做了的话，比伽利略要早整整六十年——但是证据却很少。我们只有托马斯·迪格斯关于他父亲使用“透视眼镜”进行远距离观看的记录；据推测，他可以读出一个散落在田地里的硬币上的字母，并可以看到几英里外的人们在做什么。迪格斯继续讨论了使用“凹凸玻璃”所揭示的“奇妙”事物，他描述说将这种透视玻璃瞄准某个距离很远的村庄时，人能够识别“任何特定的房屋或房间……清楚得就像身临其境一般……”

这些说法似乎要求人们认真对待，但许多历史学家对此表示怀疑。例如，理查德·帕内克(Richard Panek)向我们保证，此类仪器尚不存在。“尽管看似确定，但这些著作(以及许多其他著作)还只是在推测或修饰。”理查德·邓恩(Richard Dunn)认为证据“不确定”，但他承认，在那时“许多人正在使用足以用作望远镜的高质量镜片进行调查”。顺便提一句，托马斯·迪格斯说写了一本关于透视眼镜的书——但是，如果他真这样做了，那本书没有幸存下来，包括那个时期的像望远镜一样的设备也没有留存到现在。(我们将在第5章中仔细研究“都铎式望远镜”的合理性。)伦纳德·迪格斯过世时，托马斯才十三岁，那时年轻的迪格斯成为约翰·迪伊的学生。约翰·迪伊是当时最有影响力的哲学家和神秘主义者之一(也是我们将在下一章中更深入探讨的人物)。这两个人将保持密切的联系。

当1572年的新星(第谷·布拉赫在丹麦观测到的同一颗恒星)照亮英格兰上空时，托马斯·迪格斯二十六岁。迪格斯于11月17日——比第谷晚六天——首次注意到这颗恒星，并开始仔细研究。次年，他为此写了一篇简短的论文。他的意见很吃香，甚至女王也征求了他对新星的看法。除了占星术的预言外，迪格斯相信他的观测结果可用于检验哥白尼理论。他自己写的关于恒星的书——《数学之梯》(*Alae seu scalae mathematicae*)，于1573年问世，当时该恒星已经从人们视线中消失了。像第谷一样，迪格斯设法测量了新星的视差，或更准确地说，确定了它显示的视差很小，所以它肯定比月球要遥远得多。

对于迪格斯而言，测量视差不只是天体标尺的一个聪明的替代，其数据还可以揭示哪个宇宙观——托勒密式或哥白尼式——是正确的。那是因为在以太阳为中心的宇宙图景中，地球与其他行星（尤其是火星）之间的距离变化要比地心说图景中的大得多。通过足够精确的观测，应该能够解决这个问题。幸运的是，迪格斯能够使用英格兰最好的仪器，其中包括一个十英尺的十字形杆，可用于测量天角，这是由一个名叫理查德·查斯拉（Richard Chancellor）的人设计的。迪格斯年轻的时候和迪伊一起用过该仪器。我们知道迪格斯倾向于哥白尼理论，并且肯定钦佩哥白尼是他那个时代最伟大的观测者。除了自己对新星的测量外，迪格斯还总结了一张数据表，上面列出了仙后座中十三颗参考恒星的位置，它们“取自哥白尼（纠正了印刷错误）”。他还坦言要迅速工作以防“根据上帝的命令，它[这个新星]会再次消失”。在接下来的几个月中，新星的亮度确实在急剧减弱。到1574年2月，它终于消失了。然而，人们对这种奇怪幻影的兴趣仍在继续。像第谷一样，迪格斯也热衷于阅读整个欧洲天文学家就这颗奇妙的新星所写的一切。

“英格兰绅士寄来的一封信”

考虑到这已经是近四个半世纪之前了，所以人们可能会认为有关迪格斯和这颗新星的新证据不太可能出现。然而，几年前，一位名叫斯蒂文·彭弗里(Stephen Pumfrey)的英格兰历史学家偶然发现了一封公开信，这封信显然是迪格斯写的，主题正是关于这颗新星。该文档没有给出作者的名字，标题是"英格兰绅士给他朋友的一封信，其中包含了对一个法国人的试错的驳斥，主题是关于正在闪耀的奇妙星星"。这封信于 1573 年出版，似乎只有一件副本留存下来。它曾被收藏在伦敦兰贝斯宫(Lambeth Palace)的图书馆，几乎被人遗忘。在 2010 年发表的一篇期刊文章中，彭弗里提出了令人信服的理由，证明迪格斯是写作者。

迪格斯的这封信是对另一封信——由一个无名氏所写(如果人们都签上他们自己的名字，生活会简单多少啊!)——的回应，此人居住在法国。[1] 这个法国人只能从他(大概是拉丁文)的名字首字母——I.G.D.V.来识别。彭弗里怀疑这是一位名叫让·戈塞林(Jean Gosselin)的天文学家的作品，他曾在法国国王查理九世(Charles IX)的图书馆里工作。[正如彭弗里承认的那样，整件事情都是一个谜，"适合创作一部翁贝托·艾柯(Umberto Eco)的小说"。]我们知道，这本法国出版物的历史可以追溯到 1572 年。显然是紧急印刷出版的，上面有几页对于新星的观察以及标注了其位置的图表。但是，它存在严重缺陷：作者将描述对象识别为彗星，并指明其显示出明显的视差。

法国人的来信还提供了许多与新星相关的深刻的占星学意义。尽管有些人认为这是个好兆头，但许多人担心这是将有不祥发生的征

1 今天，我们通常认为信件是私人的，但是在当时，如果认为信件的内容受到指定收件人之外的更多人关注，那么通常会公开出版信件。[一个著名的例子是半个世纪后伽利略的《给女大公克里斯蒂娜的信》("Letter to the Grand Duchess Christina")，该书信广为流传，显然是供女大公以外的受过教育的读者阅读。]

兆——也许是战争，这是永远存在的危险。这在法国肯定是正确的，这个国家已经饱受宗教纷争之苦。戈塞林认为这颗新星是上帝不久后将寻找并惩罚罪人的标志。他祈祷新星将引导人们“改正他们不好的行为，并在不久后按照天主教信仰来生活，遵守神圣的法律”。第谷和迪格斯都同样关心这颗星的占星学意义，这在欧洲的许多皇家法院受到广泛讨论。如果它真的是一颗新星，（他们相信）它将是自基督诞生以来的第一颗，据说当时是一颗明亮的“星”将智者带到伯利恒；另一颗这样的星星，在人们想象中可能是即将到来的天启的标志。这些观念在当时非常普遍，尤其是在英格兰清教徒当中，并且很可能迪格斯本人也有这种想法。直到1638年——新星消失的六十五年之后——一位名叫弗朗西斯·夸勒斯（Francis Quarles）的英格兰诗人仍从《圣经》的角度描述这一事件。在他的一首讽刺短诗中，他描绘出第谷新星和伯利恒之星之间的相似之处：

> 两者都向他们展示了光亮，也向他们展示了暗淡。
> 但是为什么是一颗星星呢？当上帝想吸引我们时，
> 他用我们熟悉的手段。

回到1572年戈塞林的信：英格兰驻巴黎大使弗朗西斯·沃尔辛海姆爵士（Sir Francis Walsingham）获得了一份信件副本，并将其转发给女王的高级顾问之一托马斯·史密斯爵士（Sir Thomas Smith）。史密斯咨询了包括迪格斯在内的许多英格兰人，并写信给沃尔辛海姆，指出在观察和解释这颗新星时“你们的天文学家和我们的大不相同”。由于史密斯和（假定的）迪格斯的信件之间的相似性，彭弗里得出结论，史密斯的信是基于他与迪格斯的谈话。

彭弗里认为迪格斯在“绅士寄来的信”中的回应意义非凡，因为这是最早清楚表明他支持哥白尼体系的文件,包括地球绕太阳的年度运动。然而,迪格斯并不是第一个注意到哥白尼理论的英格兰科学家;正如引言中提到的,该荣誉属于罗伯特・雷科德,我们将在下一章详细了解他的著作。但是,迪格斯是第一个相信哥白尼模型的有效性的英格兰人,我们现在知道他早在 1573 年就持有这一信念了。这封“绅士寄来的信”还透露了一些其他信息:突出了迪格斯的宗教观念,并再次阐明了信仰与“科学”间的复杂关系。这封信还显示了迪格斯对《圣经》中“末世时代”的兴趣,当时许多人都认为它近在眼前。(当然,对于一个真正的信徒来说,这是值得欢迎而不是害怕的事情。)在批评法国人的科学时,迪格斯同意这一结论:这颗新星是“上帝神秘莫测的愉悦的预警”,也是一种“罕见而超自然”的征兆。

新星最终从人们的视线中消失了,预期的天启没有成为现实。生活还是继续,但是,我们对宇宙的了解不会再与原来一样。难怪“第谷新星”的出现经常被描述为天文学历史上的关键时刻。打碎玻璃似乎是一种关于选择的隐喻:蒂莫西・费里斯(Timothy Ferris)表示,它对既定世界观的冲击不亚于“星星弯下腰并在天文学家的耳边低语”;达瓦・索贝尔写道“人们几乎可以听到碎水晶在叮当作响”;丹尼斯・丹尼尔森说“我们几乎可以听到中世纪宇宙学之基的破裂声”。那些执着于亚里士多德和托勒密宇宙的人可能只是把太阳系的哥白尼模型视为数学上的便利,但是欧洲各地的天空观测家观察到的第谷新星的含义无法逃避,现在,它被证明位于所谓的永恒不变的天界。

正当欧洲博学的天文学家们努力理解这颗新星时,又一个宇宙惊喜在 11 月出现——现在被称为“1577 年大彗星”的天象。(据说第谷第一次看到它时正在钓鱼。）整个秋天和冬天，这颗彗星一直都能看见。由于当时的大多数天文学家也是占星家，因此，它的出现像新星一样，被视为某种预兆。的确，彗星会扰乱和平的历史由来已久。它们经常与灾难联系在一起，“灾难”（disaster）一词来自拉丁语“*dis-astra*”，即“反对星星”。与新星一样，彗星距离地球也过于遥远，不可能是地界现象。第谷敏锐的观察表明，它至少有金星距离地球那么远。

由于第谷在新星研究方面的工作，他成名了——被丹麦国王腓特烈二世（Frederick Ⅱ）认定为“国宝”。国王给予第谷了一个非常慷慨的提议：他可以拥有一座自己的岛屿来进行观测。（他还可以将佃农的租金作为收入，增加他本已相当可观的个人财富。）哈文岛（现称为汶岛）位于一个海峡当中，在今天的丹麦和瑞典之间。在哈文岛上，腓特烈向第谷保证：“您可以平静地生活，并进行您感兴趣的研究，不会有人打扰您……我将偶尔驶往该岛，看看您在天文学和化学领域的工作，并很高兴为您的研究提供支持。”第谷感激地接受了。

乌拉尼堡勋爵

第谷很快就把这个三英里长的小岛变成了欧洲最先进的天文学学习中心。几个月的时间里，第谷和他的助手们就在这里观察太阳、月亮、行星、彗星和其他恒星。他们为天文学和制图发明了新的工具，并利用自己的出版物与世界分享他们的发现。来自整个大陆的年轻人来到第谷的实验室，这里被称为乌拉尼堡（“天堡”）；他把这些年轻助手称为家人。他们渴望有机会与这位著名的观测家合作，即使他们因为第谷的畸形而在他背后窃笑（当第谷还是一名二十岁的学生时，他在决斗中失去了大半个鼻子；他戴着银鼻夹，不断对其进行调整并在上面涂抹药膏)。顺便提一下，在第谷的拜访者中有苏格兰国王詹姆士六世(King James Ⅵ)，他最终将在伊丽莎白死后继承英格兰王位加冕为詹姆士一世(James Ⅰ)。

可惜的是，第谷的城堡现在已不再屹立。但是，我们从无数图纸中知道，它以早期文艺复兴时期宫殿的宏伟风格建造，带有炮塔、支柱和宏伟的石拱门。尽管确实令人印象深刻，但实际上它并不是很适合精密的天文学。它的平台被证明并不稳定，第谷的仪器在狂风中摇晃。于是，他就在路旁建造了第二个天文台。这个天文台被称为司特那堡("星堡")，其地下基石为他的象限仪和大型六分仪提供了稳定的支持。(今天仍然可以看到司特那堡的地基。)第谷最令人印象深刻的仪器，是他那巨大的"壁式象限仪"。该仪器半径超过六英尺，正好指向南北，占据了一整面墙。由于太大，它无法转动——但是随着地球的旋转，它可以追踪各类天体。用壁式象限仪观测到的恒星的高度可以精确到十角秒的分辨率——大约是满月表面尺寸的二十分之一。(壁式象限仪，像当时的许多木制乐器一样，没有被留存下来。)

从某种意义上说，第谷的岛屿是世界上第一个伟大的科学实验室——一个人们可以献身于自然研究的地方，不需要担心专业知识、设备或资金。据说这项探索花费了国王一吨黄金；历史学家估计，该项目占用了丹麦国家预算的1%至1.5%。然而，它不仅仅是一个学术学习的地方。凭借其宏伟的建筑、果园、池塘和鸟舍，它也是具有崇高美景的地方。正如历史学家约翰·罗伯特·克里斯蒂安森(John Robert Christianson)所描述的那样："这确实是一个缩影，为所有感官提供美丽、和谐、健康和愉悦，因为这里拥有世界上的一切：如果有可能通过创造物来认识造物主，那这里就是了。"

第谷在哈文岛上待了二十多年。在这段时间里，他和助手们绘制了 777 颗星星的位置。对于天文历史学家欧文·金格里奇来说，第谷的巨大工作量在他参观巴黎书店时变得显而易见。17 世纪中叶出版的一本晦涩难懂的书试图列举出到那时为止所记录的所有太阳、月亮和行星的观测结果：第谷之前的观测内容约占九十页，而第谷之后的观测内容又占了五十页，第谷的观察结果则占据了这之间的九百页。如果没有他的贡献，这本厚重的书将仅仅是中等篇幅而已。“就观测体量而言，第谷·布拉赫就做出了巨大贡献。”金格里奇如是说。在望远镜发明之前，第谷对天界的详细观测提供了最准确的恒星和行星测量。

第谷在哈文岛任职期间的一个亮点，是 1585 年的另一颗彗星。再一次，这颗彗星太遥远了，不可能属于月下世界。这些天体如何在天界来回运动，似乎正好穿过亚里士多德的水晶天球？当第谷对天界的结构进行反思时，他开始想象这些天球从一开始就根本不存在：也许这些行星只是在不受支撑和不受束缚的空间中移动。

折中的天界

可能有人会想，第谷既然已经不再支持中世纪宇宙学，应该会渴望拥抱哥白尼模型。他当然读过《天体运行论》，并非常尊重哥白尼。在 1574—1575 年间，他在哥本哈根大学进行了一系列演讲，其中，他阐述了哥白尼体系，称其创建者为“第二个托勒密”。但是对于第谷来说，让地球在太空不断旋转是无法想象的事。常识表明地球是静止的；他还重视反对地球运动的《圣经》论据。另外，他是一位坚定的亚里士多德主义者，认为天地之间存在不可逾越的鸿沟。至于没有观测到恒星视差，在哥白尼看来，这暗示着更大的宇宙——但是这一观点第谷不愿接受。

因此,第谷构想了一种折中方案,即一种混合体系,在保持地球静止在宇宙中心的同时,使其具有一些哥白尼体系的优势。在第谷模型中,行星绕着太阳旋转,但太阳(连同月亮)围绕地球旋转(见图 3.2)。也许可以称其为地心日心说——但这有点太拗口了;“第谷体系”必须妥协。就像在古代的托勒密体系中一样,固定恒星的天球定义了宇宙

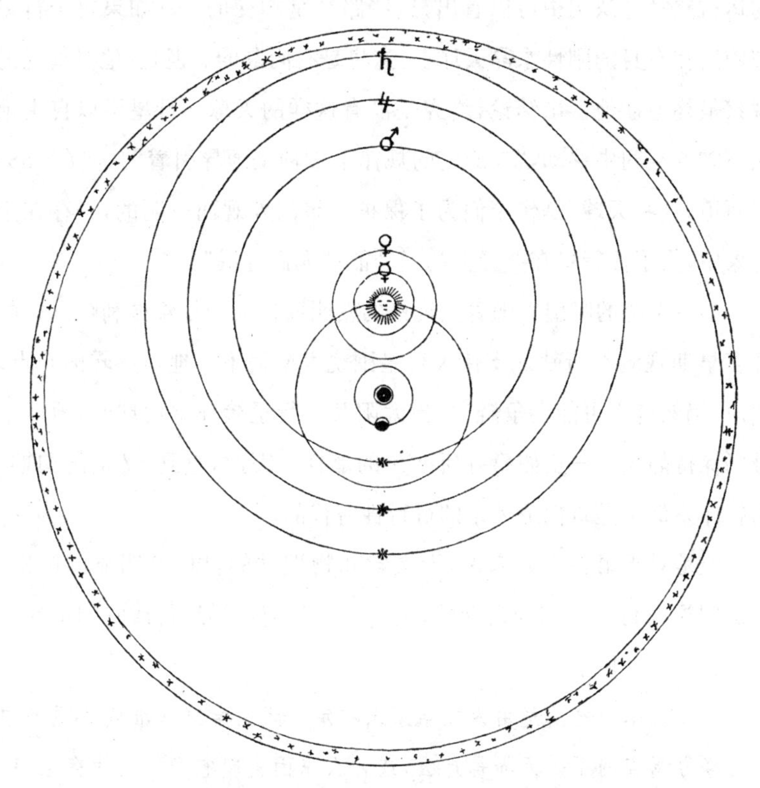

图 3.2 不完全是亚里士多德式,也不完全是哥白尼式:在由丹麦天文学家第谷·布拉赫开发的这种“混合”宇宙模型中,行星绕着太阳旋转,而太阳又绕着地球旋转,地球固定在宇宙的中心。格兰杰收藏,纽约

的外围；而且，与古代模型保持一致，恒星每二十四小时绕地球旋转一圈。但是，托勒密的水晶天球已经不复存在；行星和太阳在空旷的空间中自由移动。从数学角度来说，第谷体系实际上与托勒密体系和哥白尼体系一样，但在物理上却大不相同。

第谷考虑这个模型已有一段时间，但他担心无法解释行星看起来的运行路径。从图中可以看出，这些路径是相交的——如果每个行星都固定在自身的刚性水晶天球上，这将是有问题的。但是，他对彗星的观察最终迫使他得出结论，终究是没有这样的天球。行星可以自由地在空旷的空间中移动，“在既定的规律下被神圣地导引着”。他在 1588 年写道，这些天球“是作家们为了保护行星的外观而发明的，只存在于想象中，为了使行星在路径上的运动能被人们理解”。

第谷系统的吸引力随着望远镜的发明而扩大。尽管伽利略进行的许多早期观测都清楚地支持了行星围绕太阳而不是地球旋转的观点，然而，仍然有人可能会争辩说，当太阳及其行星簇环绕地球时，地球本身仍保持静止——正如第谷所建议的那样。因此，直到 17 世纪初期，第谷体系似乎是哥白尼体系的可行性替代品。[1]

但是对于第谷本人来说，天文学和物理学的目标有明显的区别。他试图说明行星是如何运动的；至于它们**为何**这样运行或它们由什么组成就是另一回事了：

> 天体问题不是由天文学家来决定。天文学家从准确的观测中努力调查的不是天界是什么，或什么原因引起它们灿烂的存在，而

1 人们可能认为第谷系统的最后一位信奉者生活于几个世纪前，但事实并非如此。少数主要在美国的信奉《圣经》的创世论者仍然主张第谷体系优于哥白尼体系；毕竟，它与大多数观测结果一致，并设法将地球保持在了宇宙中心（请参阅德威特，第 139 页）。

是所有这些天体如何运动。天体问题是留给神学家和物理学家去解答的,虽然到现在仍然没有一个令人满意的解释。

换句话说,第谷认为他的工作是回答"如何"和"在哪里"的问题:天体如何在天空中移动?必须去哪里寻找它们?至于它们为什么以这样的方式运行的问题最好是留给——从21世纪的角度来看这很有趣——物理学家和神学家。

第谷于1588年首次提出了他的模型,但这项成果只在少数科学家同行中流传——包括英格兰人托马斯·萨维尔(Thomas Savile)、约翰·迪伊和托马斯·迪格斯。到了第谷过世,1602年该模型作为他的《新编天文学初阶》(*Astronomiae Instauratae Progymnasmata*)的一部分正式出版,它才会受到更广泛的关注。

从预算意识强烈的新国王克里斯蒂安四世(Christian Ⅳ)上台开始,第谷在岛上的生活开始恶化。1599年,第谷在皇帝鲁道夫二世(Emperor Rudolf Ⅱ)的庇护下到布拉格任职。尽管他仍然对天文学极感兴趣,但他的职业生涯逐渐走向结束。他在布拉格继续进行天文观测,不久就听说了一位名叫约翰内斯·开普勒的年轻德国数学家。第谷邀请开普勒加入他的研究,两人一直合作到1601年第谷英年早逝。第谷去世的故事已经成为科学界的民间传说,值得在这里重复一下:有一天,第谷受邀参加了布拉格最重要的贵族之一举办的一个晚宴。在晚餐过程中,一直"过量"(overgenerously)饮酒的他意识到自己必须去洗手间。但他怕冒犯主人,没有借故离开而是憋住了,说明"比起他的健康状况,他更关心礼节"(这个描述来自开普勒,是他在第谷天文日志的最后一页做的评论)。十一天后,五十五岁并可能已经患有前列腺疾病的第谷去世了。在布拉格老城广场的泰恩教堂前面的圣母教堂里可以看到他华丽的陵墓。

“神圣的天殿”

当第谷发现自己不可能接受哥白尼观点的时候，迪格斯成为其最强大的支持者之一。新星出现几年后，迪格斯似乎更加全身心地投入到新的天文学之中。这次，他正在为二十多年前他父亲出版的新版历书编写附录；历书标题仍是《永恒的预言》(1576)。该附录实际上是《天体运行论》的一部分译本，着重关注书中最关键的要素(包括哥白尼对反对地球运动可能性的反驳)。迪格斯谈到“神圣的哥白尼不仅是人类天才”时，形容他是“罕见的智者”，因为他最近提出“地球不在整个世界的中心，而是……每年围绕着太阳旋转，太阳像万王之王一样统治着一切，赋予运动定律，并将它荣耀的光束呈球状散布在这个神圣的天殿之中”。与此同时，地球——被描述为“小暗星”——“每二十四小时围绕其自身中心转动一次，正因如此，太阳和固定恒星的天球似乎在摇摆转动，尽管它们确实是保持固定的”。迪格斯继续解释说，他把哥白尼的选段收录在他的历书中，“以便英格兰人的如此崇高的理论不会被剥夺”。[1]

迪格斯不仅仅致敬哥白尼为见多识广的自然哲学家，还坚持认为《天体运行论》的作者希望将哥白尼对太阳系的描述视为物理事实——尽管有奥西安德的免责声明——而不只是将其作为数学假设。哥白尼的意思是，不仅要“按照数学原理”采用日心说模型，而且要承认其为“哲

1　欧文·金格里奇最终找到了迪格斯自己的《天体运行论》一书，现收藏在日内瓦的图书馆中。书中没有太多注释，但是很明显，迪格斯在扉页上写了“常识错误”(“Vulgi opinio Error”)几个字。金格里奇还发现迪伊有两本《天体运行论》(金格里奇，《无人阅读的书》[*The Book Nobody Read*]，第119、242页)。

学上的真正断言"。迪格斯也竭尽所能来反驳一些最常被提出的反对地球运动的论点。正如我们所看到的,长期以来一直有关于在旋转的地球上,从高塔上——或者说是从高船桅杆上——掉落的物体是否会降落到距基座一定距离的地方的争论。迪格斯说,事实并非如此:物体会降落在桅杆的底部,就像轮船静止时一样,他很可能亲自进行过此类实验。最后,通过哥白尼和其他人经常采用的技巧,他试图使他对宇宙的看法听起来既新颖又植根于最高贵的古代思想。关于哥白尼体系的关键一章标题为《根据最近由哥白尼复兴并被几何证明的古老毕达哥拉斯学派学说对天球运行的完美描述》("A Perfect Description of the Celestial Orbs According to the Most Ancient Doctrine of the Pythagoreans, Lately Revived by Copernicus and by Geometrical Demonstrations Approved")。由于迪格斯的努力,从 16 世纪 70 年代中期开始,对哥白尼的引用参考在学术性和流行性方面都变得越来越频繁。在那时,正如约翰逊所指出的那样:"几乎所有天文学作家都认为有必要对日心说加以关注,即使只是试图用传统的亚里士多德论点来驳斥它。"

迪格斯甚至推测了重力的性质。对于亚里士多德来说,重力是一种将物体——无论它们在宇宙中的什么位置——吸引到宇宙中心的力量。地球很重,占据了中心位置,因此重力将其他物体拉向地球。但是,如果地球是行星之一,那会如何呢?在这样的体系中,显然有多个"中心"。迪格斯推理道:"可以怀疑这个地球重力的中心是否也是世界的中心。因为重力只是部分向整体耦合的倾向性或自然渴望,别无其他……"艾萨克・牛顿将会在下个世纪进一步发展这些想法。

迪格斯通晓拉丁语,但他选择使用本国语言撰写。他的理由是实际的:把知识交到那些没上过大学但仍然可以从这种学习中受益的人手中。迪伊也表达过类似的动机，并且这种趋势将继续下去：罗伯特·诺曼（Robert Norman）和威廉·波洛（William Borough）将用英语撰写有关磁罗盘的工作原理；约翰·布拉格拉夫（John Blagrave）用英语撰写了有关天文仪器的文章。科学不仅成为学者的追求，而且也成为普通识字公民的追求。

超越无限

然而，也许比迪格斯的话语更重要的，是他的文章中包含的折叠图表（请参见图3.3）。该图的中心部分再现了哥白尼对太阳系的新看法，其中地球是围绕太阳旋转的行星之一。然而，除此之外，还可以看到恒星向所有方向扩展，也许可以想象其延伸到无限。图表中嵌入的几行文字强化了它已经清楚表明的内容：这个"星空轨道""……在高度上无限地向上延伸"，因此"不可移动"。"原动天"不再是必需的。自古以来就被视为在地球周围运行的诸天，已经停滞不动。

弗朗西斯·约翰逊表示，该图表在随后《永恒的预言》的每个后续版本中均有重印，并被广泛阅读和思考；它是"文艺复兴时期普通英格兰人最熟悉的新哥白尼体系的代表"。此外，由于该书的普及，许多英格兰思想家开始将无限宇宙视为哥白尼理论的组成部分。

这种对宇宙景象进行的非凡而大胆的扩展的灵感来自哪里？一种理论认为他的父亲确实发明了像望远镜一样的工具，年轻的迪格斯有机会通过它进行观测。事实上，这个工具无论确实是现代意义上的望远镜，还是只是幸运的透镜或镜子组合，似乎都没有关系。正如弗朗西斯·约翰逊指出的："即使使用这种仪器对天空进行最随意的观察，也可以为迪格斯的断言提供充分的实验依据，他认为恒星区域应被视为

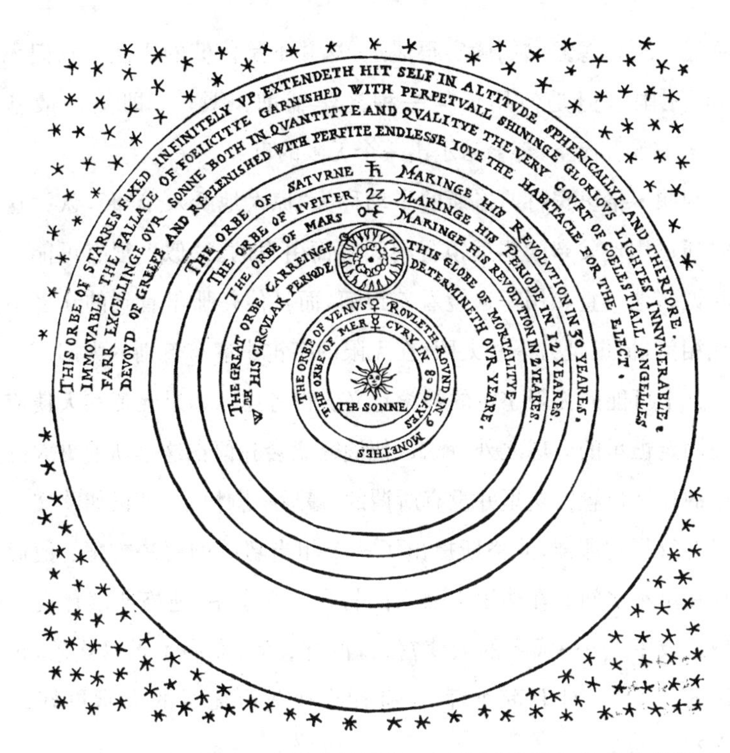

图 3.3　1576 年，英国天文学家托马斯·迪格斯出版了他父亲伦纳德所撰历书的新版本。迪格斯在书中还加入了对哥白尼理论热情洋溢的概述，以及一幅也许意义更深刻的宇宙示意图，其中，恒星无限制地向外拓展。格兰杰收藏，纽约

是无限的。”即使在今天，我们也能对这样的观测会是什么样子的有一点了解。下次你在乡下时，请在晴朗无月的夜晚看看天空的某些特定区域。然后用双筒望远镜再次观看。即使是最便宜、制作最差的此类设备，也会立即使可见的星星数量增加数十倍。而且，虽然这种放大的视图显示出更多数量的恒星，使明亮的恒星显得更亮，但似乎并没有使它们离我们更近。即使使用非常好的望远镜，最亮的恒星也只是一些点而已。可以想象它们确实很遥远，这并不是信仰的飞跃。我们无法感知“无限”，但是使用任何一种光学辅助工具——即使是最基本的——来观看夜空，都会暗示出一个无限的世界。

约翰·格里宾将迪格斯的举动称为“惊人地跃入未知”，认为这可能是通过用他父亲的望远镜凝视天界而引发的。“似乎很有可能，”格里宾说，“他一直在用望远镜看着银河，而且他在那里看到的众多恒星使他相信，恒星是另一些太阳，在无限的宇宙中遍布着别的太阳。”

这个可能的无限宇宙的神学意义值得考虑。如果上帝和天使应该住在固定恒星的天球之外，那么，他们究竟会驻留在这个新的更大的宇宙中的什么位置？这里并没有所谓的“最后一颗恒星”。正如欧文·金格里奇解释的那样，迪格斯提出了一个相当巧妙的解决方案：他们可以住在星星之间。在图表里嵌入的另一行文字中，迪格斯解释说恒星领域组成了“……天界的天使宫殿，没有悲痛，充满了无尽欢乐，正是选民的住所”。对上帝而言，还有什么比无穷无尽的天堂更好的地方呢？

托马斯·迪格斯的天文学研究在1580年左右结束，当时由于在军事工程上的能力，他被派驻到多佛进行防御工事，后来他又去荷兰支持英军。但是他的影响仍在继续。他对观察和实验的重视标志着他是最终被称为科学方法的早期支持者。他修订的《永恒的预言》将在1605年之前至少再版七次，第八版于1626年出版。据金格里奇估计，到那时为止，该书印制了大约一万本。可悲的是，如今已知存世的还不到四十本。我有幸在金格里奇哈佛天文台的办公室里看到了他私人收藏的其中一本。在这里可以发现一套书籍、地图和手稿，这会使许多较小的博物馆以及一些较大的博物馆感到羞愧。当然，更有价值的物品保存在保险箱中——这是金格里奇拿出《永恒的预言》的地方，他轻轻地展开著名的示意图供我观看。他举起已经存在了几个世纪的古老天界图，我心中立刻充满了敬畏。他还提醒我，我们去体验这样一个人的思想有多么困难，这个人在四个半世纪之前走路、吃饭、睡觉、思考夜空。莎士比亚时代英格兰最聪明的自然哲学家如何描绘宇宙？这张图提供了很大一部分答案。这是用英语撰写的哥白尼体系的第一个详细说明——随之而来还有一个无限宇宙的愿景，这个宇宙甚至比哥白尼想象的还要广阔。

4. 哥白尼的影子和科学的曙光

“那些自命不凡的文人学士……”

在伦敦，历史常常得到充分展示；但有些时候，它在黑暗的角落里隐匿不见。每个人都知道伦敦南肯辛顿附近的大型博物馆——自然历史博物馆、科学博物馆以及维多利亚和阿尔伯特博物馆。它们的宏伟展厅每年吸引超过九百万名游客。但是，很少有人知道西肯辛顿博物馆的“附件”。这一附属建筑是一座建于 20 世纪 20 年代初的庄严建筑，名为布莱斯库房（Blythe House），是三座博物馆中数百万件“溢流”物品的储存库。在那里，我的向导是一位衣着体面的年轻人，名叫鲍里斯·贾丁，是一位历史学家兼科学博物馆的馆长。我们走过无数排金属架子，上面放着成千上万种物品，从熟悉的——我认识星盘、六分仪和望远镜——到晦涩难懂的。一排排紧密打包好的金属框架直接出自电影《夺宝奇兵》的最后一幕，在那一幕中，约柜[1]被无知而匿名地放在一个巨大的军用仓库中。布莱斯库房里没有我知道的圣物，但确实有宝物，它们跨越了大约二十五个世纪。通常不会向公众展示任何内容。

我们停下来看一个小的浑天仪——一种 3D 地球和天堂的模型——宽五到六英寸。后来的浑天仪代表了以太阳为中心的体系，但这个绝对是托勒密体系的：它描绘了以地球为中心的天界模型，而我们的家园星球处于中心。“这些是非常流行的天文教学工具。”贾丁一

1　藏于古犹太圣殿至圣所内、刻有十诫的两块石板。——译者

边说一边戴上一副白色乳胶手套，然后将其从架子上小心地举起来。一块黄铜板表明它制造于 1542 年——比《天体运行论》出版早一年——并且就像那个时代许多最好的仪器一样，它是从欧洲大陆进口的。（然而，在几十年后，英格兰的手工艺几乎可以与欧洲大陆上的手工艺相提并论。）“至少在 16 世纪的大部分时间里，他们以地球为中心，”他说，“因为当时被广泛接受的是托勒密的宇宙观。”

与天使对话

贾丁将我带到地下室，一眼看上去就像是好莱坞恐怖电影道具的储藏室。我不禁注意到排列着的铁刑具和相关物体：带有尖钉的铁链；囚犯的面具；刽子手戴的面具。贾丁告诉我，它们跨越了 17 至 19 世纪。还有一个令人不安的逼真的蜡头，显然来自 20 世纪初。然而，房间中有一件物品与我们一直在寻找的时期有不同寻常的联系。贾丁打开一个抽屉，露出一个小巧的展示盒——可以很方便地放在他的手上，里面装有一个小巧的凸面玻璃盘，就像半透明的镜片，宽约一英寸。它属于伊丽莎白女王的宫廷占星家。

“这实际上是约翰·迪伊的吊坠，他用来与天使沟通。”贾丁一边说一边从盒子中取出水晶。运用一点想象力，就可以想象出好奇的迪伊博士将水晶对着蜡烛或壁炉，凝视着其中将会呈现的闪烁图像。“它实际上是一个透镜，扭曲镜子背后的一切，”贾丁说，“很明显，在适当的条件下，你可以用它来构想一些相当非凡的景象。”

与水晶一同存放的是一份用拉丁文写的简短手稿，稿纸是上等牛皮。它由一个名叫尼古拉斯·库尔佩珀（Nicholas Culpeper）的人所写，此人是一位 17 世纪的医生，以草药食谱和疗法闻名。贾丁从库尔佩珀证词的英文译本中读到：1582 年 11 月，“天使乌列（Uriel）出现在位于西面的迪伊博士博物馆的窗户上，给了他这块透明的石头或水晶”。该注释写于 1640 年，还接着解释了水晶如何到达库尔佩珀手中：迪伊的儿子亚瑟（Arthur）把水晶给了他，作为对“以最快的速度治愈其肝脏问题的回报”。库尔佩珀在自己的行医中继续使用水晶：“我以多种方式使用了这块水晶，从而治愈了疾病。但是使用它，总是会造成人极度的虚弱和身体疲倦。”

换句话说，这块水晶被认为——至少库尔佩珀相信——是上帝的礼物，拥有神奇的属性。“这显然是它的起源，”贾丁说，“这是给著名占星家迪伊博士的神圣礼物。对他的反对者来说，他是一位魔法师；对他的朋友来说，他是一位数学家，是教授当时欧洲大陆学问的伟大老师。”迪伊相信他自己所谓的神圣礼物吗？他真的认为水晶来自上帝吗？“我不知道这是不是他所宣称的，”贾丁说，“可以肯定的是，他声称使用这块石头——这块透明的晶体，以及黑曜石镜和一些其他人工制品确实能与天使交流，他的一些朋友和熟人也在场。至于他们是否真的相信自己声称看到的东西就很难回答了。”

正如“魔法水晶”所暗示的那样，约翰・迪伊（1527—1608）是一个了不起的人物，他的思维方式既包含科学又包含魔法——当我们记住他生活在这二者之间的区别才刚刚出现的时候，这就不足为奇了。在他唯一的已知肖像中，他留着长长的白胡子，戴着黑色的无边便帽。在伊丽莎白时代的文学作品中，凡是有魔法师般的人物出现，学者们就想知道这是否反映了神秘的约翰・迪伊。长期以来，他一直被认为是莎士比亚塑造普洛斯彼罗的潜在灵感——也许也包括本・琼森的《炼金术士》（*The Alchemist*）和克里斯托弗・马洛的《浮士德博士的悲剧》的标题中的人物。最近，据说他也是《哈利·波特》系列中的阿不思·邓布利多这个角色的灵感来源。[正如奈杰尔·琼斯(Nigel Jones)最近指出的，他的肖像“只需要一个水晶球、一只猫和一个带有占星符号的尖顶帽子就可以完成了”。]迪伊是一位富有的纺织品商人的儿子，他是一位受过专业训练的数学家、天文学家和航海家，也是一位占星家和炼金术士。他还非常自负，认为自己比《圣经》中的先知更了解上帝的旨意。尽管他着迷于各种秘术和魔法，但在某些方面他的观念很现代，比如关于什么是科学以及该如何进行科学研究。他似乎接受了一些类似于我们现在所谓的“实验方法”的东西——结合仔细观察和记录数据、使用数学方法分析数据、提出假设以及设计新的实验来检验那些假设。

迪伊不仅仅是一个科学家。当他还是一名学生时，他酷爱戏剧。迪伊在剑桥大学读书时，曾帮助一位学生制作道具——是一只会飞的特别的机械甲虫。这是一部希腊早期的喜剧，名叫《帕克斯》(*Pax*)，剧中需要一只甲虫飞向太阳。迪伊后来声称他的甲虫是如此真实，以至于观众都惊恐地逃离了剧院。他解释说自己的装置是无害的，只是一台机器——尽管是一台复杂的机器，可以通过力学和数学定律来理解。许多人不相信他；他被称为“魔法师”，是黑魔法的练习者——这一标签将萦绕他整个职业生涯。

迪伊是一位专业知识丰富的数学家，二十多岁的时候，他就在欧洲大陆广泛地做讲座。他对天文学有兴趣，并在一定程度上准备接受哥白尼理论。1557 年，他为天文学家约翰·菲尔德(John Field)绘制的一套星历表[1]撰写了序言。在序言中，迪伊感叹于旧的托勒密星表的缺

1 星历表列出了给定时间段内天体的位置(坐标)。

点。新表中的数据是使用新模型得出的，迪伊认为这提高了准确性。他称赞了哥白尼，“因为他辛勤工作所付出的巨大努力，为研究天空提供了新动力，并通过他的计算最强烈地证实了这一点”，尽管他警告说“这不是讨论哥白尼的假设的地方”。（菲尔德本人似乎更加自信；他在星历表的前言中谈到新理论已经“建立了，并且基于的是真实确定的论据”。）当证明哥白尼模型于己有利时，迪伊显然准备使用这个模型；但是，他接受它作为对宇宙的真实描述吗？我们不能确定——但至少他清楚地意识到了两个宇宙体系间的冲突所带来的问题。

我们已经看到，在这个时代神学和科学是如何交织在一起的，所以迪伊描述宇宙结构时参考《诗篇·19》也就不足为奇了：

> 上帝创造的整个框架，对我们来说（也就是整个世界）是一块明亮的玻璃：通过反射，回弹我们的知识和洞察力；光亮和辐射：代表他无限善良、无所不能、无限智慧的形象，因此我们被教导要荣耀我们的造物主，即是上帝：并因此感恩。

这段话暗示了一个由上帝创造，但可以通过科学理解的宇宙——在迪伊的光学隐喻中暗示了这种方法，将宇宙比喻为玻璃，光代表神圣的知识。

莫特莱克的科学家

迪伊是16世纪后半叶英格兰最重要的科学人物。他在位于里士满附近的莫特莱克（现已被大伦敦完全吞并）的家中工作，建立了一个多功能实验室，并收集书籍和天文仪器。他庞大的个人图书馆——很可能是整个英格兰最大的私人图书馆——内藏两本《天体运行论》以及托勒密的《天文学大成》。迪伊是一位很有影响力的老师，曾指导过当时许多(也许是大多数)伟大的英格兰数学家和天文学家,并与包括第谷·布拉赫在内的欧洲各地科学家保持着往来。“迪伊认识所有人。”奈杰尔·琼斯记录道。也正如莱斯利·科尔马克(Lesley Cormack)所说:“伊丽莎白时代任何了解自然哲学的人都知道迪伊。”

“任何人”可能包括威廉·莎士比亚吗?也许。正如彼得·阿克罗伊德所指出的那样,在瘟疫暴发期间,这位剧作家的公司——国王剧团(King's Men)于1603年在莫特莱克短暂停留。“在莫特莱克居住期间,演员们可能遇到了臭名昭著的迪伊博士。”阿克罗伊德写道——当然尽管我们不能确定。我们可以更加确定的是,只要去迪伊住所拜访过的人,都会接触到哥白尼思想。历史学家认为哥白尼理论在迪伊的朋友圈中被自由讨论——当然在他家中讨论的自由度要比在当时的牛津或剑桥更高,迪伊本人在传播哥白尼体系中起了重要作用;正如安东尼娅·麦克莱恩(Antonia McLean)所言,他在莫特莱克的住所“成为伊丽莎白统治上半叶,数学和相关领域所有科学进步的焦点”。迪伊还是法庭上的熟面孔,并担任伊丽莎白女王的顾问,女王向他咨询有关占星术和炼金术方面的事宜。

迪伊为另一本书撰写的序言暗示他渴望培养我们现在所说的科学素养。这本书是英文版欧几里得的《几何原理》(*Elements*),由一位名叫亨利·比林斯利(Henry Billingsley)的商人出版。他们的目标似乎是使其同胞相信数学的价值,并展示数学能力如何使整个国家受益。迪伊试图使欧几里得的驳杂难懂的文本变得尽可能通俗易懂。他认为,人们对数字及其处理的理解越多,就越能理解自然世界。同时,比林斯利写道,对数学的理解需要沉浸于“几何学的原理基础和元素”中。这需要献身精神。学生必须为“勤奋学习和阅读古代作家”做好准备。除此之外，还有更多：迪伊将数学研究与音乐、绘画甚至医学联系起来。实际上，这个序言是对伊丽莎白时代知识的总结——并呼吁人们为扩大知识基础而努力。正如麦克莱恩所说，即使在将近450年之后，它仍然是"由英格兰人撰写的对学习最全面、最重要的陈述之一"。

迪伊还提到了"透视玻璃"，大概类似于托马斯·迪格斯提到的设备。迪伊写道，一个军事指挥官"通过透视玻璃可以很好地帮助他自身，对此(我相信)我们的后代将更加熟练和专业，将其运用于与今天相比的更伟大的目的……"他称赞这种新颖的设备不仅可以令使用者无比敬畏，而且可以使他们心中充满恐惧。这种效果是现实，还是魔术？迪伊表示，望远镜的作用仅仅是透视和光学定律的结果。他甚至敦促持怀疑态度的读者参观他以前的学生——威廉·皮克林爵士(Sir William Pickering)在伦敦的住所，在那里他们可以参与演示。

我已经提到过莎士比亚在莫特莱克遇到迪伊的可能性——但两人之间还有另外一个联系(很可能纯属推测)。偶尔有人声称，曾上演过如此多莎士比亚戏剧的环球剧院，其部分设计基于迪伊的著作。迪伊在欧几里得那本书的序言中谈到了几何形式的和谐，而这可能反映在了环球剧院的设计中：方形舞台由一个圆形地板界定，圆形地板又由一个六角形的外部结构所界定。"该设计与序言有着直接而重要的关系，"麦克莱恩写道，"仅仅因为它使[迪伊的序言中包含的]理论得以实践。因此，环球剧院成为伦敦文艺复兴时期建筑的典范。"

总而言之，迪伊强调了数学对于国家利益的价值。有了这些知识，英格兰人就可以做好发现(discover)"英联邦中可用于各种目的的新产品、奇怪的引擎和工具"的准备。在21世纪，听到政策制定者强调数学和科学对国家利益的价值是司空见惯的事(尤其是在竞争激烈的全球市场中)；迪伊在四个多世纪以前就如此写道了，他也许是第一个提出这种观点的人。

我们已经提过最早接受哥白尼理论的英格兰思想家之一托马斯·迪格斯，而约翰·迪伊也给予了哥白尼理论大力支持，并准备以其与传统观点进行对抗。但是，正如我们看到的，这两个思想家之前还有一位几乎被遗忘的威尔士人，名叫罗伯特·雷科德(约 1510—1558)，他在《天体运行论》出版不到十年后就提到了这一新理论。

纠正误解

罗伯特·雷科德，尽管相对来说不为人所知，但他可能是当时最有影响力的英格兰科学家。雷科德是一位才华横溢的人，曾在牛津大学学习，后来在剑桥大学获得医学学位；他曾在牛津和伦敦任教，并帮助训练了英格兰第一代航海家。雷科德是一个博学家：他是语言、冶金和数学方面的专家，曾在爱德华六世(Edward VI)的宫廷里担任医生，在生命的最后几年他一直担任矿藏总检查官，并被任命为布里斯托尔铸币局审计官，他也是我们现在所说的科学的"普及者"：尽管精通希腊语和拉丁语，但他还是用英语授课，并选择用清晰雅致的英语散文为外行的普通读者写作。

1542 年，雷科德出版了第一本关于算术的英语教科书：《艺术的根基》(*The Grounde of the Artes*)，直到 17 世纪末，这本书仍在重印，其中引入了 + 、- 、= 等符号来表示加法、减法和等于。九年后，他出版了《知识之路》(*The Pathway to Knowledge*)，这是关于几何的第一本英文著作。1556 年，他用一本名为《知识的城堡》的书来处理天文学问题，这是第一本用英语编写的综合性天文学著作。全书以一位大师与一位年轻学者之间对话的形式呈现，其关键段落如下：

大师：哥白尼——一个学识渊博、经验丰富、勤于观察的人，他更新了萨摩斯的阿里斯塔克斯的观点，申明地球不仅围绕自己的中心做圆周运动，还可能持续地离开精确的世界中心八千三百万英里：但是，因为对这一争议的理解取决于比此处介绍的内容更深刻的知识，为了方便，我暂时先略过，下次再讲。

学者：不，先生，我真诚地希望不要听到这些徒劳的幻想。迄今为止，它与常见的原因背道而驰，并且与所有博学的作家所写的内容相抵触，因此，让它永远过去，不要再多留一天。

大师：你还太年轻，不能对这样一件伟大的事件做出一个好的评判：它远远超越了你所学，而且那些比你更有学识的人都不能通过好的论点改善他的假设，因此你最好不要谴责任何自己还不太了解的内容。

雷科德承认哥白尼模型违反直觉；这位年轻的学者不愿接受该假设，称其为“徒劳的幻想”，与“常见的原因”相对立。但是年龄较大且较智慧的大师警告说，第一印象可能具有欺骗性；真理有时需要我们放弃自己的成见。除了雷科德对哥白尼体系的好评外，我们还应该注意到他对古代文字崇拜的怀疑。他告诫读者“不要被它们的权威所虐，而应更多地关注它们的成因，并仔细地研究它所涉及的内容和论据如何，而不是关注是谁说的：因为权威常常欺骗许多人”。《知识的城堡》在16世纪末之前还再版了两次，是当时英格兰最受欢迎的数学著作之一。

威廉·吉尔伯特（William Gilbert，1540—1603）比罗伯特·雷科德

更出名，他是哥白尼主义的另一位“早期接受者”，以对磁性的研究而闻名。天然出现的磁铁被称为“磁石”，自古以来就广为人知；现在这些棕黑色的石头被公认为是一种被称作磁铁矿的矿物碎片。磁石能够吸引铁针或铁片是常识——但它们为什么能这样却是一个谜。因此不难理解，在伊丽莎白女王时代的英格兰，磁性会与魔法联系在一起——的确，一块磁铁正是一件“魔法”器物的原型，这个魔法还可以被有效使用。磁性罗盘是中世纪的一项发明，哲学家们意识到地球本身具有磁性。即便如此，对于罗盘针为何（大致）指向北方仍存在分歧：北极星具有磁性吗？苏格兰或斯堪的纳维亚北部可能有一个磁性岛屿吗？1600 年出现了一个转折点，正是吉尔伯特出版的专著：《论磁》（*De magnete*）。[完整标题翻译为《论磁铁、磁性物体和作为巨大磁体的地球》（*On the Magnet and Magnetic Bodies, and on the Great Magnet the Earth*）。]正如标题所示，吉尔伯特的突破是认识到地球本身可以被视为一块巨大的磁石。

研究磁性的人

吉尔伯特出生于科尔切斯特，毕业于剑桥圣约翰学院；后来他搬到伦敦，成为一名医生，担任过伊丽莎白女王的私人医生（也曾短暂地为詹姆士国王服务）。他也是一名天文学家，事实上，他绘制了第一张已知的月球地图。坦白说，这并不是一张很好的地图——但正如斯蒂芬·彭弗里指出的那样，它可能是出于非常具体的考虑因素，与精确度或细节无关。彭弗里指出，这是人们不断努力的一部分，用以推断月球是相对于地球旋转还是——正如看起来那样——在地球一侧保持永久不变。在随后的几十年中，天文学家们意识到月亮的确在“摆动”。月球转动刚好足以显示出其背面的一小部分；然后，几周后，另一小部分从其相对的背面边缘出现。这些摆动被称为“天平动”，传统上这些发现归功于伽利略，他通过望远镜注意到了它们；但彭弗里认为，吉尔伯特是第一个辨认出它们的人，比伽利略还要早二十多年。

吉尔伯特比哥白尼更进一步，提出了一种行星的运动机制。（尽管如此，他对地球围绕太阳做年度旋转不置可否。）首先，吉尔伯特认为他的磁性理论可以解释地球的日常旋转。亚里士多德主义者曾说过，像地球这样的大物体会自然地处于静止状态；毕竟，有什么原因会导致如此庞大的物体移动呢？吉尔伯特相信磁力提供了答案。他相信（事实证明是错误的）球形磁石的磁场会使磁石旋转，类似的磁场导致了地球和月球的旋转。他还认为，太阳发出的磁力以及太阳的自转导致行星在其日心轨道上运动。《论磁》第六“卷”整卷都尽力将磁力与哥白尼理论的这一方面联系起来。[1] 显然，吉尔伯特（正确地）预言了太阳系中的所有天体将相互拉扯，并且这些无规律运动应产生可观测的后果；其中一个结果就是行星轨道不应该是完美的圆形——这与传统思想背道而驰。月球天平动就是其中的证据之一，正如彭弗里所说，这提供了“他激进宇宙学的可见证明”。

吉尔伯特确信，古代的天界观是错误的。他热切地接受了托马斯·迪格斯的观点，即恒星数量无限，它们与地球的距离不同，并且很有可能无限延伸。充满无数恒星的广阔宇宙围绕着地球旋转的想法是站不住脚的。就像行星与地球的距离不等一样，他写道：

> 那些浩瀚的巨大发光体也以不同的高度偏离地球；它们没有

1 注意，今天我们想到的“重力”理论在当时仍然令人难以捉摸，直到六十多年后牛顿的研究使之明朗。

> 被设置在任何球形框架或穹隆(假装的)上,也没有在任何拱形的物体上……那么,这个延伸到最遥远的固定恒星的空间是多么不可估量啊!

吉尔伯特是伊丽莎白女王时代最重要的科学家之一,其影响力与约翰·迪伊一样。但是,如果我们试图将吉尔伯特标记为"现代"人物,我们就会遇到困难。牛顿是下一个世纪最伟大的思想家,他乐于用无生命的机械力来讨论行星的运动——但是吉尔伯特却几乎是从心理学的角度看待这种运动。(在描述他的书时,他使用了"physiologia nova"(生理学新星)这个词组——他将"新生理学"带入宇宙科学。)行星是有生命的;它们拥有灵魂。[他用的章节标题之一是"磁力是有生命的,或模仿灵魂;在许多方面,它超越了人类的灵魂,同时又结合到有机体中"("The Magnetic Force is Animate, or Imitates a Soul; In many Respects it surpasses the human soul while that is united to an organic body")。]正如约翰·罗素(John Russell)所说,机械力的思想在吉尔伯特的理论中仅扮演次要角色;取而代之的是,宇宙"更像是一个灵魂相互激励着活动的社区"。(我们可能会注意到开普勒,他在发展哥白尼的原始理论方面做出了无人可比的贡献,很多年来他也相信地球拥有灵魂。)与此同时,我们看到了对实验和观察的如现代般的绝对重视。吉尔伯特对那些盲目重复古人理论——"普通哲学教授可能的猜测和观点"——的人没有耐心,因为他们没有费心运用自己的感官来辨别。相比之下,他自己的理论"被许多论证和实验所证明"。最终结果是,"由于古人的无知或现代人的忽视而一直未被认识或忽略的事情的原因被发现了"。正如I.伯纳德·科恩所说,《论磁》"蕴含着革命的种子"。

吉尔伯特的书极具影响力,受到开普勒和伽利略的称赞。事实上,在《论磁》出版之后的几十年中，磁性本身已成为人们普遍关注的话题，其影响可以从伦敦舞台上看到。本·琼森最后一部首演于1632年的喜剧叫作《磁力女人》(*The Magnetic Lady*)。主角是一位名叫莱德斯通夫人(Lady Loadstone[1])的富裕女性，她试图把侄女普拉森西亚·斯蒂尔(Placentia Steel)嫁出去，并向一位康帕斯大师(Master Compass)征求建议。[另外，这位夫人得到了一位管家的协助，这位管家最好的朋友叫作艾恩赛德上尉(Captain Ironside)。]相比之下，莎士比亚的作品中似乎没有"磁力"或"磁性"这样的用词——但是磁性在《特洛伊罗斯与克瑞西达》中有被简单提及。当特洛伊罗斯宣誓自己的爱意时，他发誓要与克瑞西达一起"像钢铁一样坚贞"(As iron to adamant)(3.2.174)——今天学术版本的脚注中说明了adamant即磁石的另一种表述。

当我们仔细查阅像迪伊和吉尔伯特这样的早期科学思想家的作品时，我们面临着中世纪和现代的特殊混合(对我们而言)。以约翰·迪伊为例，我们感觉他身上肯定有魔法师的部分——但是事后看来，我们也可以从他的态度和工作中看到一些现代科学家的东西，这些也可以在吉尔伯特身上看到。一个更加奇怪的例子是乔尔丹诺·布鲁诺(1548—1600)这个人物，他是意大利哲学家和神秘主义者，于16世纪80年代路过英格兰。甚至现在位于罗马鲜花广场——"花田"——上的布鲁诺雕像都带有一定的阴暗面。该雕像建于1889年，原本应该朝南，但在最后一刻改变了方向，向北朝向梵蒂冈。结果，这个戴兜帽

1 "loadstone"本义为"天然磁石"，接下来的几个姓"steel""compass""ironside"本义为"钢铁""指南针""铁面"，剧作家在这里用的姓氏一语双关。——译者

的人像，双臂交叉，抓着一本沉重的书，总是处于阴影之中。这座宏伟的雕像也不太可能像注定遭逢厄运的哲学家本人的样子；它耸立在广场上，尽管布鲁诺本人是个矮个子。对于一个至少在他自己看来是富有传奇色彩的人物而言，也许这是一个合适的选择——他是一个煽动者，他的所有想法似乎都在挑战既定的秩序。

图 4.1　哲学家、神秘主义者、异端者：乔尔丹诺·布鲁诺受罗马天主教会谴责，1600 年被处以火刑，如今在罗马他被执行死刑的地方矗立着一座纪念雕像

在他的家乡那不勒斯，布鲁诺作为一名多明我会修士接受培养，但即使在年轻的时候，他的非正统观点也使他与许多朋友成为敌人。除此之外，他想到了一种更广泛的基督教信仰，比其祖国的天主教徒或阿尔卑斯山以北的新教徒所拥护的信仰更大；他认为，在他的指导下，宗教斗争将成为过去，新的黄金时代将会到来。尽管布鲁诺成功地获得了圣职，但他也被怀疑是异端，从而被迫逃离他的出生地。

流浪者

布鲁诺将在欧洲流浪二十多年——他看起来似乎都是在教学、写作和（资金紧张的情况下）校对中度过的。也许他做的最重要的事是争论——并树立了更多敌人。（即使只看他在别人书上的潦草笔记，人们也能体会到这一点。在某段文本的空白处，他写道："这只蠢驴竟然自称是博士。"）他还以他的记忆力著称，并教授别人提升记忆力的技巧（甚至在逃离意大利之前，他还曾向教皇庇护五世展示过自己的方法）。

与第谷和迪格斯一样，布鲁诺生活在我们对宇宙的认知史上的一个独特时刻，在当时，古代智慧面临新的质疑。布鲁诺的同胞诗人但丁·阿利吉耶里在他创作于 14 世纪的史诗《神曲》中描述了天堂的结构，该结构严格以托勒密主义的宇宙观为基础——但已不再能只看这类描述的表面价值。正如布鲁诺的传记作家英格丽德·罗兰（Ingrid Rowland）写道：

> 但丁对于自然哲学的确定性不再确定。天文学已经开始与占星术分开，用恒星和行星的机械体系代替与奥林匹斯众神捆绑的体系。像哥白尼一样的数学家可以借助复杂的公式追踪它们过去的运动和性质。整体而言，从宇宙学到力学再到几何学的一系列代数学应用，承诺了比命理学更令人兴奋的发现。

布鲁诺读过亚里士多德和其他古代有影响力的思想家的著作，并尊重他们的观点。但是，他并没有因为他们的年龄或智慧而给予他们任何特别的权威。他认为，在此间的千年中学到的许多东西可能同样有用。此外，他不缺乏自我意识，认为自己的智力与古人相当：他可以在他们已经开始的基础上继续发展。

布鲁诺的流浪生涯包括在英格兰的两年多时间，从 1583 年春天到 1585 年秋天。在穿越英格兰的多佛海峡时，他显然利用这次航行来检验他关于地球曲率的想法。当然，此时他已经开始接受哥白尼模型。他此前去过巴黎和威登堡，这两个地方至少有一些哥白尼的拥护者。（在巴黎，他可能接触到了《天体运行论》第一卷的法文译本，该书于 1552 年出版。)他还对被称为赫尔墨斯主义(Hermeticism)的哲学传统产生了浓厚的兴趣,该学派基于模糊的神圣文本,被其实践者(错误地)认为来自埃及。赫尔墨斯主义的追随者们认为,自然界的秘密可以通过仔细研究来辨别,而这些知识又可以用来影响自然力量。布鲁诺拥抱赫尔墨斯主义时,应该会对具有类似神秘主义倾向的约翰·迪伊抱有同情心。

在英格兰逗留期间,布鲁诺出版了两本书,其中都包含了对哥白尼理论的有力辩护:《圣灰星期三的晚餐》(*La cena de le ceneri*)和《论无限宇宙与诸世界》(*De l'infinito universo e mondi*),这两本书均可追溯至 1584 年。这是用意大利语写成的关于宇宙学六个"对话"系列的一部分。[为什么不使用拉丁语?正如乔凡尼·阿奎莱基亚(Giovanni Aquilecchia)所指出的那样,部分原因可能是伊丽莎白女王时代的法院对意大利的一切事物表示赞赏——也可能是因为罗伯特·雷科德和托马斯·迪格斯等思想家都以自己国家的语言出版书籍。]

在英格兰,布鲁诺自然地被牛津大学吸引,当时牛津已经是一个著名的学习中心。在那里他做了一系列关于宇宙学和哲学的讲座。布鲁诺直言不讳的声誉早已比他本人更为人所知;事实上,法国大使曾写信给女王的顾问和"间谍大师"弗朗西斯·沃尔辛海姆,警告说布鲁诺即将抵达英格兰。(另外,沃尔辛海姆还有一个间谍在法国大使馆工作。)因此,我们可以想象,每次布鲁诺走近讲台时,大厅里都挤满了人。虽然讲座的细节无从得知,但我们知道布鲁诺至少受到了某种程度的嘲笑。正如罗兰指出的那样,这可能与他说话的方式和内容有关:他的拉丁语听起来像意大利语,与牛津的拉丁语大不相同。他们可能也会嘲笑他矮小的身材和笨拙的举止。尽管如此,如果认真听讲,他们至少一定已经抓住了他论点的主旨。当他于同年 8 月回到牛津时，我们知道他讲话支持哥白尼天文学。后来成为坎特伯雷大主教的乔治·阿伯特(George Abbot)指出，布鲁诺"运用许多其他事情来论述哥白尼的观点，即地球确实在旋转，天界确实静止不动；然而，实际上是他自己的脑袋在转动"。

无限的世界

布鲁诺很可能熟悉第谷的太阳系替代模型，他在牛津的讲座中也可能提到过，尽管最后他显然更喜欢哥白尼的构想：

> 因为他(哥白尼)具有深刻、微妙、敏锐和成熟的思想。他不亚于任何一个在他之前的天文学家……他天生的判断力比托勒密、希帕克斯(Hipparchus)、尤多克斯(Eudoxus)和其他所有跟随他们的人要好得多，这使他摆脱了普遍哲学中的许多错误公理，这些——尽管我不愿这样说——使我们盲目。

确实，哥白尼被"众神指定为黎明，他必须在古老而真正的哲学的太阳升起之前出现，因为许多世纪以来，它被笼罩在阴险傲慢、嫉妒无知的黑暗洞穴中"。

然而，布鲁诺会比哥白尼走得更远，他拥护无限宇宙和无限世界的观念(他在英格兰时出版的两本书中都论证了这一点)。事实上，布鲁诺在"无限空间"这一主题上甚至比迪格斯更为明确：

> 有一个普遍的空间，一个广袤的无限空间，我们也许可以称之为虚空，在其中有无数个像我们赖以生存和成长的地球这样的球体：我们宣称这个空间是无限的，因为无论是理性、合宜性、感官知觉抑或自然，都没有给它指定一个界限。

布鲁诺认为,地球不仅是行星之一,而且我们的行星"仅仅是无限个与此类似的特定世界之一,所有行星和其他恒星又都是无限的世界,构成一个无限的宇宙,所以具有双重无限性：一重是宇宙的浩瀚,还有一重是世界的繁多"。布鲁诺并不是第一个接受这种思想的人;确实,"世界边缘"的问题从古代就已经开始辩论。古罗马哲学家卢克莱修(Lucretius)(我们将在第13章中探讨其影响)在其非凡的诗歌《物性论》(*De rerum natura*)中思考了这个问题。他写道：

> 现在假设所有空间都是有限的,如果你跑到空间尽头,到最远的海岸,然后往边界扔出一支飞镖,你认为这支你用尽全力猛投出去的飞镖,是飞奔过界继续向远处飞,还是会有什么东西可以抑制并挡住它的去路?

可以想象,在无限空间的情况下,距恒星向无限延伸的可能性仅一步之遥。正如我们所看到的,托马斯·迪格斯也许是第一个广泛宣传这一想法的人——但在一个世纪之前,一位德国红衣主教,库萨的尼古拉斯(Nicholas of Cusa)就提出了类似的论点。尼古拉斯认为,如果我们能从足够近的距离观察,每一颗恒星都很可能看起来像太阳。然而,布鲁诺将这个想法进一步推向了现实,不仅争论无限的空间,而且争论无限的时间。大多数他的同时代人都认为宇宙大约有六千年的历史,而布鲁诺——受柏拉图的著作以及更晦涩的古代文献的启发——愿意赋予它永恒的过去。

布鲁诺是否受到了迪格斯作品的影响,也许在他逗留英格兰期间接触到了他的思想?历史学家怀疑,即使布鲁诺从未见过迪格斯,他也至少会知道这个英格兰人的作品。正如希拉里·加蒂(Hilary Gatti)所指出,迪格斯的导师约翰·迪伊,向朝臣和诗人菲利普·西德尼爵士(Sir Philip Sidney)讲授数学——而布鲁诺把作品中的两次对话献给了西德尼；在西德尼及其随行人员访问牛津后，迪伊曾接待过他们(据了解，布鲁诺曾参加过其中一次会议)。

迪格斯的历书——上面有恒星逐渐延伸到无限的示意图——已于1576年出版，在布鲁诺抵达英格兰之前已经再版了至少两次。正如加蒂指出的那样，布鲁诺的英语不流利，阅读迪格斯的文本需要帮助——但是，如果他看到迪格斯画的星星无限向外延伸的示意图，就会立刻理解其含义。

布鲁诺有觉察到等待他的将是什么吗？他肯定知道他的东道主英格兰人对他尖锐言辞的看法，也一定了解了公开谈论这种危险话题的风险——尤其是如果他要相对安全地离开英格兰的话。布鲁诺在牛津大学被嘲笑，最终被指控剽窃，很显然他不再受欢迎。在伦敦，他也几乎不会更受欢迎，在他自己看来，他被视为危险的革命威胁，会颠覆"整个城市、整个省份、整个王国"。如果说英格兰人不信任布鲁诺，那他也同样憎恶他们的举止和肆无忌惮的仇外心理。他写道：

> 英格兰可以吹嘘在她的土地上哺育着首屈一指的民众，这些人无礼、粗暴、野蛮、毫无教养……当他们看到一个外国人，天呐，他们就像看见许多头狼或熊，脸上的表情就如一头猪的食物被夺走时一样……

布鲁诺被迫在法国驻伦敦大使馆避难，他在那里担任大使秘书。尽管他在牛津嘲笑过所谓的知识分子，但他还是对英格兰女王表达了最高的敬意。用他的话说——伊丽莎白女王：

> 比世上所有国王都优秀，因为她与所有被授予王权的王子们

相比，在判断力、智慧、建议和执政方面首屈一指。至于她的艺术知识、科学观念，以及她对欧洲博学和无知之人所讲语言的认知和专业性，毫无疑问，她可以媲美我们这个时代的所有其他王子。

人们可以感觉到为什么在他的祖国一提到布鲁诺的名字就会遭到蔑视。几乎他说的每句话都是对基督教的侮辱，无论是对于天主教徒还是新教徒；他对外国国家元首的称赞只会使事情变得更糟。而且，他的傲慢令人完全无法忍受。这是一个坚持千百年来的宗教教义是一个错误的人——只有他才有能力纠正错误。布鲁诺争辩道：上帝没有创造这个世界；上帝不能，因为他是大自然的一部分。布鲁诺是一位原子论者：与卢克莱修的观点一致，他相信宇宙是由无数的原子组成的，每个原子都充满着神圣的本质；这些原子不仅组成了我们自己的世界，还组成了无限的世界，所有的世界都充满了生命。无限是关键，"因为从无限中诞生了永远新鲜的丰富物质"。没有死亡；众生只是参与了我们可能称之为永恒的宇宙循环计划。天堂和地狱只是幻想。

一个无限的宇宙在许多层面上都是有问题的：如果宇宙是为人类的利益而创建的，为什么它必须这么大？为什么有这些额外的空间？在这种无限宇宙学中，地球的物质与天界的物质之间不再存在本质上的区别，地面元素与宇宙的"第五元素"之间也没有区别。这使布鲁诺可以采取下一步的逻辑：想象这些无限的世界是由生物组成的，也许这些生物与人类并没有太大的不同。但是，这样的生物会有什么样的信仰？他们将如何接收基督的信息？他们将如何被拯救？基督徒相信，上帝派他的独生子耶稣基督来拯救人类。如果在其他世界上有人，他们怎么知道上帝的话？会有多个救世主和多个耶稣受难吗？这种想法本身就是在亵渎神明。对于布鲁诺来说，以耶稣基督的形式出现的单一救世主的概念已经站不住脚了。这种对神的看法太狭隘了。正如罗兰所说："布鲁诺认为上帝存在于一切事物中，无处不在，永远存在。"不幸的是，一个人的上帝观的扩展对于另一个人来说则是异端。大量有人居住的世界这一想法本身，就威胁到了人类在宇宙中处于中心的——独特的——地位这一既定观点，并击中了基督教信仰的核心。[1]

再次上路

最终，法国大使在英格兰东道主那里失宠了，他的房客布鲁诺只能再次上路。他在法国短暂居住过，然后前往德国，再到了布拉格，那里的皇帝鲁道夫二世（Rudolf Ⅱ）喜欢在他的宫廷里塞满各种炼金术士、占星家和魔术师。虽然伦敦现在已经距他一千英里之遥，但布鲁诺至少还遇到了一位值得注意的英格兰人：1587 年正是约翰·迪伊来到这里的时间，同行的还有他的同事，一个名叫爱德华·凯利（Edward Kelley）的神秘人物。（迪伊相信其他人可以比他更有效地使用各种水晶的魔力，因此雇用了许多助手，凯利是最新招的一个。）到布鲁诺来的时候，皇帝已经厌倦了这两个英格兰人的古怪行为，迪伊和凯利已经被流放到乡下。（当凯利试图说服迪伊，天使想让他们分享妻子时，事情变得更糟了。）迪伊的命运日渐衰落，他别无选择，只能回到英格兰。在那里，皇家宫廷早已不欢迎他，他努力逃避债权人和那些指控他使用巫

1　然而，时代变了，梵蒂冈最近也认同了存在外星文明的想法。2008 年，梵蒂冈天文台台长何塞·加布里埃尔·富内斯（José Gabriel Funes）告诉梵蒂冈的一家报纸，智能外星人的存在"与我们的信仰并不矛盾"，因为此类生物仍然是上帝的创造物。在标题为《外星人是我的兄弟》（"The Extraterrestrial Is My Brother"）的采访中，富内斯还承认，宇宙已有数十亿年的历史，可能是从大爆炸开始的——不过这是上帝设计的，"不是偶然的结果"。[阿里尔·大卫（Ariel David）：《梵蒂冈天文学家说，天堂足以容纳上帝和外星人》。见《环球邮报》（*The Globe and Mail*），2008 年 5 月 14 日，第 A3 页。]

术的人。他在贫穷中度过了最后的岁月，女儿把他的书一本一本地卖掉用来购买食物。

然而，对于布鲁诺来说，还有很多工作要做。这个意大利人仍然在布拉格工作，他开始更详细地描述他对宇宙的看法。成果就是他的最后一首诗歌：《论不可数者、不可度量者和不可塑形者》[*De innumerabilibus, immenso, et infigurabili*（*On the Innumerable, Immeasurable, and Unfigurable*）]，出版于1591年。拉丁诗歌现在是他的工具，他向维吉尔和贺拉斯致敬——尤其是卢克莱修，后者的《物性论》对他产生了深远的影响。布鲁诺欣然接受了卢克莱修关于原子和虚空的理论。原子很多，以无穷无尽的变化状态存在，而上帝无处不在，永恒不变。对于布鲁诺来说，上帝是"无处不在的世界灵魂"，有时他将之比作海洋，或许还有星星？当然，它们似乎每二十四小时绕地球旋转一次，但是布鲁诺明白这只是一种幻觉。他写道，这难道不是"所有愚蠢之母"吗？想象一下：

> 这个无限的空间，没有可观测到的限制，
>
> 存在着无数个世界（星星是我们定义它们的方式）……
>
> 难道要在这一点上创造一个连续的轨道，
>
> 在如此短的时间里
>
> 绕着如此无限的圈旋转吗？

与迪伊一样，我们在布鲁诺身上看到的是这样一个人物，其思想涵盖了科学和神学、理性和魔法。也许还有政治上的，正如罗兰所说，布鲁诺的宇宙"是恒星的共和国，而不是君主制，在这里所有的恒星都生而平等，并且都平等地被'地球们'围绕其中"。这是一个并不受欢迎的观点。

"一个死不悔改、顽固不化和执迷不悟的异端分子"

布鲁诺最终回到了意大利——可以想象，这真是愚蠢，除非他想要成为殉道者。（也许他真的想。）他一开始定居在帕多瓦，然后到了威尼斯——在这里，一位赞助人背叛了他，将他上报给了教会当局。他被宗教裁判所逮捕，并受到审讯，最终以一连串的异端邪说被指控，其中包括对众多可居住世界和无限宇宙的信仰。（没有证据表明，哥白尼主义本身对布鲁诺的审判有影响——但该理论似乎因与之有关联而有了污点。当我们考虑到三十年后他的同胞伽利略面临的命运时，这一事实尤为突出。）对布鲁诺的审判始于威尼斯，结束于罗马，长达八年之久，而布鲁诺直到最后都坚持自己的信念。1600 年 2 月 9 日，他最终被判刑。宗教裁判所断定布鲁诺是"一个死不悔改、顽固不化和执迷不悟的异端分子"。即使他的命运已经注定，牧师和教士们仍然继续努力想动摇他的观点——至少想挽救他的灵魂——但无济于事。八天后，判决执行：囚犯被脱光衣服，夹紧舌头，按照传统，他被放在骡子上，骡子将他带到鲜花广场，他在这里被绑在木桩上活活烧死。

在约翰·迪伊和乔尔丹诺·布鲁诺等奇特人物身上，我们看到了科学与神秘主义的独特融合。对我们来说这很特别；正如我们所看到的，这种混合简直是早期现代欧洲思想图景的一部分。我们也可以将迪伊和布鲁诺视为文艺复兴时期多才多艺的人，对他们来说所有领域的知识都密切相关。事后看来，我们可以把哥白尼理论被逐步接受——像迪伊和布鲁诺这样的人是早期的拥护者——视作一种新的世界观正在形成的迹象之一，这种新世界观至少与今天定义我们世界的观念有一些相似之处。当然，这在一定程度上反映了我们的现代偏见，而且如上所述，人们倾向于将历史人物努力解读成“像我们一样”，这是显而易见并永远存在的危险。尽管如此，托勒密体系的逐渐衰落确实表明某种变化正在发生。当然，范式不会轻易改变，还将需要数十年的时间，“新天文学”才能得到广泛的接受。历史学家们仍然将这段时期视为欧洲思想史上的关键期。莫迪凯·范戈尔德(Mordechai Feingold)称之为“孵化期”，在此期间，伟大的思想家们努力应对一系列“对立的理论、新旧宇宙学、科学的理性和非理性要素”。如果说在16世纪末期的英格兰，对立理论处于战争之中，那么有三个主要战场：牛津和剑桥的大学城，以及作为国家商业和文化中心的伦敦。学术界和商业界都在运用科学，但采取了截然不同的方法。自然，后者更关心实际问题；但是正如我们将看到的，即使是最脚踏实地的商人，也看到了仰望的价值。

5. 英格兰科学的崛起和都铎望远镜的问题

“镀着一层泪液的愁人之眼……”

有人说，需要是发明之母——恐惧也可能有所帮助。16世纪下半叶，少数具有科学思想的英格兰人呼吁定期在伦敦举行数学讲座，以帮助培训水手和航海者。然而，直到英格兰的船只在沿海与西班牙军队作战时，这才得以实现。无敌舰队当然被击败了——强大海军（和整体的海上实力）的重要性被彻底了解。这反过来又依赖于科学知识：航海者需要了解地图绘制系统和地球的形状，他们必须计算和绘制路线，这些都是植根于算术和几何学的技能。天文学也起着关键作用，因为星星是海上旅行者的主要路标。1588年11月——无敌舰队战败仅几个月后——涵盖这些课题的讲座基金建立了，并制定有详细的行动计划，以防某支敌对舰队（不论是西班牙还是其他国家的），将来会沿泰晤士河逆流而上。年度讲座在位于伦敦商业中心利德贺街的斯德普乐礼拜堂举行，向公众开放。这些讲座的第一篇讲义由一位名为托马斯·胡德（Thomas Hood）的教师讲授，讲义连同他出版的著作得以幸存下来，这使我们对他的教学策略有了一定认识：教学必须从算术、几何学和基本的天文学开始；学生掌握了这些内容后，就可以继续将其运用到地图和各种仪器上，并开始解决测量和导航方面的实际问题。因为天文学的理论方面不是讲座主要关注的问题，所以我们不知道胡德如何看待哥白尼理论——但是，我们知道他经常使用哥白尼的数据和计算方法。正如弗朗西斯·约翰逊所指出的,他的学生“几乎没有接受过任何学术训练,但充满了对实用知识的强烈渴望”。

信息搜集所

最初的系列讲座最终发展成了一所学院。在16世纪的最后几年,伦敦第一次开设了一所专门致力于教授我们现在所说的科学的学校。格雷山姆学院成立于1597年,以其创始人——一位名叫托马斯·格雷山姆爵士(Sir Thomas Gresham)的著名商人而得名。学生在格雷山姆学院学习与导航、商业和医学相关的实用技能。天文学和几何学在课程中占主导地位;他们还可以学习神学、音乐和修辞学。正如约翰逊所说,在17世纪上半叶,这所大学将成为“一个有关最新科学发现的综合信息搜集所”。

博学多才的人组成了格雷山姆学院的全体教员,这些人在学院成立之前已经认识多年,有些甚至相识数十载。他们还与该市的手工艺人和仪器制造商有着密切的联系。(我怀疑这所大学如果是在20世纪而不是16世纪末建立,它会称自己为“理工学院”。)在建立世界上最早的科学学会之一的过程中,该学院也继续发挥了关键作用:1600年,在格雷山姆见面和任教的那些人帮助成立了伦敦皇家学会。

胡德可能一直不愿完全支持哥白尼主义,但格雷山姆学院的其他教职员工似乎在很大程度上致力于新理论。艾伦·查普曼(Allan Chapman)指出,“1597年以后,所有格雷山姆学院的天文学教授都是哥白尼理论的拥护者:亨利·布里格斯(Henry Briggs)、亨利·格里布兰德(Henry Gellibrand)、约翰·格雷夫斯(John Greaves)、克里斯托弗·雷恩爵士(Sir Chrisopher Wren)、罗伯特·胡克(Robert Hooke)等”。查普曼的名单使我们稍稍领先了——克里斯托弗·雷恩一直活到18世纪——但是即使如此，想到下面这一幕还是很有趣，在伊丽莎白统治的最后几年，伦敦那些踌躇满志的年轻海员们在思索到底是太阳围绕地球转还是地球绕着太阳运动。

格雷山姆学院所体现的探究精神传达到了学院之外；确实，这似乎反映出越来越多普通伦敦人的心态。这在一定程度上是由于识字率的急剧提高：在16世纪上半个世纪中，英格兰建造了一百多所文法学校，会读写的人比以往任何时候都要多。出版业蓬勃发展，有数十位出版商和书商在首都工作(其中许多人是在圣保罗大教堂旁边的教堂墓地进行贸易)。那些买不起书的人可以借：17世纪初期，图书馆在整个英格兰开始普及，尽管公众从15世纪初期开始就可以从伦敦的市政厅借书。正如约翰逊指出的，1475年至1640年间，在英格兰出版的十本书中，至少有一本涉及自然科学。其中一些是由科学家自己所著，另一些是由我们现在所说的科普作者所写；与今天一样，书的质量差异很大。约翰逊说，这些书的影响力“不仅局限于学者或在大学学习过的人，而且还扩展到所有的识字阶层”。(我们将在下一章仔细研究文法学校以及整个图书和出版行业。)除书籍外，客户还可以阅读新闻简报，有关医学和外科手术的论文以及附带数学工具用法说明的小册子。历书的需求特别高，人们可以从《仲夏夜之梦》的场景中了解到它们的受欢迎程度：“机械师”(工匠)正在计划表演《皮拉摩斯和提斯柏》(*Pyramus and Thisbe*)；因为恋人们是在月光下相遇，所以他们想知道在演出的夜晚月亮是否会照耀大地。波顿(Bottom)要求道：“拿历本来，拿历本来！瞧历本上有没有月亮，有没有月亮。”(3.1.49—50)

知识的工具

尽管如前所述,"科学"一词尚未获得今天的含义,但许多伦敦人实际上是靠科学工作谋生的。这些人中有数学家和医生,植物学家和药剂师,建造者和发明家。他们在医院、实验室和家庭经营的车间工作。工匠加工金属、木材和象牙;他们建造了许多设备,比如测量师用的经纬仪,炮兵用的测距仪和瞄准具,导航员用的星盘、象限仪、直角器和反向观测仪,以及各种专业的绘图工具。

这些活动的爆发有部分原因在于首都的独特位置:尽管伦敦位于欧洲大陆的西北角,但实际上处于十字路口。生活在16世纪末的英格兰首都,人们可以见证一连串无休止的新种族、新发明以及也许是最重要的新思想。正如黛博拉·哈克尼斯(Deborah Harkness)在她的精彩著作《珍宝屋》(*The Jewel House*,2007)中所说的那样:"每艘停泊在伦敦码头的船上可能都包含必须被分类和理解的新材料,每本圣保罗出版的新书都可能包含对自然世界的激进想法,并且,在伦敦进行的实验随时都有可能质疑长期存在的信念。"熙熙攘攘的城市里,新奇的事物随处可见;的确,人们对新鲜事物有着浓厚的兴趣。在每个角落,都可能发现来自远方的一些特别的奇迹:一颗鸵鸟蛋、来自中国的钱币、一艘来自拉普兰的独木舟、一条吃饱的两头蛇……在寻求知识的过程中,人们也许仍然会转向古代哲学家的话语——但是,它们的局限性越来越明显。此时的伦敦人正在创造新的知识——实际上,他们发现的许多东西要么与古代作家的描述相矛盾,要么太过新颖以至于他们无从知晓。毫不奇怪,"新闻"一词可以追溯到这一时期。

不仅是识字,人们的计算能力也在提高。私人教师向城市里的商人及其学徒教授数学;一些教员为学生提供膳宿。一位名叫汉弗莱·

贝克（Humphrey Baker）的教育家吹嘘说，他的教学方式“比这座城市中任何以前人所教的方式都更加朴实”。他最喜欢的工具之一是如今无处不在的“数学应用题”。他在《科学的源泉》（*The Well Spryng of Sciences*，1562）一书中，向读者提出了这样一个问题：

> 三个商人组成了一家公司。第一个人投资了多少我不知道，第二个人投入了20匹布，第三个人投入了500英镑。在业务结束时，他们的收益总计为1 000英镑，其中第一个人应该有350英镑，第二个人必须有400英镑。现在，我要求知道：第一个人投入了多少钱，这20匹布[值]多少钱？

商家很容易遇到诸如此类的问题，像贝克这样的老师所教授的课程为他们提供了一些帮助。（这里我们还有令人烦恼的考试问题的前身，这些问题至今都给学生带来了极大的悲伤——“一列火车以每小时八十英里的速度从芝加哥向东行驶，与此同时一列火车从纽约向西行驶……”）贝克还确保他的学生能够使用象限仪、方盘、法杖和星盘等仪器——这些仪器对测量、导航和天文学至关重要。仪器制造商——英格兰人、法国人和佛兰德人——的店完全占据了伦敦市中心繁忙的斯特兰德街和弗利特街。尽管许多设备是从欧洲大陆进口的，但越来越多的本地仪器制造商正在制作同样优质的产品。“到伊丽莎白统治末期，”哈克尼斯写道，“伦敦人完全接受了数学工具，许多公民的数学素养已经达到了前几代人做梦也想不到的水平。”

这些仪器制造商中至少有一些人了解哥白尼主义并在开发仪器时考虑到了新理论。1596年，当地工匠约翰·布拉格雷夫（John Blagrave）根据哥白尼模型设计了一种新的星盘，并在描述其运行的书中明确表示，他接受这一理论不仅仅是因为数学上的便利。实际上，他对日心说模型的支持就体现在该书的扉页上，上面指出了一种方法："……与尼古拉·哥白尼的假设相吻合，星空结构被永久固定，地球和地平线每 24 小时不断地从西向东移动……"在传统星盘中，地平线是由固定的金属板代表的，而最亮的恒星则刻在（实际上被刺成小孔）相对于主板旋转的可移动板上。然而，在布拉格雷夫的星盘中，是地球——即观察者的视线——在移动，而恒星保持固定。正如约翰逊所指出的，除了他的同胞托马斯·迪格斯之外，布拉格雷夫"在传播哥白尼理论的思想知识方面，可能比任何其他 16 世纪的英格兰人都做得更多"。新宇宙，曾经只是一个抽象的概念，现在可以握在手中。不只有布拉格雷夫。尼古拉斯·希尔（Nicolas Hill）是一位活跃在同时代的自然哲学家，他对地球的自转和哥白尼理论深信不疑，并发展出了另一版本的原子论。医生马克·里德利（Mark Ridley）同样也被哥白尼的观点所吸引，还发表了有关磁性的论文。[请记住，欧洲大陆的科学家处于领先地位：1551 年，杰拉德·墨卡托（Gerard Mercator）根据哥白尼的数据建造了第一个天球仪。值得注意的是，约翰·迪伊在墨卡托制作天球仪时曾与其合作过。]

商店老板、木匠、钟表匠、测量师、水手——都积极学习和掌握基础数学。人们需要数学知识来计算重量、尺寸和货币的不同度量；更通俗地说，数学可以使思想更加敏锐。罗伯特·雷科德在他广受欢迎的算术书《艺术的基础》（*The Ground of the Artes*）中将数学描述为"所有人类事务的基础"。他指出，没有数学素养，"就没有故事可以长期持续，没有讨价还价能恰当结束，没有商业能完成"。很难确切知道 16 世纪的伦敦出版了多少本数学书，因为许多书已经消失了；但是历史学家认为，在伊丽莎白统治初期，每年大约有五本，有关导航和测量的内容最受欢迎；到世纪末时，这个数字肯定会更高。

牛津大学和剑桥大学

所有这些活动——所有这些学习——都发生在伦敦,人们可能会合理地询问在牛津大学和剑桥大学到底发生了什么,因为五百多年来,教授们都在这里工作,学生们都在这里学习。人们可以清醒地记得牛津大学是世界上现存的第二古老的大学(仅次于意大利的博洛尼亚大学),到莎士比亚时代它已经有五个世纪的历史了。事实上,牛津大学的实际成立日期并不可知,尽管那里的教学记录可以追溯到 1096 年,并且在 1167 年之后迅速发展,当时英格兰学生被禁止进入巴黎大学学习。(我们可能会注意到,甚至牛津的"新学院"也可以追溯到 1379 年。)剑桥大学成立于 1209 年,当时一些心怀不满的牛津学生与城镇居民发生争执,向东逃亡。

那时的学生年龄更小:官方要求必须满十五岁,但是贵族的儿子常常被更早录取。[伊丽莎白的宠臣之一,埃塞克斯第二代伯爵(the Second Earl of Essex)罗伯特·德弗罗(Robert Devereux)十岁就被录取,尽管他直到两年后才入读。]学生获得文学学士学位通常需要四年,文学硕士学位则需要再读三年。如果金钱可以帮助一个人入学,那么它也可以帮助人毕业:对于那些在牛津大学学习到第四年末尚未达到文学学士学位要求的人,支付十先令就可以获得学位。学生就读期间,纪律很严格。在牛津大学,学生被发现躲在旅馆或小酒馆,甚至是烟草店中都可能遭受鞭打惩戒;同样的惩罚也等着那些胆敢在校园里踢足球的人。[1] (剑桥大学可能稍微悠闲些:在这里,足球被认为是"合法"运

1 贵族喜欢打网球,而足球(football,对北美人来说是"soccer")被认为是一种低俗的运动,仅适合下层阶级。在《李尔王》中,肯特(Kent)轻蔑地称奥斯华德(Oswald)为"踢皮球的下贱东西"(1.4.74)。

动,同时还有射箭和套环,类似于掷马蹄铁。)并非每个人都适合学术生涯。在《第十二夜》中,小丑般的安德鲁·艾古契克爵士(Sir Andrew Aguecheek)总是为自己没有上大学而感到遗憾:“我理该把我花在击剑、跳舞和耍熊上面的工夫学几种外国话的。唉!要是我读了文学多么好!”(1.3.90—93)他所指的“文学”是自古以来就已成为西方高等教育支柱的所谓的人文科学——《暴风雨》中的普洛斯彼罗说他曾做过研究(“……在学问艺术上更是一时无双。我因为专心研究……”)(1.2.73—74)。标准的学习计划包括“三科”,即文法、逻辑、修辞,以及“四艺”即算术、几何、天文、音乐——正如J.A.夏普(J.A.Sharpe)所说,该学习计划是“适合于公元前4世纪希腊城邦的自由人的基本教育”。这两个庄严机构中教授的自然哲学课程一直是亚里士多德式的,因此直到16世纪大体上仍然如此。但一个学生的经历在很大程度上取决于他的老师是谁。正如弗朗西斯·约翰逊所说,对于这群精选出来的年轻人的教育可能“肤浅而基础”——除非学生足够幸运,“在他们短暂的大学期间”能由少数几位杰出的年轻数学家之一授课。如果一个学生确实接受了一流的教育,那很可能是意外,这“完全取决于学院里个别学者的热情和进取心”。最热衷于学习者会回避学校提供的枯燥的拉丁语课本,而去选择更易读——也更新——的流行作品。

鉴于当时的大学还不是创新的温床,人们可能会认为其中教授的任何天文学都是严格的托勒密式的。然而,也许令人惊讶的是,在16世纪下半叶,哥白尼理论确实偶尔引起了争论。当然,欧洲大陆的大学在这场比赛中处于领先地位:到1545年,伊拉斯谟·莱因霍尔德(Erasmus Reinhold)的《评论》(*Commentary*)——于几年前出版,其中包含对哥白尼理论的有益参考——已成为威登堡大学(University of Wittenberg)的标准天文学教科书（据称哈姆莱特曾在这里学习）。正如宝拉·芬德伦（Paula Findlen）所指出的，到1560年，威登堡的学生从哥白尼本人的书中学习天文学；到16世纪90年代，《天体运行论》在萨拉曼卡是必读书。这并不意味着哥白尼主义已经取得了胜利；相反，它是作为一种替代方法而被教授的。芬德伦写道，它"丰富了天文学家的计算能力"，而不必使他们面对宇宙学或物理学方面的问题，"可以将哥白尼作为说明书而不是宣言来阅读"。

在牛津和剑桥也是如此。在牛津大学，从1576年——迪格斯发表关于哥白尼体系的论文的同一年——开始的记录显示，布置给硕士毕业生的有争议性问题之一是："整个地球都在世界中心静止吗？"（"*An terra quiescat in medio mundi*？"）我们不知道学生和学监各持哪一方观点，但正如约翰逊所说："我们可以肯定，哥白尼理论和与之对立的亚里士多德学说是辩论的主要议题。"

即便如此，历史学家间还是存在分歧。约翰·罗素写道："没有充分的证据表明哥白尼思想此时[在牛津]已经产生了重大影响"。我们可能还记得16世纪80年代布鲁诺在牛津讲哥白尼主义时所面对的嘲讽。但是，莫迪凯·范戈尔德指出，日心说模型是可被讲授的，"而且有时可以讲得很好"，即使那些讲授的人不一定完全接受它。通常情况下，讲师让学生自己权衡论点并得出自己的结论。他们自己也可以进一步阅读，而其中更具天赋的人毫无疑问正是这么做的。

例如，一个名叫埃德蒙·李（Edmund Lee）的学生保留了一本笔记，其中涉及对物理学、天文学和数学领域众多科学思想的评论；在他密集的笔记中，他对哥白尼体系持肯定态度。同时，数学家亨利·萨维勒爵士（Sir Henry Savile）被任命为牛津大学第一位天文学和几何学教授，并于16世纪60年代至70年代在那里任教。他的笔记本现在存放在牛津大学的伯德雷恩图书馆，其中显示他主要根据托勒密的《天文学大成》授课——但也提及了哥白尼，包括对《天文学大成》和《天体运行论》的逐章比较，也涉及其他中世纪和现代思想家。[1] 他自己似乎倾向于支持新的宇宙论，我们从他笔记本上写的一句话中窥见了他的热情："哥白尼，现代数学王子。"(*Copernicus Mathematicoru Modernoru Priceps*)牛津大学的学生威廉·坎登(William Camden)和萨维勒是朋友，他自己可能拥有《天体运行论》一书，并且像托马斯·迪格斯一样，他仔细观察了1572年的新星。1601年在剑桥，一个名叫约翰·曼塞尔(John Mansell)的学生(后来成为女王学院的院长)通过捍卫哥白尼并详细描述日心说模型，来回答有关太阳系结构的问题。到1580年，哥白尼和迪格斯的作品，以及星盘、象限仪、地球仪和精致的日晷，都可以在剑桥大学的图书馆里找到。几十年后，牛津大学一位名叫理查德·克拉坎索普(Richard Crakanthorpe)的教师再次以亚里士多德和托勒密为授课起点，但涵盖了所有最新的天文学观测和思想：1572年的新星；1577年和1580年的大彗星；伽利略望远镜的发现。我们知道他参考了开普勒和迪格斯的作品，以及伽利略的《星际信使》(*Siderius Nuncius*)。剑桥大学的数学家威廉·博斯韦尔爵士(Sir William Boswell)与伽利略本人有书信往来，他在使这位意大利科学家的著作为英格兰人所知的过程中起了至关重要的作用。

---

1 坦白交代，除了挑出来的这几个关键词外，我实际上不懂拉丁文；然而，如果去了牛津大学却没有亲自去看看这些非凡的文献，那就太可惜了。当然，这意味着要背诵伯德雷恩图书馆有着数百年历史的誓言，其中包括一个承诺："……勿将任何火种或火焰带入图书馆或在其中点燃……"要是那些古代亚历山大图书馆的负责人也一直保持警惕就好了……

无论这两所大学传播了多少理论科学，它们在实践运用方面几乎可以肯定落后于首都。尽管是写于几十年后，但数学家约翰·沃利斯(John Wallis)写的一封信可以说明这一点。当他在17世纪40年代从剑桥搬到伦敦时，他发现更多的人对他的技艺感兴趣："因为当时，在伦敦对数学的研究比在大学中更为成熟。"我们还看到，英格兰几乎不是科学的死水；认为它远远落后于欧洲大陆的观点是毫无根据的。一个迹象是它对哥白尼理论相对开放：丹麦的第谷·布拉赫和罗马的克里斯托弗·克拉维乌斯(Christopher Clavius)一直是日心说模型的激烈反对者，而我们可以把布拉格雷夫、希尔和里德利加入到不断增加的英格兰思想家名单中——和雷科德、迪伊、托马斯·迪格斯以及其他一些人一起——他们都拥护"新天文学"。[1] 如我们所见，到16世纪后期，英格兰绝对不是思想偏僻落后的地方。正如弗朗西斯·约翰逊所说："[在]英格兰，哥白尼理论知识的传播程度也许比在任何其他国家都要高，在1600年之前，它已经传播到所有阶层的实践科学工作者中，没有哪个地方的人比伦敦人更对新天文学的意义有强烈的兴趣，或更热心地探寻哥白尼假说的各种特征令人满意的物理解释。"

有趣的是，有些想象中可能会急切拥护哥白尼主义的人实际上却拒绝接受。哲学家和政治家弗朗西斯·培根就是一位持有这样的思想的人：这并不是说哥白尼模型对他来说太激进了，而是因为在早期阶段，没有足够的直接观察证据来支持这个新理论。事后看来，人们很容

---

1 另一个这样的人物是罗伯特·弗鲁德(Robert Fludd，1574—1637)，英格兰哲学家、医生和炼金术士。正如莱斯利·科尔马克所描述的那样，弗鲁德是哥白尼模型的积极支持者——他认为哥白尼模型是"对宇宙形成的一种神秘解释，包括天使的层次结构和相互影响的宏观世界和微观世界"。(科尔马克，《科学与技术》("Science and Technology")，第517页)

易想到哥白尼理论是"显而易见的"——但当然，它绝不是显而易见的，至少在伽利略的望远镜工作之前，人们有理由怀疑日心说模型。

哲学家-政治家

正如我们在引言中所指出的，标准的观点是莎士比亚出生得"太早"，并未见证科学革命。但是，我们应该记住，培根是现代科学诞生的关键人物之一，而他几乎完全是这位剧作家的同代人，比剧作家早三年出生，晚十年离开这个世界。培根的第一部重要科学著作《学术的进展》于 1605 年出版——大约同时，莎士比亚完成剧作《李尔王》[实际上，培根两年前在《自然的解释》(*Valerius Terminus*：*On the Interpretation of Nature*)中写过关于科学本质的文章，尽管作品零碎，从未出版]。

弗朗西斯·培根(1561—1626)是一个人脉很广的人：他的姨妈嫁给了伊丽莎白女王的主要顾问威廉·塞西尔(William Cecil)；他个人学过法律，曾任国会议员，并最终获得总检察长和总理大臣的头衔。但是，我们记住培根不是因为他的政治才能，而是因为他的哲学。培根被认为是经验主义之父，他认为知识最终取决于我们可以通过感官进行观察和研究的东西。对于培根来说，科学不仅是深奥的知识，他拒绝接受只因为古老就被认为是智慧的古代思想。他在科学上有宏伟的目标，认为科学的解释能"揭开事物之谜"。这并不完全可靠——实验可能有缺陷或观察者可能会犯错——但是这个过程可以自我纠正。是的，感官有时可能会欺骗我们；"但是与此同时，它们提供了发现自己错误的手段"。

培根本人并不是科学家；事实上，他自己并没有什么重大发现。他尝试过的一个实验(据称)——至少是我们有详细记录的唯一尝试——也似乎要了他的命：据说，在一个寒冷的三月天，他试图印证是否可以用把雪填充进鸡肚子的方式来贮存鸡肉，在此过程中他感染了风寒；几天后，他死于支气管炎或肺炎。[1] 尽管如此，培根仍对科学应该是什么有很多想法。在《学术的进展》中，他着手将科学划分为各个分支，包括物理学、形而上学、数学、天文学、工程学和医学——不过我们应该注意，他将神学、诗歌和戏剧纳入了科学之中，认为它们同样值得研究。[他说，上帝创造了世界——但并不是为了让我们迷惑。正如菲利普·鲍尔(Philip Ball)说的，培根将世界视为"一个错综复杂的谜题"，一个上帝希望人类能够接受挑战去解决的谜题。]培根满腔热情地主张科学学习的重要性，他断言自然哲学及其所带来的技术改进将使全人类受益。他宣称"天地的确合谋为人类的使用和利益做贡献"。在《新亚特兰蒂斯》(*The New Atlantis*，1627)中，培根描述了诸如终极科学实验室之类的东西——他称之为所罗门宫(Solomon's House)——其中对许多新技术进行了详细介绍。正如约翰·卡特赖特(John Cartwright)所说，我们在这里发现了许多想法，这些想法"预见了随后几个世纪科学技术的发展"。其中包括"动植物的基因工程、动物园、机器人、电话、冰箱、天气观测塔和各种类型的飞行器"。

适合女王（国王）的科学

至少我们今天所说的"科学素养"的一些衡量标准已经渗透到了社会的各个层面，包括最上层。伊丽莎白女王本人就是一个科学迷。我们已经提到过她向托马斯·迪格斯的咨询以及与约翰·迪伊的紧密联系，后者为她提供天文学和占星学方面的建议。根据培根的说法，伊丽莎白

---

1 如果不是鸡，就是某种可食用的鸟。约翰·奥布里(John Aubrey)的描述称它为一只"家禽"。

广泛阅读了当时相关的哲学和科学思想。“在她这个性别的人里面，这位女士具有非凡的学识，即使在有男子气概的王子中也很罕见，”他写道，“不论我们谈论的是学习、语言或科学，还是现代和古代，神性或人性。而且直到她生命的最后一年，她还习惯于固定的阅读时间，几乎没有哪个大学里的年轻学生能像她一样每日如此按时地读书了。”

我们也知道，伊丽莎白对最新的小玩意和小发明很有兴趣，她有一次委托人建造过一套复杂的音乐鸣钟。她甚至在手指上戴了一个很小的“闹钟”：在指定时间，一个小尖头会伸出并轻轻戳一下。当然，钟表不是什么小玩意，实际上，它们是当时最复杂的机械设备之一。最早的机械钟出现在13世纪晚期，第一批怀表可追溯到15世纪初。（我在较早的《寻找时间》一书的第5章中详细探讨了时钟和计时的历史。）但是，发条装置不仅限于时钟。1598年，一名德国游客在怀特霍尔漫步时，描述了一种精巧的会向行人飞溅的“喷泉”：它利用“轮子推动一些小管道里的水，园丁通过一定距离转动轮子”后，水会“大量喷洒到周围人的身上”。

伊丽莎白的继任者詹姆士一世对科学和技术更富热情。他钦佩开普勒和第谷的工作——如前所述，他曾到第谷的岛屿天文台参观——甚至撰写了简短的诗歌来赞扬这位丹麦天文学家。[1] 精致的机械装置令他敬畏。有关他的兴趣的消息传到了欧洲大陆，1609年，神圣罗马帝国的统治者鲁道夫二世赠送给詹姆士一个时钟和一个天球仪。詹姆

1 也许斯图亚特家族（the Stuart family）天生充满好奇心。他的曾祖父，苏格兰的詹姆士四世（James Ⅳ）曾好奇，如果一个孩子在与世隔绝中长大，并且不接触任何特定的“母语”，他将会说什么语言。一位名叫罗伯特·林赛（Robert Lindsay）的编年史家报道了国王的残酷但至少是准科学的实验：他“让两个孩子与一个聋哑护士孤立地待在因奇凯斯岛上……为他们提供必需品……希望了解孩子们成年后会说的语言”。不幸的是，我们没有有关结果的记录。林赛仅提供了一个谣传的结果：“有人说他们说的是希伯来语。但就我自己而言，我不知道。”［转引自格斯里（Guthrie），第1193页］

士的儿子亨利王子似乎继承了父亲的科学倾向。正如斯科特·迈萨诺所指出的，年轻的亨利喜欢法国和意大利的工程师和发明家来访，并获得了大量收藏品；在1610年，他甚至向一位意大利联络人要"伽利略的最新著作"。（如果亨利十八岁时没有死于伤寒，他就会继承王位；反之，王位则会传给他的弟弟查理。）

詹姆士与荷兰科学家科内利斯·德雷贝尔(Cornelis Drebbel)的关系特别值得注意。德雷贝尔应詹姆士的要求于1604年移居伦敦，并向国王提供了一个(据称)永动机——显然是一种复杂的发条机制，可以显示时间、日期和季节。这位荷兰人还因建造第一艘实用潜艇而被人们铭记。在数学家威廉·伯恩(William Bourne)制定的计划基础上，德雷贝尔在伦敦期间建造并演示了一系列水下航行器。该航行器由木头制成，上覆浸有油脂的皮革，并使用了猪皮气囊，气囊可以装满或排空水以便潜水或上浮，而桨则提供向前的推进力。据说，其中最大的一艘潜艇曾承载多达16名乘客和船员，可在水下停留3个小时——足以在大约15英尺的水下从威斯敏斯特往返格林尼治——而船上的人员则通过一根到达水面的空心管子呼吸。[1] 当詹姆士本人被邀请乘坐时，他成为历史上第一位在水下旅行的国王。

潜艇当然是新事物——即使对于海军来说也太新颖了，以至于在这个早期阶段无法被资助以展开进一步的研究——但几乎所有涉及海

---

1 即使使用呼吸管，二氧化碳也会在船舱内积聚，可能达到危险级别。尚不确定德雷贝尔是如何解决这个问题的。一种猜测是他在金属锅中加热"硝石"——可能是硝酸钾或硝酸钠，使其释放出氧气；燃烧后的残留物也将吸收二氧化碳（一位日记作者指出，德雷贝尔使用了一种"化学酒精"来"复原出问题的空气"）。

洋和航海的事情都被视为国家的优先事项。这种对海上霸权的追求，与英格兰人探索开发新大陆的动力有着不可分割的联系，开始于伊丽莎白统治时期，一直持续到詹姆士时期，为了捍卫贸易路线，尤其是为了对抗西班牙、法国和荷兰的竞争力量。英格兰人在罗阿诺克岛（今北卡罗来纳）进行的定居尝试失败了，但后来在弗吉尼亚詹姆斯敦的行动取得了成功，从而使英格兰从1607年开始在美洲有了永久居留地；北方的第二个据点——在马萨诸塞海湾的普利茅斯——则于1620年建立。但这些殖民地只是在广袤遥远的土地上进行的小规模活动，在伊丽莎白时代，新大陆几乎完全没有被探索过。（这是指从欧洲角度来看还没有被探索过；在那里生活了几千年的当地人当然非常了解该大陆的某些部分。）帮助探索美洲大陆的各个英格兰人都广为人知，其中沃尔特·莱利爵士（Sir Walter Raleigh）的形象几乎家喻户晓（也理应如此；他是一位诗人、语言学家、哲学家、天文学家和全能的实干家）。相对不太出名的是一位在他的赞助下航行到新世界的科学家，名叫托马斯·哈里奥特（约1560—1621），是一位多才多艺的人。

探索新大陆

哈里奥特可能出生于牛津或其附近。他十七岁那年进入大学学习，在圣母玛利亚教堂做入学宣誓。他在附近的圣玛丽堂生活和学习。（教堂仍在那儿，看起来仍然与哈里奥特时代的样子一样。圣玛丽堂——实际上不是建筑物，而是一些建筑群——已经被奥里尔学院合并了。）1580年大学毕业后，哈里奥特搬到了伦敦，不久之后便开始为莱利工作，他给莱利的水手们教授数学和导航知识。1585年，他与莱利的人一起穿越大西洋，担任弗吉尼亚新殖民地的首席科学家和测量员。他对新大陆及其居民的考察结果出现在1588年出版的《弗吉尼亚新发现土地之简要真实的报告》(*A Briefe and True Report of the New Found Land of Virginia*)中——这是第一本关于新世界的英文著作(以下简称作《简要真实的报告》)。

事实证明,哈里奥特是一位敏锐的观察者。他详细描述了新大陆上的植被、动物和自然资源,对他遇到的土著人有着浓厚的兴趣。他研究了当地的风俗和宗教习惯,学习了阿尔冈昆语,甚至开发了一个将阿尔冈昆单词音译成英语以便将其写下来的系统。他可能还随身携带了类似望远镜的装置。哈里奥特指出,在海上的第十天——为期十一周的航行开始不久——他在船的甲板上观察到了日食。我们不知道他是否使用了光学设备来协助观测日食;但是,他肯定向他在美洲遇到的土著人展示了某种光学仪器。他提到许多让当地人着迷的事物,其中包括"透视玻璃,这使人们看到许多奇怪的景象"。当地人也很喜欢他给他们看的枪支、书籍和钟表,所有这些"对他们来说都是如此陌生,远远超过了他们的理解能力……他们认为这是神而不是人的作品……"在旅行途中,一位名叫约翰·怀特(John White)的艺术家与哈里奥特做伴,他绘制的详细草图会出现在《简要真实的报告》中科学家所写文字的旁边。这本书出版的部分目的是宣传;其目的之一是鼓励定居,将新大陆描绘成富饶美丽的土地。然而,与许多其他早期的欧洲访客相比,哈里奥特本人对新大陆及新大陆上的人更感兴趣。

在弗吉尼亚待了一年多之后,哈里奥特回到了英格兰。他继续为莱利工作,在爱尔兰短暂居住,管理莱利的一个庄园。然后他回到伦敦,从1595年开始,他找到了新的赞助人亨利·珀西(Henry Percy),即诺森伯兰(Northumberland)第九代伯爵,他因为热爱科学而被称为"巫师伯爵"。

（几乎是）英格兰的伽利略

在接下来十年左右的时间里，哈里奥特似乎对天文学产生了浓厚的兴趣。1607 年，他裸眼观测了现在所谓的哈雷彗星[早在爱德蒙·哈雷(Edmond Halley)出生之前]。很快——大概是 1609 年夏天的某个时候——他开始使用荷兰的一项新发明，即望远镜来探究夜空。显然，这个装置与他和其他英格兰科学家在几十年前使用的透视镜不同，也不同于他在二十五年前带到弗吉尼亚的透视镜。尚不清楚这是对熟悉的设备进行了改进还是采用了全新的设计——但它确实以早期仪器所无法实现的方式打开了新视野。通过使用将天体放大六倍的设备，哈里奥特能够勾勒出月球表面、观察太阳黑子以及确定太阳的旋转速度。他还观测了木星的卫星，计算了它们的轨道，并观察了金星的相位。

大约在同一时间，伽利略在意大利进行了开创性的观测——这些观测结果最终发表在 1610 年出版的《星际信使》上——因此自然地，人们会问谁是第一个观测到的。尽管哈里奥特的某些观测结果晚于伽利略，但至少他对月球的研究似乎是最早的。他的一幅月球图绘制于 1609 年 7 月 26 日，而伽利略的第一次观测可能是在同年的 11 月或 12 月。艾伦·查普曼写道："据历史记载……托马斯·哈里奥特是第一个通过望远镜观察天体的人，他于 1609 年 7 月 26 日当日或之前观测月球，当时他才意识到由此观测到的月球图像与裸眼看到的非常不同，尽管他并未发表他的这一发现。"当然，两人最大的不同是，当伽利略在山顶上大声疾呼他的发现时，哈里奥特可以说是对他的发现守口如瓶，也许只是告诉了一些值得信赖的伙伴，但再没有其他人了。(实际上，直到 150 多年后哈里奥特的天文工作才得到认可。他的手稿现存于大英博物馆和威尔特郡的彭特沃斯庄园。）

不过，在他那个时代，他的名气已经够大的了，如果英格兰有人想要望远镜，哈里奥特是最合适问的人。哈里奥特与天文学家兼国会议员威廉·洛厄爵士（Sir William Lower）之间幸存下来的信件表明，到 1610 年 2 月——伽利略的书出版前一个月——洛厄正在使用哈里奥特提供的望远镜观测月球。这些信件还表明，在《星际信使》写完后不久哈里奥特就收到了一本；实际上，在该书出版后三个月，他已经将内容总结给了洛厄，而洛厄也给了回信。显然，伽利略这本书的出版标志着一个转折点（我们将在第 9 章进行更详细的讨论）。

图 5.1 塞恩宫的庭院，位于伦敦西部，是诺森伯兰郡伯爵领地的一部分。在 16 世纪末期，此处是第九代伯爵亨利·珀西的住所，伯爵是天文学家托马斯·哈里奥特的赞助人。正是在这里，哈里奥特用望远镜观察了夜空——似乎比伽利略早了几个月

尽管在读到这位意大利科学家的书之前，哈里奥特一直在用望远镜观测夜空，但与《星际信使》的相遇似乎激发了他对天文事物的新兴趣，此时他似乎开始了一项定期观测计划。我们知道，从 1610 年到 1613 年，哈里奥特进行了许多天文观测，其中大部分是在诺森伯兰大庄园一个叫塞恩宫的庭院里进行的，位于伦敦郊区里士满附近。他绘制了月球表面的详细地图、近一百幅木星及其四颗明亮卫星的图纸，以及几十幅太阳表面图。我们可能会注意到，从任何角度看，那幅他可能于 1610 年夏天绘制的满月图，都比伽利略的要好（可以将图 5.2 与图 9.1 进行比较）。虽然哈里奥特不像伽利略那样擅长表现真实的三维地形，但他在展示各种突出的火山口和月"海"（现在已知是硬化的熔岩平原）的真实位置方面做得更好。（也许，此时他已看过伽利略的绘画，对自己的观测技能变得更加自信了。）

哈里奥特与当时其他志同道合的科学家——包括开普勒（当时开普勒住在布拉格，他与开普勒讨论光学原理和望远镜的制造技术）——保持着频繁的书信往来。在英格兰境内，他有各种各样的门徒，他们观测天空并向他汇报。到临去世的时候，哈里奥特积累了相当数量的望远镜藏品，他将这些望远镜遗赠给了他的朋友和赞助人。他的遗嘱上声明，把"两根透视镜杆留给诺森伯兰伯爵，我经常用它来观看月牙状的金星和太阳上的斑点"。

哈里奥特似乎和约翰·迪伊一样人脉很广。确实，历史学家怀疑，到目前为止，我们研究的所有著名的英格兰哲学科学家都可能彼此相识。哈里奥特当然认识迪伊；迪伊在日记中提到过 16 世纪 90 年代初哈里奥特的两次拜访。由于迪伊是迪格斯的老师，因此迪格斯可能也

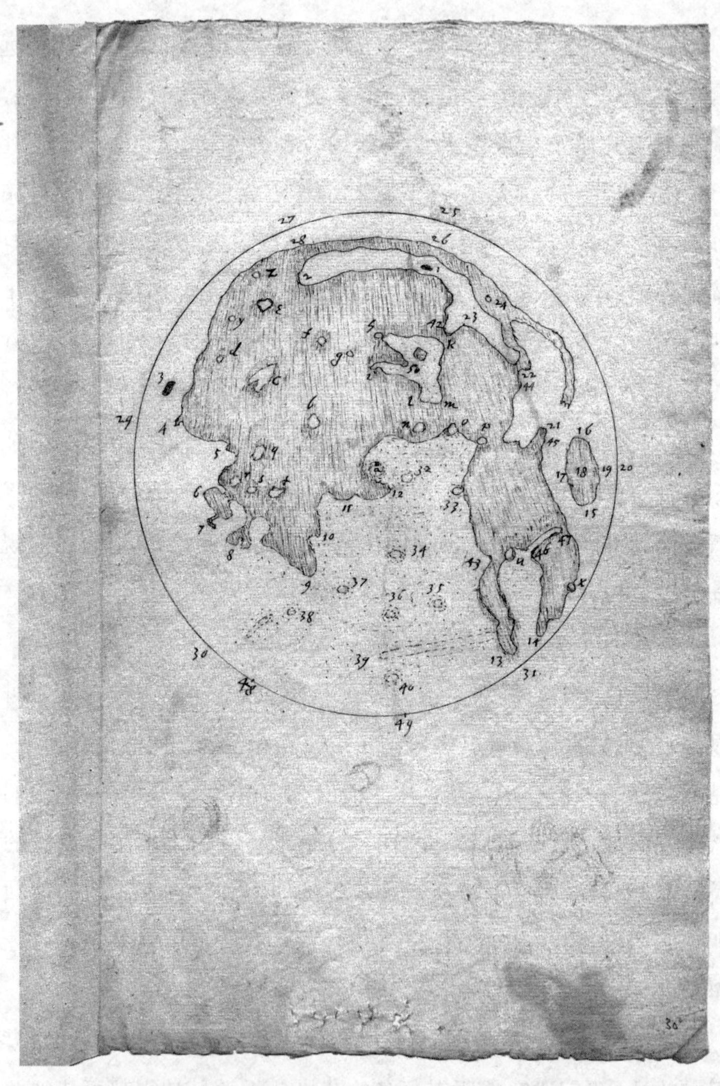

图 5.2 托马斯·哈里奥特于 **1610** 年夏天绘制的满月图。该图在望远镜的辅助下绘制而成，比伽利略的图（与图 **9.1** 相比）更准确地显示了月球各个特征（如果不是三维地形）的相对大小和位置。埃格里蒙特勋爵

了解哈里奥特。哈里奥特很可能也认识吉尔伯特,甚至可能在意大利人布鲁诺逗留英格兰南部期间与其会过面(我们知道布鲁诺的书收藏在诺森伯兰郡图书馆)。"毫无疑问,"约翰逊写道,"哈里奥特和英格兰的一群天文学家不仅完全了解科学的最新发展,而且也在沿着类似的路线进行自己的独立研究。"我们可能还注意到了,诺森伯兰伯爵的弟弟查尔斯·珀西爵士(Sir Charles Percy)是一位艺术赞助人,也是莎士比亚的粉丝;他曾经委托莎士比亚的剧团制作《理查二世》(*Richard Ⅱ*)。没有证据表明莎士比亚曾见过哈里奥特本人,尽管这种可能性当然是存在的,而且剧作家似乎至少听说过他的作品。当我与斯蒂芬·格林布拉特交谈时,他提出了在这个紧密联系的世界里谁与谁相识的问题,并指出,据说莱利和哈里奥特都与莎士比亚的同事克里斯托弗·马洛有联系;这个群体"很可能与莎士比亚本人有交集"(我们将在第 14 章中更详细地介绍马洛)。格林布拉特还确定了莎士比亚与布鲁诺之间的联系(尽管很微弱):在《俗世威尔》(*Will in the World*)中,他指出莎士比亚的朋友——印刷商理查德·菲尔德(Richard Field)曾是托马斯·沃特罗里耶(Thomas Vautrollier)的学徒,后者出版了布鲁诺的书。在我们的采访中,他承认"莎士比亚有可能遇到过布鲁诺",尽管可能性不大。

与布鲁诺一样,哈里奥特似乎也是一名哥白尼主义者,即使他以前并没有新天文学倾向,他的望远镜观察肯定也会把他引往这个方向。和布鲁诺一样,他赞同世界的多元性以及希腊哲学家最先提出的物质原子理论。尽管这两种理论都可能被认为是危险的,但在当时,原子论无疑更令人反感,因为它长期以来与反宗教和无神论联系在一起。和迪伊一样,对他是无神论者的指责一直困扰着哈里奥特,尤其是在他的晚年。也许在犹豫是否公开自己的作品时，他只是在考虑自身的安全（或者至少是内心的平静）。正如艾伦·查普曼所言，哈里奥特"很高兴积累了三十五年的研究成果，却什么也没发表……有人怀疑，像哥白尼一样，他觉得争议令人不快"。

哈里奥特在数学方面的工作比天文学方面的影响更大。他写了一本关于代数的开创性著作，名为《分析学应用》（*Artis analyticae praxis*），或简称为《应用》（*Praxis*），在他去世十年之后出版。在《应用》中，哈里奥特解释了如何解由负数构成的多项式方程，并介绍了"大于"和"小于"的代数符号（>和<），以及现代符号"平方根"（$\sqrt{\ }$）。他研究了抛射物的抛物线路径，并确定了多种材料的密度。他研究光学，了解了彩虹背后的原理。他还独立发现了我们现在称为斯涅尔定律（Snell's Law）的光的折射定律（比荷兰科学家斯涅尔早整整二十年）。

哈里奥特对国家事务没什么兴趣，但他卷入了17世纪初期的政治动荡中。他的第二个赞助人诺森伯兰伯爵与1605年的"火药阴谋"有关。诺森伯兰伯爵的一位远房亲戚托马斯·珀西（Thomas Percy）是企图炸毁议会的五名密谋者之一。诺森伯兰伯爵被协会认定有罪而被判入狱十七年。哈里奥特也被捕入狱，但几周后获释。（他的第一任赞助人莱利并没有如此幸运。他因涉嫌各种罪行几番被囚禁在伦敦塔，最终于1618年因叛国罪被斩首。）当不在塞恩宫的庭院凝视天空时，哈里奥特会出现在诺森伯兰伯爵的另一处住所里，该住所位于伦敦市中心的针线街。1621年，哈里奥特在这里去世。

即使他是天界的敏锐观察者，也是当时最重要的数学家和实验科学家之一，托马斯·哈里奥特仍然是个鲜为人知的人物。部分原因在于，与他知名的同时代人不同，哈里奥特出版的书很少；在他一生中只出版了《简要真实的报告》。（他的绝大多数科学工作——包括天文观测——仅以手稿形式存在。）在2009年国际天文学年（纪念现代望远镜四百周年）期间，在塞恩宫的庭院里纪念哈里奥特科学成就的牌匾终于揭幕。在伦敦的圣克里斯托弗·勒·斯托克教区教堂里，哈里奥特的坟墓附近有一块年代较早的牌匾，离他在针线街的家不远；1781年，为了给英格兰银行的扩建工程让路，教堂被拆除，题词被复制到银行内部墙上的新牌匾上，今天可以在那里找到它——或者更确切地说，它不容易被发现；按照典型的英国风格，该牌匾被安放在一个通常不对外开放的走廊里。

为什么哈里奥特如此不愿意发表自己的发现？他当然认识到他通过望远镜所看到的景象的新奇之处，但他似乎完全满足于将其保密，或只与少数几个同事分享。艾伦·查普曼指出，尽管在伊丽莎白时代和雅各布时代的英格兰，天文学的研究或实践并没有特别危险，但哈里奥特可能只是在努力避免不必要的风险。他的保密可能反映出他"不愿在危险时期将自己的头放在栏杆上"。此外，他不需要通过公开他的发现收获什么。查普曼指出，与伽利略不同，哈里奥特并不渴望成名；由于他富有的赞助人，他已经拥有了所需的一切。"平静而富有智慧的生活，"查普曼暗示道，"最好是作为一个私人绅士来享受，而不是作为一个公众人物。"

都铎式望远镜在哪里？

在16世纪和17世纪初期，英格兰的望远镜到底有多好？如我们所见，从16世纪50年代据说是伦纳德·迪格斯在使用的简单透视管或透视杆，到16世纪80年代哈里奥特带往弗吉尼亚的装置，再到1609年初哈里奥特的可以用来观测月球和其他天体目标的更复杂的设备，几乎可以肯定，望远镜在这段时间内经历了重大的发展。后来的发展可能来自荷兰，据说出现了改进后的新式望远镜；当然，这正是伽利略进一步改善的那种望远镜，它预示着随后几个月到来的现代天文学的曙光。

图 5.3　透视问题：以一个锐角的角度看，一幅隐藏的人类头骨图像出现在小汉斯·霍尔拜因（Hans Holbein the Younger）的画作《大使》的底部。莎士比亚在《理查二世》中提到的“凹凸镜”可能指的是这种幻象。布里奇曼艺术图书馆，伦敦

对于这些早期的光学设备，莎士比亚有什么要说的吗？我们或许可以在《理查二世》的一段有趣的段落中找到线索（恰巧这是一次由哈里奥特赞助人的兄弟委托创作的戏剧）。该剧可能写于1594—1595年，于1597年首次出版。在第二幕中，国王的支持者之一约翰·布希爵士（Sir John Bushy）隐喻地谈到了解读一个人的情绪（在这里指的是女王的情绪）；他说，这就像通过一面"凹凸镜"注视一个物体：

> 因为镀着一层泪液的愁人之眼，
> 往往会把一整个的东西化成无数的形象，
> 就像凹凸镜一般！
> 从正面望去，只见一片模糊，
> 从侧面观看，却可以辨别形状。
>
> （2.2.16—20）

正如大卫·利维在他的著作《早期现代英格兰文学中的天空》（*The Sky in Early Modern English Literature*，2011）中所论证的那样，这可能暗示某种"透视玻璃"。但是大多数莎士比亚作品的编辑者对此表示怀疑。牛津版的安东尼·道森（Anthony Dawson）和保罗·亚克宁（Paul Yachnin）表示，布希扮演着"透视"一词的两种不同含义：作为光学设备，它指的是"一种玻璃仪器，它的多棱镜镜头可向观察者显示一个物体的多个图像"；但它也可以指一种特殊的绘画，只有倾斜着观看作品时才会显示出隐藏的次要图像。正如道森和亚克宁所指出的，其中最著名的是小汉斯·霍尔拜因（Hans Holbein the Younger）作于1533年的《大使》（*The Ambassadors*，图5.3）：乍看之下，它是两个有成就的年轻人的画像；然而，当从一个锐角角度观看时，会出现一个隐藏的图像——这种技术被称为"变形"——我们在画布底部看到了一个头骨，

"一个隐秘的死亡提醒"。[我们可能会注意到，德国出生的霍尔拜因当时住在英格兰，他还绘制了亨利八世(Henry Ⅷ)及其宫廷成员的标志性肖像画。]雅顿版的彼得·乌雷(Peter Ure)提到了这两种可能的暗示，但他认为布希更有可能指的是霍尔拜因的画作所代表的隐藏图像。他还提供了另一个警告，指出这两种含义都不能"与透视(或'前瞻性')玻璃相混淆，那是一种可以用来观测未来的魔法水晶"。对于都铎式望远镜或时光机来说，情况看起来并不那么好！

《理查二世》中的这一段话暗示了一种特殊的绘画形式，这也许可以从《安东尼与克莉奥佩特拉》里一段相似且更清晰的话中得到佐证——女王这样描述她情人的长相："虽然他一边的面孔像个狰狞的怪物，另一边却像威武的战神。"(2.5.116—117)雅顿版的脚注解释说："这暗示着一种'透视'图，这种图在莎士比亚时代非常流行。它们被画在一个褶皱的面上，如果从左边看，会显示一张肖像，从右边看，又会显示另一幅肖像。从正面看，看上去令人困惑……克莉奥佩特拉说，从一个角度看，安东尼看上去像戈登·美杜莎(Gorgon Medusa，她头上缠着蛇，目光会使人化为石头)，但从另一个角度看，他看上去像战神。"除了望远镜，莎士比亚似乎很精通现代画家的绘画方法。

其他剧本中也有对"玻璃"的引用——例如《麦克白》。在第四幕第一场中，女巫向麦克白展示"八位国王的表演"；正如舞台指导所提示的，她们中最后一个进入的"手中拿着一块玻璃"。在新剑桥版中，A. R. 布罗恩穆勒(A. R. Braunmuller)将"玻璃"解释为"允许展望未来的魔法水晶……而不是一副眼镜或一面镜子"。玻璃的神奇特性是关键；再一次，没有证据表明莎士比亚指的是类似望远镜的装置。在本·琼森的《炼金术士》第三幕第四场中，人们发现了类似的对"透视镜"的指代，而学术上的结论也大致相同：在道格拉斯·布朗（Douglas Brown）看来，这指的是"一种特别设计的光学仪器，或者，也许主要是一种能产生非凡效果的设计"。这似乎涵盖了几乎所有状况：这些伊丽莎白时代的作家们可能指的是用任何一种特制玻璃就能做到的事情，或者任何模仿这种视角变化的东西，除了把远处的物体放大。

那么，为什么好学的都铎王朝修理匠们不制造和使用望远镜呢？这种设备的性能只会和他们的镜片一样好；但这本身并不是一个限制因素，因为高品质的眼镜——老花镜——自 15 世纪就已经很普遍了（人们可以从那个时期的肖像画中推测出来），简单的放大镜也一样。一个年轻好奇的眼镜制造者肯定玩过各种不同的透镜；确实，很难想象一个无聊的眼镜师不会以这种方式摆弄各种透镜。理查德·邓恩指出，"到 16 世纪后期，很多人正在试验透镜和镜子，并思考其潜力"。可以这么说，望远镜的概念似乎已经"悬在空中"，也许在不久之后，必然有人会发明一种原理上与现代望远镜相似的设备——然而在几十年的时间里，这种设备的发展似乎一直停滞不前。

正如我们所见，最强烈的声音来自托马斯·迪格斯，他说他的父亲伦纳德在 16 世纪 50 年代曾使用过像望远镜一样的精密仪器，该仪器可以显示距观察者很远的人和物体的微小细节。对于那些从表面上看托马斯故事的人来说，它提供了一种可能性，正如我们所看到的，那就是通过他父亲观测时用的一件仪器，迪格斯踏上了设想无限宇宙的道路。但这只是推测——回想一下，伦纳德在迪格斯十三岁时就去世了。他的说法很可能是基于逐渐淡忘的回忆——对于父亲或其他认识他的人的故事，也可能只不过是添油加醋的家族传说。然而，有趣的是，我们确实有间接的叙述，恰好来自潜艇设计者伯恩。在托马斯·迪格斯发表了对他父亲所做实验的描述后一段时间，伯恩给伊丽莎白的首席顾问威廉·塞西尔写了一封信，向他保证迪格斯的光学设备及其报道的功能是真实的，他写道某种“眼镜”可以“以一种令普通人难以置信的方式，让人看到放大的巨大物体”，还补充说：“托马斯·迪格斯先生关于他父亲做过的那些事情的写作，可能可以很好地完成，无须任何怀疑……”如前所述，约翰·迪伊曾写过这种设备的军事价值。

对于历史学家来说，这是一个典型的难题：少许充满热情的文字描述了一种类似望远镜的早期设备——但没有实物证据，也没有表明其他人采用了迪格斯的设计的证据。（如果真的这么好，为什么没有被广泛仿制呢?）在20世纪的历史学家中，弗朗西斯·约翰逊可能是迪格斯最强烈的支持者，他认为迪格斯“似乎完全有可能”接触到一架他父亲的早期望远镜，“也许已经用来观测过天体了”。但是，最近的意见更加谨慎。天文学家大卫·利维也撰写了大量有关这方面历史的文章，他说我们“无法得出……望远镜是在英格兰发明的结论”，即使很多人都在尝试对这种设备的早期形式进行修补。专门研究英格兰天文学历史的艾伦·查普曼甚至对都铎式望远镜是否存在都表示怀疑，此时距离1609年左右望远镜的“正式发明”还有几十年。例如，他注意到，哈里奥特用他的光学设备向印第安人展示了“奇怪的景象”，但没有提及实现了视图的**放大**。“我就是不相信都铎式望远镜的历史证据能经得起详细的审查。”他总结道。（我们将在第8章再次回到这个问题，那时，有关莎士比亚和伊丽莎白时代的望远镜学，我们将考虑一个相当大胆的说法。）

我们在本章中一直关注的科学发展本身都没有**革命性的进步**。我们已经看到,对哥白尼体系的接受是缓慢的。尽管培根的第一批著作在此期间出版,但他的主要著作仍要数年之后才会出版。威廉·哈维(William Harvey)关于血液循环的论文——一个至关重要的突破——直到1628年才发表。然而,在英格兰,特别是在伦敦,这些科学的最初萌芽奠定了未来发展的基础。“如果没有伊丽莎白时代伦敦的思想活力,英格兰就不会有科学革命,”黛博拉·哈克尼斯写道,“因为她为后来的科学家提供了基础:熟练的劳力、工具、技术和对于实证的洞察力,这些都是将自然研究从图书馆转移到实验室所必需的。”正如弗雷亚·考克斯·詹森(Freyja Cox Jensen)所言,如果说这还不是现代意义上的科学,我们至少发现了“现代科学思想的种子”。莫迪凯·范戈尔德称1560年至1640年这段时间——恰好涵盖了莎士比亚的一生——为“现代科学的序幕”;在这期间内开始形成的学科,将在17世纪下半叶发展成为高度专业化的研究领域。“序言”“种子”“基础”……无论我们用什么词来称呼这个孵化期,我们都在见证一场深刻而久远的变革的开端。

我们对英格兰的科学发展进行了广泛的考察,特别专注于天文学;在此过程中,我们遇到了16世纪下半叶在牛津、剑桥和伦敦工作的一些伟大人物。现在,让我们将注意力转向沃里克郡的一个小镇,以及另一种天才。

6. 威廉·莎士比亚简史

“谁能够告诉我我是什么人?”

“好的,那么我们开始走吧?”

导游芭芭拉是一位有着金色头发和无限活力的中年女性。她把报名参加镇上最受欢迎的“莎士比亚漫步”的十几位游客聚集在一起,然后从见面地点——埃文河畔的天鹅喷泉出发,这里距离皇家莎士比亚剧院大约一百码。与过去十一年来一样,不是芭芭拉就是她的一位同事每天都组织漫步。我跟着大家一起探索这位剧作家受洗的教堂、他遗骨安息的地方,以及著名的出生地亨利街、文法学校,还有其他几个能与镇上这位最著名的居民相关的地方。我们不时打断芭芭拉,向她问问题。带有德国口音的男人似乎是最有好奇心的,或者至少是最执着的。芭芭拉巧妙地回答了这些问题。有时我们会堵塞人行道;这提醒我们,这里居住着普通的斯特拉福德人,包括许多退休的普通男女,他们只是想完成购物。与这么多的莎士比亚崇拜者共享街道,他们一定是喜忧参半。

现在是 2012 年,但在我们脑海中是 16 世纪晚期。当时的斯特拉福德是一个小集镇,约有两百户人家,以熙熙攘攘的集市和身为埃文河畔的战略要地而闻名。芭芭拉指出,这个小镇的名字讲述了它的起源:“Stratford”(斯特拉福德)来自古英语中代表街道的词“street”与代表一条河渡口的词“ford”的相结合;换句话说,这是一条古罗马公路穿过埃文河的地方。在莎士比亚时代,这里到伦敦要骑马走两天才能到;步行至少四天,而到有着著名大学的牛津大概是一半的距离。

大约在1550年,一个名叫约翰·莎士比亚(John Shakespeare)的人从附近的斯尼特菲尔移居到斯特拉福德。约翰是一位手套制造商,也从事羊毛和肉类生意。他娶了一位名叫玛丽·雅顿(Mary Arden)的女人,她来自几英里外威尔科特的一个富裕家庭。约翰·莎士比亚显然发展得很好。他曾在镇议会任职,后来成为民政官,并最终成为执行官(与镇长的职位相似)。他在镇上购买了两处大型房产,其中包括亨利街上的一处,现在是全球莎士比亚迷的圣地。两层楼的抹灰篱笆墙结构围绕一个木制框架建造而成;坚固的橡木横梁来自附近的雅顿森林。这所房子的建筑风格不是特别出色,但是足够大,可以容纳生活区和一个作坊,标志着房主是有一定收入的人。

约翰·莎士比亚和玛丽·莎士比亚育有八个孩子,其中包括两个在婴儿期就夭折的女儿。那个年代的分娩是在家里进行的,这对母亲和孩子来说都存在天然的风险。婴儿死亡率很高——可能是今天的十二倍。五分之一的孩子在一岁生日前死亡,只有四分之三的人可以活到十岁。[1] 他们的第三个孩子也即长子威廉,是其中幸运的一个。我们不知道他确切的出生日期,但是我们确实有他在斯特拉福德的圣三一教堂受洗的记录。1564年4月26日的教区记录显示了“约翰·莎士

---

1 若知道每个孩子在这个世界上的日子不会太长,父母是否会不愿与自己的后代建立亲密关系?历史学家没有发现支持这种观点的证据。杰弗里·福根格(Jeffrey Forgeng)注意到一个贵族给他刚出生的儿子写了以下几句话:“我爱你,孩子。我能给的没有比这更多了,但是在这个世界上上帝永远保佑你,我可爱的孩子,正如在这个世界上,我因与自己的孩子们在一起感到幸福。于拉德洛城堡,1578年10月28日。”便条的落款是“你非常慈爱的父亲”(福根格,《英格兰伊丽莎白时代的日常生活》(*Daily Life in Elizabethan England*),第47页)。

图 6.1　天才的出生地：位于埃文河畔斯特拉福德的亨利街上的房屋，现已成为一个旅游胜地；在 16 世纪 50 年代，它为约翰·莎士比亚和玛丽·莎士比亚提供了抚养孩子的地方，也是一个作坊

比亚的儿子威廉"（"Gulielmus filius Johannes Shakspere"）于当日受洗。按照传统，孩子在出生三天后受洗，因此我们在 4 月 23 日庆祝莎士比亚的生日——巧合的是，这也是英格兰的守护神——圣乔治的节日。

一个国家，两种信仰

威廉青年时代的英格兰与他父亲童年时代的英格兰大不相同。古老的天主教被一扫而空——至少在理论上——伊丽莎白的父亲亨利八世开始进行改革，建立了新的英格兰国教。莎士比亚的父亲就陷入了这种转变之中。约翰·莎士比亚到达小镇时，斯特拉福德的公会教堂已经存在三百多年了；它的彩色玻璃窗上展示着天主教圣人，而墙壁上则覆盖着旧信仰的图像。约翰·莎士比亚负责翻修教堂，以使其适应新的秩序。在他的监督下，1571年仲夏，旧窗户被砸碎，代之以纯白色的玻璃。几年前，人们曾试图"纠正"教堂的形象，当时墙上华丽的壁画被粉刷成白色。《圣经》也被取代了。16世纪70年代，在英格兰出版了《圣经》的学术英语译本，称为《日内瓦圣经》(*The Geneva Bible*)；这与1568年的《主教圣经》(*The Bishop's Bible*)和1549年首次出版的《公祷书》(*The Book of Common Prayer*)一起，可能是莎士比亚年轻时读到的主要宗教著作。每一本书都可以在莎士比亚的戏剧中找到呼应(在这位剧作家的职业生涯结束时，又有了另一版《圣经》——1611年的詹姆士国王钦定版)。各种形式的《圣经》无处不在。根据法律，教区牧师必须在每隔一周的周日以及圣日对本地六岁及以上的男孩进行宗教教学——尽管基本的宗教教学应该在家里已经开始了。

约翰和玛丽会给他们的孩子灌输什么样的信仰？我们可能永远不会知道，但传记作家并不羞于猜测。关于约翰·莎士比亚可能同情天主教的问题已经有很多论述了。[1] 斯蒂芬·格林布拉特沉思说，也许老莎士比亚在信仰的问题上犹豫不决。可以这么说，他可能想"对两个选项都保持开放"，以便涵盖所有的信仰基础。"与其说他有双重生活，不如说他有双重意识。"对于詹姆斯·夏皮罗来说，公会教堂的墙壁——新涂的油漆下隐约可见古老信仰的图像——是笼罩在时代之上的宗教混乱的恰当象征：

> 认为莎士比亚一家是秘密的天主教徒或者主流的新教徒都忽略了一点，即除了少数极端教徒之外，这些标签都未能抓住伊丽莎

---

1 我们不应该过分夸大莎士比亚的大姐受洗成为天主教徒的事实，因为她出生时玛丽还在位。伊丽莎白即位六年后，威廉出生。

> 白时代从女王到平民各个阶层的信仰本质。正如我们可能会发现的那样，教堂被粉刷过的墙壁上或许仍隐约可见一两幅图像，它们正是我们所能找到的最好的关于莎士比亚信仰的象征。

信仰，曾经的英格兰人生活的基石，现在已经变得不确定了，有可能被有权势的人和狡猾的政客篡改或彻底推翻。当然，有些人肯定同时信奉两种信仰——在公共场合信奉新教，而在家里却悄悄地信奉天主教。正如诺曼·琼斯（Norman Jones）所说，宗教局势紧张“是日常生活中的事实”。这种紧张关系是如何影响莎士比亚的生活的——以及他的职业生涯——已经引起无休止的争论。正如乔纳森·贝特所说：“他的思想和世界处于天主教与新教、旧封建主义和新资产阶级的野心、理性思维和内在本能、信仰和怀疑主义之间。”

空气中还弥漫着另一种气氛：英格兰人可能第一次感觉到了些许个人自由。一个人可以选择——从某种程度上来说——自己的命运。然而，正如诺曼·琼斯指出的，这可能是件喜忧参半的事：“人们必须做出正确的选择。上帝仍然掌管着世界，要求人们服从。但是服从哪一种神学？哪个教会？哪种经济秩序？哪位大师？在一个充满选择和困惑的世界里，人们能向何处寻求思想的确定性呢？”但或许这也有好处。不确定性可能孕育创造力。“混乱，”琼斯指出，“使莎士比亚时代成为英格兰历史上最具文化生产力的时代之一。”可以清醒地想象一下，如果莎士比亚生活在一个不那么动荡的时代，他也许会满足于继承父亲的手套生意。

与此同时，这个国家本身也在发展。之前人口约为四百万，在伊丽莎白统治时期这个数字每年大约增加百分之一。由于人口的迅速增长，人口结构偏向年轻：十五岁以下的人口约占三分之一；满二十五岁的人口占比不到一半。人出生时的平均预期寿命是四十八岁——而最危险的时间段在人出生的头几年。那些活到三十岁的人很可能会活到六十岁。当然,死亡并不陌生。疾病是一个永久的威胁,最可怕的是黑死病。在莎士比亚的一生中,至少发生过五次疫情。黑死病在人口密集的城市比农村地区更严重,但全国各地都不安全。无瘟疫的年份肯定是一个受人欢迎的喘息之机;但即使如此,也有危险。不断增长的人口和不确定的收成常常意味着供不应求;当收成不好,就有人饿死。食品价格上涨,工资下降,贫富差距加大。正如莎士比亚的《科利奥兰纳斯》(*Coriolanus*)中所描述的那样,食物短缺可能会引发骚乱,而"济贫法"(Poor Laws)的制定就是为了减轻最不富裕人群的痛苦——并降低发生更严重骚乱的可能性。"穷忙族"(working poor)似乎得到了容忍;那些被归类为"游手好闲""无赖"或"流浪汉"的人,则被妖魔化为疾病携带者和对"良好秩序"的威胁;他们可能会被鞭笞并驱逐。

对于那些有钱的人,他们有各种方式可以炫耀自己的财富,首选就是昂贵的衣服(正如一位牧师指出的那样,这片土地上到处都是"善变的裁缝",他们对满足最新趋势的需求感到非常高兴,并补充说"在英格兰,没有什么比服装的变化无常更一成不变的了。啊,如今有多少钱我们都花在身体上,而花在我们灵魂上的却少得可怜")。许多时尚潮流源于欧洲大陆,葡萄酒、丝绸和蕾丝通常就是进口的;但是,许多还曾经是从国外带来的物品,越来越多地在英格兰制造,包括毡帽、扑克牌、肥皂和高质量的布料。当然,对于穷人来说,这样的奢侈品只能是他们的梦想。

如果你是一个男人,情况会好一些。女性的社会和法律地位有限,经济地位也只稍好一点。如果一个女人结婚了,人们认定她会照顾家庭和孩子，让她的丈夫有时间去养家糊口。（寡妇和未婚女性稍微多一点自由，比如有拥有财产和签订合同的权利。）一位17世纪的政治理论家用一种今天人们难以接受的语言宣称："妇女[被要求]留在家里养育家人和孩子，不应干涉外部事务，也不能在一个城市或联邦担任公职，就如儿童或婴儿一样。"然而，一名荷兰游客注意到，英格兰女性"不像在西班牙或其他地方那样被严格看管"：

> 她们去市场买她们最喜欢吃的东西。她们穿着整齐，喜欢放松，通常将家务和繁琐的事情留给仆人处理……余下的所有时间都用于做各种事情，如散步或骑马，打牌或玩别的，拜访朋友和互相陪伴，与同等地位的人（她们称之为闲聊者）以及邻居交谈，并在分娩、洗礼、做礼拜和出席葬礼时饮宴作乐或互相宽恕；并且所有这些都是在丈夫知晓许可的情况下，这是一种习俗。

输入"罗瑟琳"，读一篇论文

除了最基本的家庭教育以外，学校教育几乎完全是针对男孩和年轻男人的。不过，来自富裕家庭的女孩可能会上小学，而在极少数情况下，她们被允许入读文法学校。即使那样，她们也只被允许在那里读最初的几年，并且不会被教授拉丁文（大学严格禁止女性进入）。尽管如此，女性的识字率仍在上升——部分原因在于，新教徒希望给予最大数量的人阅读《圣经》的能力。1500年以前，只有少数作品是由英格兰女性创作的，但在接下来的半个世纪中，这一数字稳步上升——在此期间，由英格兰女性创作或翻译的作品超过一百种，其中包括宗教作品、诗歌、散文、建议书、日记和信件。（正如格林布拉特所指出的那样，莎士比亚笔下有许多女性在阅读，这是非常了不起的。）

教育从家里开始，小莎士比亚应该从四五岁就开始学习阅读。如果我们试着想象威廉学习英文字母的画面，我们应该注意到，在那个年龄，男孩和女孩都穿着长袍或长裙；直到大约六岁时，男孩才会“穿上马裤”——与成年男子所穿的马裤相配。[在《冬天的故事》(*The Winter's Tale*)中，里昂提斯(Leontes)看着他的小儿子，想象同龄的自己：“……我觉得好像恢复到二十三年之前，看见我自己不穿裤子……”(1.2.153—154)]威廉七岁或八岁时，应该就在当地与公会礼拜堂相邻的文法学校开始学习，爱德华六世在16世纪50年代将其改建为新国王学校(我们没有威廉出勤的任何实际记录，但是作为镇上一位重要官员的儿子，可以肯定地说他确实在那儿受过教育)。如上一章所述，伊丽莎白统治时期会见证这些文法学校的爆炸式增长；到16世纪末，英格兰拥有大约160个这样的教育机构，大约每一万两千名居民就有一个(甚至比维多利亚时代的比例还要高得多)。因此，人们认为当时基本的识字率男性已达到30%，女性可能有10%——当然，特权阶层和城镇居民的识字率比农村的穷人更高。

“背着书包、呜咽的学童”

学校的一天很长，从早上六点(冬季七点)到下午五六点。如果家里有钱，在黑暗的冬天，男孩会提着灯笼照路。在校每天只有一次短暂的休息，另外就是吃午餐——为此，威廉大概需要回家，他在亨利街上的家距离学校只有几个街区。学生会背诵“角帖书”中的字母，然后朗读《圣经》；书写用鹅毛笔和角制墨水瓶。《皆大欢喜》中杰奎斯(Jacques)关于人的七个时期的著名演讲，体现了伊丽莎白时代的教育风格，其中第二个时期，人是“背着书包、满脸红光的学童，像蜗牛一样慢腾腾地拖着脚步，不情愿地呜咽着上学堂”(2.7.145—147)。后来，从十一岁左右开始，威廉继续学习语法、逻辑和修辞。不可避免地会出现大量拉丁文语法；拉丁格言要牢记于心。年龄较大的男孩会学习奥维德、维吉尔、西塞罗的诗歌，以及——序言中暗示的——贺拉斯的诗歌(莎士比亚的戏剧呼应了所有这些古典作家所采用过的主题)。大一点的孩子只应该说拉丁语，如果改说英语，可能会受到惩罚。

桦木棒与书本和笔一样重要，这是执行纪律的主要工具，就像该时代众多木刻所描绘的那样。正如一位教师解释的那样，体罚仅仅是上帝计划的一部分，这种行为是“上帝授予的……以治愈邪恶的[学生]情况，驱除缠在他们心中的愚蠢，拯救他们的灵魂脱离地狱，为他们提供智慧：因此它[木棒]将作为上帝达到这些目的的工具”。一位学者曾说，对于伊丽莎白时代的人来说，孩子“只是一个小而异常麻烦的成年人”。

小威廉怎么看待他的老师们？也许我们可以从《爱的徒劳》(*Love's Labour's Lost*)中描绘霍罗福尼斯(Holofernes)塾师时的嘲讽语气中感受到；在《皆大欢喜》和《温莎的风流娘儿们》(*The Merry Wives of Windsor*)中也有类似的场景，在后一部剧中，名叫威廉·培琪(William Page)的小伙子让他的师傅——一个名叫休·爱文斯爵士(Sir Hugh Evans)的威尔士人难堪：

爱文斯

“lapis”解释什么，威廉？

威廉

石子。

爱文斯

"石子"又解释什么,威廉?

威廉

岩石。

爱文斯

不,是"lapis";请你把这个记住。[1]

(4.1.27—31)

如果古罗马人的戏剧激发了年幼的威廉对表演和戏剧创作的欲望,那么每当旅行的"表演者"(剧院团)经过小镇时,他都会有另一种体验。(由于位于英格兰中部,与大多数类似规模的城镇相比,在斯特拉福德会目睹更多的此类演出。)我们知道,莱斯特伯爵剧团(the Earl of Leicester)的演员们在 1573 年和 1576 年曾到此演出;1579 年,有斯顿基伯爵剧团(Lord Strange's Men);1584 年有埃塞克斯伯爵剧团(the Earl of Essex),还有 1587 年的皇后剧团(the Queen's Men)。不难想象,威廉坐在观众席上睁大眼睛观看这些巡回演出,聆听每个单词,观察每个手势时的样子。

表演者不是唯一经过此地的特殊游客。1575 年夏天,在名为"进步"的乡村巡礼过程中,伊丽莎白女王亲自访问了沃里克郡。作为莱斯

1 "Prain"? 什么是 prain? 没有一个主要版本有脚注来帮助读者理解这个词,但是,正如斯科特·迈萨诺向我解释的那样,它只是"brain"(大脑)的不同发音,反映了爱文斯的威尔士口音。(可笑的是老师因学生拉丁语学习缓慢而责备学生,而他本人还尚未掌握英语。)在线搜索文本似乎支持了这种解释:莎士比亚有好几处用到"prain"这个词——但这么说的人只有爱文斯和另一位威尔士人,《亨利五世》(*Henry V*)中的弗鲁爱林上尉(Captain Fluellen)。上下文似乎暗示这个词的意思是"大脑"。(原文为"I pray you remember in your prain"。——译者)

特伯爵的客人，她住在斯特拉福德附近的凯尼尔沃思城堡。乡民从几英里远的地方跑来拜见他们的女王，庆祝活动——音乐、戏剧、烟花——持续了整整三个星期。多年后，当他自己的剧团在宫廷演出时，莎士比亚肯定会遇到伊丽莎白女王；但也许十一岁的威廉在这次巡礼中瞥见了中年时期的伊丽莎白女王。可以这么说，我们知道女王喜欢"在群众中工作"。几年前，西班牙大使观察到女王"有时下令把马车驾到人群最稠密的地方，并站起来感谢人民"。伊丽莎白受过教育、机智博学，可以毫不费力地在现代语言和古代语言之间切换（显然，她十二岁时就能说流利的拉丁语和希腊语）。她擅长跳舞和骑马，能像任何一个猎人一样射箭。人们可以理解为什么她的朝臣们称她为"荣光女王"(Gloriana)。二十年后，另一位目击者描述女王的举止时专注于她的外表。晚年的女王：

> 非常威严；她的脸呈长圆形，皮肤白皙但有皱纹；她的眼睛小小的，但是乌溜溜又宜人；她的鼻子有点钩；她的嘴唇薄，牙齿黑（英格兰人似乎因过度食用糖而造成的缺陷）。她的耳朵上戴着两颗珍珠，珍珠上面点缀着很多饰物。她的头发呈赤褐色，但是是假发；头上戴有一个小王冠。

威廉在沃里克郡见过的应该是更年轻漂亮的君主，一个尚未面对外国舰队的女人，一个还没有宣称"我虽为弱质女流，却有着君临天下的野心和魄力"的女人。

不管威廉对女王陛下的看法如何，他更多的时间是在想念一个名叫安妮·海瑟薇(Anne Hathaway)的女人，她比他大八岁（在一次巴士旅行中，语音导览调皮地称威廉为她的"玩具男孩"）。他们于1582年结婚，当时他十八岁，她二十六岁——并怀着孕。（与我们根据《罗密欧与朱丽叶》推测的年龄小的恋人相反，当时的平均结婚年龄男性为二十七岁，女性为二十四岁。）他们的第一个孩子苏珊娜（Susanna）于第二年出生，二十个月后，他们有了一对双胞胎——男孩叫哈姆内特（Hamnet），女孩叫朱迪思（Judith）。

来自沃里克郡的天才

与当时其他一些成功的剧作家不同，莎士比亚没有上过大学。"反斯特拉福德派"认为，不是这个来自斯特拉福德的演员，而是其他的人写了莎士比亚的作品。他们的一个常见质疑是，一个出身如此卑微、所受教育如此有限的人，很难写出关于国家的浮华、国王和王子的宫廷阴谋、军事斗争、海上航行以及外国的风俗习惯的作品。一个乡巴佬怎么可能成为最伟大的英语作家呢？怀疑者似乎忘记了，学习不仅仅是单纯的学校教育。正如一位传记作者所言：

> 事实上，对莎士比亚来说，没有大学经历可能是一个积极的优势。他的许多同代人以自己的学识为豪，后来却被批评为矫揉造作，而莎士比亚受过足够的教育，可以从中获益，但不至于被宠坏。

或者，就像另一个类似的作品指出的：

> 在这个时代，一个具有强烈好奇心的优秀中学生完全可以自学成才。莎士比亚缺乏高等教育和阶层优势的事实并没有成为障碍。他对语言的热爱和天生对戏剧艺术的精通——再加上巨大的工作能力和创造能力——足以使他创作出一系列惊人的作品。[1]

---

1 追溯到一百一十年前爱因斯坦的青年时代，而不是将近四百五十年前的莎士比亚，这可能是一个有益的智力锻炼。当时爱因斯坦仍在攻读他的博士学位，当他提出未来将引导他得出相对论第一部分的想法时，他只是一名专利书记员。是奇迹吗？不——这只是一个结果，来自异常敏捷的思维、友善的朋友交际，以及数小时、数天、数月的艰苦工作。

此外，莎士比亚的卑微出身并非独一无二：琼森曾当过瓦工，马洛是皮匠的儿子。这样的论点可能无法满足反斯特拉福德派的需求——但是，认同阴谋论的人通常对专家们所说的东西并不感兴趣。（毕竟，如果您沉迷于阴谋论，那么“专家”就是问题的一部分。）对阴谋论背后的心理学的探讨超出了本书的研究范围，但所谓的“作者身份”问题背后的动机，似乎至少部分地根源于一种过于简单的不相信，这种不相信构成了此类理论的广泛基础。一个乡下小伙子“不可能”写出《李尔王》，就像古埃及人“不可能”建造了金字塔，而20世纪60年代配备出化学动力火箭和两千字节内存计算机的NASA“不可能”飞向月球——只是，当然，他们做到了。就莎士比亚而言，阶级偏见也可能是一个因素。正如詹姆斯·夏皮罗所指出的：“那些人认为，像莎士比亚那样的天才必须来自更高的社会阶层，或者具有大学学历等，这更多地揭露了他们的偏见，而不是天才的本质。”

我们不清楚是什么驱使莎士比亚离开他的家乡，也不知道他离开的确切时间。也许他已经有志于成为一名演员，并且意识到任何真正的职业发展都只有在首都才能实现。[1] 17世纪的一份记录——在今天看来有些可疑——说在与斯特拉福德隔河相望的夏尔科特一个富裕地主的庄园里，他偷猎鹿时被抓住了；如果是真的，也许他只是觉得自己应该要远离家乡沃里克郡。无论出于什么原因，威廉·莎士比亚在16世纪80年代中期的某个时候告别妻子儿女，收拾行装，然后前往伦敦。

1　我们永远不会知道莎士比亚是否同意弗朗西斯·培根（可怕的性别歧视）的观点，即娶妻生子会终止一个人的创造力：“有妻有子的人是被命运所绑架的；因为他们是伟大事业的障碍，无论是美德还是恶行。毫无疑问，最好的作品和对公众最有价值的作品都来自未婚或无子女的男人，这些男人无论从情感上还是在经济上都已经与公众结亲。”［引自普里查德（Pritchard），第28—29页］

伦敦的呼唤

在伊丽莎白时代的伦敦，“城市扩张”这个词还不为人知——但这个概念在当时并不陌生。在中世纪，人们或多或少把自己限制在城墙内的空间里，这些城墙建造在一千年前罗马人建立的古城墙的废墟之上。到莎士比亚时代，这种限制已不再可能。在亨利八世统治时，伦敦的人口只有五万，但到了伊丽莎白统治中期，这个数字已经膨胀到二十万——大约是目前人口的二十分之一，但比这个年轻演员离开的小镇要多得多。伦敦切切实实正在从中世纪的缝隙中迸发。

当沿着“伦敦金融区”——伦敦的古老中心——的狭窄街道行走时，我喜欢玩一款游戏，由于缺乏更好的名字，我们可以称其为“时间机器”。圣保罗大教堂就是一个很好的起点。如果我身处一台 H. G. 威尔斯(H. G. Wells)在他的小说中所想象的那种时间机器中，我只需简单地在控制台上拨一些数字，转动操纵杆，场景就会随着时间而向后推移。正如威尔斯所描述的，白天将变成夜晚，然后又变成白天和黑夜，以此类推；当人进一步推动操纵杆时，白天和夜晚最终将模糊成一种难以描述的灰色。终于，随着岁月倒流，玻璃和钢制办公楼分解了，星巴克和普特雷的门店变成它们曾取而代之的小商店，最后，道路从沥青路面变成了鹅卵石路，汽车和公交车变成老式板车和四轮马车。机敏的观察者会注意到建筑物的颜色发生了变化：今天闪闪发光的白色花岗岩和石灰石立面——包括圣保罗大教堂——将让位于几十年前黑色的、烟灰覆盖的涂层。然而，从结构上讲，大教堂直到七十年前几乎没有任何明显的变化，直到我们来到大轰炸时期(the Blitz)，当时大火在教堂周围肆虐；当我们加速倒退时间，烟雾很快消散，大教堂再次成为一座宏伟壮观的建筑。随着继续后退，我们来到 1709 年，今天的大教堂刚建成的时候。现在教堂圆顶开始自上而下分解，取而代之的是1666年伦敦大火后的教堂残骸。随着岁月的飞速倒流，大火闪烁着，接着从人的视线中消失：黑烟、橙色火焰、混乱。然后大教堂突然再次出现——这次是中世纪的哥特式。如果我们的目标是莎士比亚时代的伦敦，那么当大教堂的大尖顶突然闯入视线时，我们就会知道退得太过头了。高耸的尖顶，从底部到顶端近五百英尺，在1561年被闪电摧毁（这表明了当时的宗教情绪，天主教徒和新教徒都认为尖顶被毁是上帝对另一派不悦的标志）。因此，我们将操纵杆拨向另一方向，继续前进，直到我们到达16世纪80年代后期——莎士比亚到达伦敦的大致时间。

从时间机器里走出来，我们发现自己身处在一个较小的伦敦——但同时也是一个更嘈杂、更肮脏、更难闻的伦敦。只有像齐普赛街这样的少数街道是宽阔的大道，大多数都狭窄拥挤，到处都是摊贩的叫卖声和货车车轮的嘎嘎声。当然，标志性的红色电话亭、邮箱和双层巴士都不见了——但仍会有熟悉的景象。伦敦塔始于征服者威廉（William the Conqueror）时代，已经有六个世纪的历史了（莎士比亚想象中的它还要古老一千年，在《理查二世》中被称为"裘力斯·凯撒所造的那座万恶的高塔"，反映了当时流行的神话）。中世纪的市政厅也在那里；圣巴塞洛缪大教堂和其他一些教堂也在。值得注意的是，人们还会在高霍尔本（High Holborn）找到斯台普旅馆，其历史可追溯到1585年——唯一幸免于伦敦大火的半木质结构建筑（在莎士比亚时代，大概还没有沃达丰商店）。另一个标志性建筑的名字听起来很熟悉，但在视觉上却很陌生：皇家交易所（The Royal Exchange），该所成立于1571年，不过此后曾经历两次破坏和重建。

当然还有圣保罗大教堂。这座我们在莎士比亚时代发现的建筑尽

图 6.2　繁华的城市中心：荷兰艺术家克拉斯・维舍尔(Claes Visscher)创作了这幅非凡的、呈现 1600 年前后——这一年莎士比亚创作了《哈姆莱特》——伦敦景象的作品。在可见的细节中，圣保罗大教堂高耸在城市上空；泰晤士河南岸有熊园和环球剧院。布里奇曼艺术图书馆，伦敦

管位于现在大教堂的旧址，但与克里斯托弗・雷恩(Christopher Wren)的杰作却几乎没有相似之处。实际上，这座哥特式建筑比今天的大教堂还要大，长约 585 英尺；它是整个欧洲最大的教堂。它不仅是一个做礼拜的场所，还是一个商业场所：从律师到理发师，所有人都在里面从事交易，其墙壁上贴满了广告。教堂里有书商和其他摊贩，有无数的送货员(很多人只是简单地将大教堂当作捷径)，当然还有乞丐和扒手。就像今天一样，游客可以付费爬上楼梯，然后从塔顶附近的阳台欣赏美景；在莎士比亚时代，门票仅为一分钱。

如果我们漫步到河边，我们会发现只有一座跨河的桥——引人注目的伦敦桥，中世纪工程的奇迹。伦敦桥建于12世纪晚期，坐落在十九个石拱之上，两旁排列着多层的房屋和商店(更不用提那些叛徒的头了)。下面流淌着汹涌的泰晤士河，其受污染程度要比21世纪严重得多。汹涌的河水承载着一切，从皇家驳船到小船和划艇，应有尽有；在更下游，伟大的帆船从欧洲、地中海以及更远的地区带来货物。虽隐约出现在河的南岸，我们仍能认出南华克大教堂，这个时候被称为圣玛丽奥韦里教堂，始建于13世纪，在过去的几个世纪里基本没有受到损害。

这座城市的拥挤、噪声和污秽一定对年轻的莎士比亚产生了直接影响。首先，他会遇到各式各样的人，有着不同的身材，身着不同尺码的衣服，来自各种社会阶层，说着多种不同的语言。正如托马斯·德克尔(Thomas Dekker)描述的场景：

> 在同一时间、同一行列中，是的，我们可以看到很多并肩而行的人，有骑士、易受骗之人、勇敢的人、暴发户、绅士、小丑、船长、苹果乡绅[皮条客]、律师、高利贷者、公民、破产者、学者、乞丐、医生、白痴、流氓、骗子、清教徒、割喉者、高贵的人、低贱的人、真正的男人和小偷……

他们来自英格兰各地，在繁华的首都寻找工作。也有越来越多来自欧洲大陆的人，包括越来越多的法国人和意大利人，以及一波逃离宗教迫害的荷兰移民。还有少量的非洲人、土耳其人和犹太改宗者——来自西班牙或葡萄牙的皈依基督教的犹太人。[1] 伦敦正在变得国际化，并

---

1 自征服者威廉时代起，犹太人就在英格兰(尤其是伦敦)了，在1290年才被爱德华一世驱逐。虽然有些人可能仍然留了下来并秘密地践行他们的信仰，但犹太人遭驱逐期间没有活跃的犹太社区，这种情况一直到17世纪中叶的奥利弗·克伦威尔(Oliver Cromwell)时代(我们从法庭记录中知道，在此期间许多犹太人被发现并遭到了驱逐)。

将继续如此。但是,对于新来的人,不管他们来自哪里,生活都很困难。正如一位官员所言,这座城市是"大批人民"的家园,他们被迫住在"狭小的房间里,其中很大一部分人非常贫穷,是的,他们只能靠乞讨或其他更糟糕的谋生方式……聚在一起,在一个房子或小公寓里,和许多有孩子和仆人的家庭挤在一起"(我们今天所知的污水下水道系统,当时并不存在,房子里的垃圾都直接倒在街上)。"伦敦这个城市不仅到处都有奇珍异品,"一名瑞士游客在 1599 年指出,"还如此受欢迎,因为拥挤的人群使你根本不可能在街上散步。"

威斯敏斯特——法庭和议会所在地,是一个独立的城市,尽管其与伦敦连接的道路正在迅速发展。今天被认为是伦敦市中心部分的其他社区还是半农村地区,有时它们的名字讲述了其中的故事:人们去诺丁山收集坚果,在谢普尔布什地区牧羊;而猪则要去霍克斯顿找。伦敦的某些角落和缝隙肯定会让人讨厌,但无可否认,它也是一座充满活力和创造力的城市。这里有画家、音乐家、诗人和剧作家。有上层生活,也有下层生活,以及介于二者之间的一切。一个人可以在下午看一场戏剧,然后接下来看逗熊游戏——通常是在同一地点。[1] 斗鸡和斗狗很流行;妓院也是。确实,正如乔纳森·贝特所指出的那样:"戏剧业与性交易是共生的。"妓女在剧场里进行交易,与莎士比亚共同撰写《伯里克利》(*Pericles*)的乔治·威尔金斯(George Wilkins)拥有一家连锁妓

1 围栏内,一只熊被拴在一根柱子上,与此同时,再放进来一群饥饿的狗。尽管在 21 世纪的人看来,这残酷得令人难以置信,但当时的人们显然不这样认为。一位当时的观察者将逗熊游戏描述为"一项非常令人愉悦的运动",因为这只熊试图把狗赶走,"咬、咆哮、折腾并翻滚……"[引自雷德利(Ridley),第 269 页]。亨利八世喜欢逗熊游戏;他的女儿伊丽莎白更是如此。莎士比亚在《麦克白》中隐喻地提到,当主人公被世界包围时,他发誓说:"我必须像熊一样挣扎到底。"(5.7.2)1835 年,逗熊游戏终于被禁止。

院。不用说，这里也是扒手的天堂。

“那些我看得比一个公国更宝贵的书”

回到紧邻圣保罗大教堂的街区，我们发现了所谓的出版区，有印刷商的工厂，有在兜售商品的书商。多达二十个书商在教堂的墓地进行交易，更多的交易在大教堂后面的帕特诺斯特街进行。（直到第二次世界大战开始前，该地区一直是伦敦图书贸易的中心。）莎士比亚在仔细研究摊位并翻阅最新作品时，肯定吸收了许多想法。这里的发行量巨大：1558 年至 1579 年间，约 2760 种书在伦敦出版。1580 年至 1603 年之间，这一数字上升到 4370 种。正如弗兰克·克莫德（Frank Kermode）所指出的那样，虽然识字的人口比例很小，但是仍然有足够的读者可以让畅销书迅速售罄——莎士比亚的《维纳斯与阿多尼斯》（*Venus and Adonis*）就是这样，这本书在诗人的一生中就出版了九次。一个好奇的人可以找到宗教著作、诗歌、戏剧、爱情小说和礼仪指南；如我们所见，还有许多以科学为主题的作品，其内容包括植物学、医学、天文学和占星术，以及历书和地图集。对于那些预算有限的人来说，有一便士和半便士的“民谣集”，这是当今报纸的前身。这些带插图的单页出版物包含一些新闻、《圣经》故事，尤其是最新的八卦——越耸人听闻越好（谋杀、火灾和畸形婴儿的报道一直是人们的最爱）。这些民谣单本身就是一个行业；正如一位观察者所指出的：“几乎没有猫能从阴沟里往外看，但编写半便士年代史的编者却已开始看向外界了。”

在这些出版物中，有几十本是由女性撰写的，包括 1589 年由一位英格兰女性撰写的第一份完整捍卫女性权利的著作（或者至少是幸存的此类著作中的第一本）。这本小册子的作者自称简·安格（Jane

Anger)，她是为回应托马斯·欧文(Thomas Orwin)厌恶女性的小册子才写作的，她指责男人没有逻辑，并为女性的性自主权辩护。十多年后，一位名叫艾米莉亚·兰妮尔(Aemilia Lanyer)[1]的女性通过写诗养活自己，她谴责“邪恶的男人们，他们忘记了他们是由女人所生，由女人养大，如果没有通过女人，他们将会从世界上彻底消失，那将是他们的最后结局，但他们却像毒蛇一样破坏孕育他们的子宫，只是为了给他们的缺乏谨慎和善良不足让路”。在此期间，我们还发现了第一部女性用英语写作的原版戏剧(相对于翻译而言)：《玛丽安的悲剧，美丽的犹太王后》(*The Tragedy of Mariam, the Fair Queen of Jewry*)，由福克兰侯爵夫人(Viscountess Falkland)伊丽莎白·卡里(Elizabeth Cary)创作。该戏剧出版于1613年——恰巧大约是莎士比亚退休的那一年。

莎士比亚翻阅过的书肯定比他实际购买的要多得多；然而，为他的戏剧提供支柱的作品——霍林斯赫德(Holinshed)的《编年史》(*Chronicles*)和普鲁塔克(Plutarch)的《名人传》(*Lives*)——他肯定买了；也许还有奥维德、维吉尔和贺拉斯。他在文法学校学的拉丁文足以满足他阅读最喜欢的古典作家的需求。他的法语和意大利语是通过朋友和随意阅读学会的，很可能也还过得去，尽管如果有的话他可能更喜欢英文译本(通常是这样)。他可能还从朋友那里借过书。“据我们了解，莎士比亚对书籍有无限需求，”詹姆斯·夏皮罗写道，“没有一个赞助人的收藏……可以满足他的好奇心和阅读范围。伦敦的书店必然是莎士比亚的工作图书馆……很难想象伦敦还有谁比他更关注最新的文学潮流。”

---

1 不幸的是(尽管可能并不令人惊讶)，兰妮尔更出名的原因不是她自己的作品，而是(据说)作为莎士比亚十四行诗中黑衣女人的原型(像往常一样，这并没有确凿的证据，该理论也没有被广泛接受)。

如果我们有幸偶遇莎士比亚，我们会认出他吗？今天，我们习惯于看剧作家的画像，从而倾向于认为我们对他的出现有一个可靠的概念，但是，正如引言中所提到的，只有两幅肖像画具有公认的真实性。第一幅是《第一对开本》中由马丁·德鲁肖特雕刻的著名肖像；第二幅是斯特拉福德圣三一教堂中的丧葬塑像。虽然二者都追溯到莎士比亚去世几年后，但至少是在认识他的人的指导下完成的；就这样——尽管如此平淡无奇——它们是我们对他外貌的最佳猜测。（人们对这尊丧葬半身像的著名描述是，它看起来像是一个“自鸣得意的猪肉屠夫”。）其次有名的是悬挂在国家肖像馆（National Portrait Gallery）中的钱多斯版莎士比亚像（Chandos portrait）。它的历史可以追溯到1610年，它的优势是绘画时剧作家还活着；不幸的是，我们不确定这是否真的是莎士比亚。它的主题肯定类似于德鲁肖特版画中的人物，这幅画的时间段是正确的；遗憾的是，它在1747年之前的起源是空白的——当时莎士比亚去世已有130多年——1747年该肖像成为钱多斯家族的收藏。肖像中的中年男子，脸上的胡须略显蓬乱，戴着一只耳环，看起来有着某种波希米亚风格，无论是否有保证，我们似乎都期待他是一个艺术天才。

如果我们知道去哪里看，我们就能增加偶遇剧作家的机会。莎士比亚到底住在哪里？他在伦敦的时候似乎搬了几次家；据记载，他在肖尔迪奇住过一段时间，后来住在主教门，根据税务记录，1596年之前他都居住在这里。[1] 后来，在那个年代末，他搬到了南华克，这是一个合

1 出于某种原因，莎士比亚当时选择不纳税。正如查尔斯·尼科尔（Charles Nicholl）指出的那样：“这并不奇怪——税务系统混乱，而且避税很普遍——但在伦敦发现的关于莎士比亚的第一条实际文献是他作为一名逃税者，这感觉有些刺激。”（尼科尔，第41页）

乎逻辑的举动，因为当时那里是伦敦剧院的中心[今天的游客当然会被重建的环球剧院所吸引；但也必须去南华克大教堂，在那里可以看到莎士比亚的弟弟埃德蒙(Edmund)的纪念牌匾，埃德蒙于1607年葬在那里，他也是一位演员。莎士比亚最后一部剧作的合作者，戏剧家约翰·弗莱彻(John Fletcher)也葬在那里。同时，教堂的彩色玻璃窗上展示着莎士比亚戏剧中的场景]。

当他的作品首次出版时，剧作家仍居住在泰晤士河以北。莎士比亚的史诗《维纳斯与阿多尼斯》和《露易丝受辱记》分别可追溯到1593年和1594年。但我们知道，到1592年，他已经作为演员和剧作家在伦敦成名，因为诗人和剧作家罗伯特·格林(Robert Greene)在一本小册子中提到了他。在一篇对伦敦戏剧场景的尖刻评论中，格林攻击莎士比亚是一只"暴发户乌鸦，靠我们的羽毛装饰自己"，接着他滑稽地模仿了《亨利六世·下篇》(*Henry Ⅵ, Part 3*)中的一个场景。格林认为这部剧的创作者是一个"自命为举国唯一震撼剧坛的人物"——显然是侮辱性的语言(以及对莎士比亚名字的不太聪明的双关语)。多亏了格林，我们不但知道莎士比亚此时在伦敦工作(至少创作完成了一套历史剧)，而且他的成功已经足以使他的同事嫉妒(我们从独立的消息来源得知，《亨利六世》在1592年初首演——可能莎士比亚本人也在演员之列)。

莎士比亚是一位多产的作家，他也必须如此：人们对新剧的需求很高，而对于一位能够满足这种需求的剧作家来说，他可以赚很多钱。据估计，伦敦有三分之一的成年人一个月至少看一次话剧，单场演出就能吸引多达三千名观众。正如夏皮罗所言，莎士比亚和他的剧作家同行们是在为"历史上最有经验的戏迷"写作。这位剧作家的同事们都有着非凡的天赋：当时伦敦有托马斯·基德（Thomas Kyd）和克里斯托弗·马洛，他们二人都以揪心的悲剧而闻名。1593年春，马洛在酒吧的一场斗殴中被人捅死，他的生命就此终结。我们不知道莎士比亚是否为他的同事哀悼过，但毫无疑问，马洛的去世给伦敦戏剧界留下了一个真空，而莎士比亚帮忙填补了这个真空。他平均每年写两部新剧，并且一直保持这个速度，直到他职业生涯的尾声。莎士比亚也是一位精明的商人。他和其他演员一起，成为将在泰晤士河南岸南沃克建造的一座新的大型露天剧场——环球剧院的股东；严格意义上来说，莎士比亚拥有这座新建筑八分之一的股份。被认为有道德危险的剧院在市区内是被禁止的；但是任何能负担得起轮渡费用的人，或者不介意轻快地走过伦敦桥的人，都可以花一便士去看《裘力斯·凯撒》或《哈姆莱特》的演出。

莎士比亚的写作生涯大致可以分为两个阶段，以1600年为分水岭。在这之前的七八年里，他创作了许多历史剧和喜剧，其中有几部至今仍是他最受人们喜爱的作品，包括《仲夏夜之梦》《罗密欧与朱丽叶》和《威尼斯商人》。在这一时期的早期，我们发现了《泰特斯·安特洛尼克斯》（*Titus Andronicus*）这种血腥的复仇故事；晚期时，我们看到了莎士比亚最精致的喜剧之一《皆大欢喜》，以及他第一部伟大的悲剧《裘力斯·凯撒》。大约在这个时候，莎士比亚戏剧的出版版本开始经常以他的名字命名；在此之前，一个剧作家的名字几乎不值一提，但到这个阶段，莎士比亚已经名声大振，他的出版商知道这会增加销量。[1] 实际

---

1 莎士比亚这时已成为名人了。1598年，弗朗西斯·梅勒斯（Francis Meres）写了一本杰出的小册子，其中列出了莎士比亚的许多剧本（因此，这本小册子对于推断剧本的年代非常有价值），并将这位剧作家与最伟大的古人相比："就像普劳图斯（Plautus）和塞内加（Seneca）被认为是拉丁人中最好的喜剧和悲剧作家一样，莎士比亚在英格兰人当中写作两种戏剧都是最优秀的……"［摘自丘特（Chute），第179页］

上，莎士比亚现在已经能从剧院获得不错的收入，也许一年能挣两百英镑——“至少是高薪教师的十倍。”塞缪尔・舍恩鲍姆（Samuel Schoenbaum）指出。正如乔纳森・贝特和朵拉・桑顿（Dora Thornton）所言，他是“历史上第一个以笔杆为生的英格兰人”。

1600年后，莎士比亚创作了一系列强有力的悲剧，从《哈姆莱特》开始，接着是《奥瑟罗》《李尔王》《麦克白》和《安东尼与克莉奥佩特拉》。但这并不是说他忘记了如何逗趣；《第十二夜》可追溯到这个时期的开头，在悲剧和所谓的浪漫故事中都有大量的幽默元素，包括《冬天的故事》和《暴风雨》。然而，在这段时间里，莎士比亚一直在家乡斯特拉福德投资房产，大约在1613年，他回到了他的出生地。莎士比亚在五十三岁生日那天逝世，正如他一生的许多其他细节一样，死亡原因不明；梅毒、伤寒和流感都曾被提及。

请真正的威廉・莎士比亚上前一步好吗？

这个简明扼要的传记向我们介绍了莎士比亚的生平和事业梗概。我们可能觉得自己几乎已经了解了这个人——但肯定没有我们想要了解的那么多。我们能对莎士比亚有多了解？记录在案的证据少得可以用两只手数过来——教区关于洗礼、婚姻和孩子出生的记录；少量的法律文件和投资记录；还有他把“第二好的床”留给妻子的著名遗嘱。已知只有十四个词是他亲手所写（包括六个签名和著名遗嘱上的“由我”字样）。[1] 没有多少可写的了——这让传记作家们陷入了困境，因为他

1 尽管仍然存在一些争议，但目前已被大英图书馆收藏的戏剧《托马斯・莫尔爵士》（*Sir Thomas More*）的手稿可能包含莎士比亚的更多的笔迹样本。该剧本是合作而成的，其中三页的版面通常被认为出自这位剧作家之手。

们试图重现莎士比亚的思想和行为。[1]（这不可避免地鼓励了反斯特拉福德派。）当然，大多数关于莎士比亚的书——你们当地大学图书馆可能有几千本——根本不是传记；取而代之的是，他们研究莎士比亚的作品，一个更富有成果的课题。绝大多数的莎士比亚研究都集中于他写了什么，而不是他是谁。

尽管如此，对我们许多人来说，"认识"莎士比亚的冲动是不可避免的——就像我们可能会幻想去认识莫扎特或爱因斯坦一样。所以传记上的空白在啃噬着我们。例如，想想著名的"行踪成谜的岁月"——莎士比亚最后一次出现在斯特拉福德（1585 年 2 月，双胞胎哈姆内特和朱迪思受洗）和第一次被提到是活跃的伦敦人（来自格林 1592 年的小册子）之间的那段时间。这七年里他在什么地方？他在做什么？他最早的传记作者之一断言他当时是"一名乡村学校教师"；另一些人认为他是一名法律职员或作为一名士兵为国家服务。（正如乔纳森·贝特指出的，教师似乎喜欢教师论，而律师们则倾向于法律职员论。）各种假设时兴时衰，没有一个有确凿的证据支持。最近，正如（序言中）所提到的，英国广播公司（BBC）的一部电视纪录片认为（正如其他人之前想象的那样），他这段时间去了意大利。同样，并没有实际证据。

即使在我们确实知道莎士比亚下落的那些年里，我们还想知道更多。以他和安妮的婚姻为例。他们幸福吗？他是爱她呢，还是只是在做需要完成的事——就像我的一位导游所说的"奉子成婚"——在他十八岁生日七个月后，他就带她走上圣坛？简短的回答是我们不知道。

---

1 然而，这是可以做到的：最好的正经传记是塞缪尔·舍恩鲍姆（Samuel Schoenbaum）的《莎士比亚：紧凑的生活记录》（*William Shakespeare: A Compact Documentary Life*，1987）。

以下是一位传记作者试图给出的一个更长的答案：

> 和她那一阶层的大多数妇女一样，[安妮]既不能读书也不会写字，当她的丈夫在伦敦从事表演和写作时，她很可能愿意扮演家庭主妇和母亲的角色。她似乎对他的情感没有任何大的影响——莎士比亚不是一个放荡的人，但也不是美德的典范。我们最多只能说他使她成为一个"诚实的女人"。

这段话告诉了我们多少信息？事实上，很少。除了简短提及安妮缺乏教育之外，几乎没有使我们一开始的零星数据有所增加。再加上一个"很可能"和一个"似乎"，我们就有了一个人物的素描轮廓：一个年轻男人娶了一个比他年长的女人，这个女人给他生了孩子。这不是在批评；当事实不足时，我们依靠有根据的猜测。没有别的办法。事实上，随便拿起一本莎士比亚的传记，哪怕是一本非常好的，你都会发现其中装点着很多不确定性："他将可以"；"他很可能会"；"一个人可以想象"；等等。"有可能"莎士比亚的母亲带着年幼的儿子去威尔姆科特(Wilmcote)躲避瘟疫[唐纳利和沃尔西克(Donnelly and Woledge)]；"很容易想象"莎士比亚是一位年轻的法律职员(格林布拉特)；"很有可能"是莎士比亚的老同学理查德·菲尔德在他抵达伦敦时帮他找到住处[迪(Day)]；莎士比亚"一定是"伦敦书店的熟客(夏皮罗)；"我们可以合理地想象"莎士比亚在书摊间游荡(阿克罗伊德)。弗兰克·克莫德在他自己的非常优秀的莎士比亚传记中，要求读者纵容他的"这些猜测越来越牵强，就像一个'可能'接着一个'可能'，或接着一个'很可能'、一个'肯定'一样"(克莫德明智地使用了这样的结构——这是不可避免的："我们必须假定"莎士比亚上的是当地的文法学校；莎士比亚"很可能"参加了在考文垂举办的所谓的神秘剧演出。事实上，读者可能已经在本书中注意到了）。

高贵的杂草和其他谷物

我们对莎士比亚的印象可能更像是碎片的集合，而不是一个统一的整体。我们还想知道更多的事情：我们不知道莎士比亚的孩子们是否曾去伦敦拜访过他，或者他是否曾给过他们父亲般的忠告；我们不知道1596年得知儿子哈姆内特的死讯时他是否哭了；我们不知道他是不是个好射手，也不知道他是掷骰子还是玩牌；我们不知道他和谁一起去酒馆，也不知道他们喝了几杯啤酒后说些什么；我们不知道他是南华克妓院的常客还是忠实于在斯特拉福德的妻子。说到莎士比亚的性取向，传记作者（和普通读者）常常怀疑他是否是双性恋。[1] 我们渴望任何线索，无论多么微小。当有人向我们提供一个线索，我们就会咬住不放：大约十年前，考古学家在莎士比亚位于斯特拉福德的一处房产的花园里发现了大麻的踪迹，这可是个大新闻。“是大麻激发了诗圣的天分吗？”BBC新闻网站上的一个标题如此问道。人们对现场发现的大概二十四根陶土管进行了分析。首席考古学家还引用了十四行诗第76首中提到的“著名的杂草”。这是否暗示了诗人对大麻的偏爱？至少可以说，这是一种延伸（就像经常发生的那样，这个说法在新闻里出现了大约一天，然后很快就被人们遗忘了）。但它确实表明，我们是多么渴望瞥见这位剧作家的生活，无论多么捕风捉影。

1　在莎士比亚的154首十四行诗中，有126首似乎是写给一位年轻人（被称为“美丽的青年”）的，其中包括十四行诗第18首（“能不能让我来把你比作夏日？你可是更加可爱，更加温婉……”）。十四行诗并不构成莎士比亚是同性恋的证据，因为在莎士比亚时代男人们经常说“爱”别人，不管有没有性欲。

最近的一次，2013 年 3 月，一组研究人员发现了一些文件，文件显示莎士比亚曾在饥荒时期囤积粮食以牟利，并追查那些无法（或不愿）偿还债务的人。“坏诗圣：逃税者和饥荒投机商”，《星期日泰晤士报》(*Sunday Times*)再次大肆宣扬道；“莎士比亚原来是‘冷酷的商人’”，《独立报》(*the Independent*)如此宣称（不过，正如我们所见，我们已经知道他是一个精明的商人）。与往常一样，根据新证据重新诠释剧本的冲动不可抗拒：首席研究员、来自阿伯里斯特威斯大学（Aberystwyth University）的杰恩·阿彻(Jayne Archer)认为新揭露的事实在《科利奥兰纳斯》中有所反映，这个故事发生在饥荒时期的古罗马，也许受到了莎士比亚时代英格兰中部农民起义的启发。如果莎士比亚在剧中反对囤积粮食，但在现实生活中却完全赞成，这意味着什么呢？阿彻推测，也许《科利奥兰纳斯》是剧作家为“抹去心中的内疚”所做的尝试。她还认为，饥荒是《李尔王》故事的中心，剧中国王在女儿之间不公平的资源分配引发了一场战争。

我们不能责怪学者围绕他们的数据资料建立理论，尽管这些数据可能很匮乏。但这并不意味着“什么都可以”。无论你是从头开始构建自己的理论，还是从一些“证据”（如大麻）开始，或者从标准的叙述开始，然后像反斯特拉福德派习惯做的那样，一点点凿碎它，这都是适用的。当然，没有证据不等于不存在证据。考虑到莎士比亚没有私人图书馆：正如《纽约时报》上一篇持怀疑态度的文章所指出的那样，他的遗嘱中没有提及任何书籍，也没有关于他为这样的收藏品纳税的记录。我们能从中知道什么呢？实际上很少——比尔·布赖森(Bill Bryson)对那些有所尝试的人进行了幽默的反驳。他提醒我们，不管怎样，对于莎士比亚的附带财产，我们一无所知。作为《纽约时报》那篇文章的作者，布赖森说："同样可能暗示莎士比亚从不曾拥有一双鞋子或一条裤子。因为所有证据都告诉我们，他从腰以下都是光着的，也没有书籍，但很可能缺少的是证据，而不是服装或书籍。"[1]

我们还应该注意到，虽然莎士比亚有点像一个谜，但从他当时在英格兰的社会地位来看，他并不比同阶层的其他人更神秘。确实，正如格林布拉特所说，现存的莎士比亚生活痕迹的问题"不在于很少，而在于平淡无趣"。确实，与面临斗殴、鸡奸和无神论指控的间谍马洛相比，莎士比亚似乎是一个终日懒散的人。当我最近与格林布拉特交谈时，他指出，莎士比亚实际上比许多他的同时代人都得到了更好的记录——至少比大多数同时代的艺术家或文学家好。"当然，(他)比同社会阶层的人更为知名——除非他们在警察那里遇到可怕的麻烦"，格林布拉特如此说道并提到了有关克里斯托弗·马洛活动的证据，"马洛被指派当一名间谍；这个间谍写过调查报告。我们希望莎士比亚也是一名间谍并留下报告，但据我们所知，这没有发生"。

"空话，空话，只有空话"

还要避免另外一个陷阱：我们有莎士比亚的戏剧、诗歌和十四行诗——但我们必须抵制以阅读自传的方式阅读它们的冲动。通常，这很容易：莎士比亚撰写有关裘力斯·凯撒被暗杀的剧本时，我们不会认为他本人曾策划暗杀，也不会认为他穿越时空到古罗马见证了这一

1　在最近的一次讲座中，我听到一位著名的莎士比亚学者对"无书"问题做出了如下回应：莎士比亚并不傻；知道税务审计员就在附近，难道他不会简单地把书藏起来吗？观众似乎很满意，但在我看来这并不是什么反驳(如果我正在与反斯特拉福德派论战，那么我不会过多地考虑藏书理论)。

重大时刻[他不必去;他只需要阅读普鲁塔克的叙述,就完全可以从托马斯·诺斯(Thomas North)的最新英文译本中找到相关信息]。很少有人认为哈姆莱特的犹豫不决意味着莎士比亚的举棋不定,或者伊阿古的诡计暗示该剧的作者是一位狡猾的操纵者。但是,某些场景——例如,《皆大欢喜》和《冬天的故事》中的一部分——确实让人联想到一个英格兰小镇的生活,而《暴风雨》的收场诗给许多读者留下了深刻的印象,至少让读者得以一窥真实的莎士比亚。另一个经常提到的例子是《约翰王》(*John King*)中的一幕,莎士比亚心酸地写了一位母亲失去儿子的悲痛,该剧写作的时间与莎士比亚失去自己的儿子哈姆内特的时间非常接近。在十四行诗中,通过作者的作品来了解作者的诱惑甚至更大,这些词甚至用作者的名字做文章(例如,十四行诗第135首,其中有一行诗,"不论谁有你的愿望,你都有我的'意愿'"[1])。在这些诗句背后,我们真的看到了作者的内心生活吗?谨慎似乎是应当的。正如詹姆斯·夏皮罗所说:"由于我不知道莎士比亚何时何地以自己的身份说话,所以我避免自传式地阅读[十四行诗]。我并不否认莎士比亚个人经历中的某些元素融入了这些非凡的诗歌中。但是,我坚持认为,我们不可能清楚知道这种个人元素在诗歌中如何出现或何时出现……在我看来,从这些作品中构建作家的生活,然后把它们当作自传体作品来阅读,这恰似一种循环。"

这是一个很好的建议——但是即使如此,莎士比亚的狂热爱好者在字里行间寻找作者的影子还是可以原谅的。这是一种自然的冲动,尤其当这些语言是如此有力,甚至于在四百年后,它们似乎在与我们直

1 原文为"Whoever hath thy wish, thou hast my Will",其中"Will"正是莎士比亚的名字"William"的昵称,又有"意愿"的意思。——译者

接对话。正如格林布拉特告诉我的那样：

> 你对[莎士比亚的作品]思考的时间越长，就越喜欢它们，越觉得自己在接触一些重要的东西——你的确会想，“这个人是谁？”如果一条装在瓶子里的信息出现在海滩上，而你打开了它，那也同样是真实的。即使你无法知道发送它的人，你也会无聊地想，“谁给我发了这条消息？”——特别是如果你收到的消息看起来是用一种奇怪的方式发给你的……这并不局限于莎士比亚。如果简·奥斯汀打动了你，如果卡夫卡打动了你——如果你觉得自己接触到了某种强大的东西，它正与你进行着深刻而私人的对话——那么，想知道是谁给你发了这条信息，又该如何应对，这绝对是人类的自然反应。

因此，我们渴望了解“真实的莎士比亚”——与此同时，我们要学会忍受传记中的空白。我们掌握了莎士比亚生活中最重要的元素，从这些元素中——经过大量的学术研究——浮现出一幅肖像，尽管并不完美。

我之所以停下来审视拼凑莎士比亚生平的种种细节所带来的挑战，这是有原因的。我想让读者意识到：在莎士比亚的世界里，把可能的和似是而非的区分开来是多么棘手；如何去判断一些毫无根据的猜测。每门学科都有自己的冒牌吹嘘：生物学有“智能设计”；心理学有超心理学和颅相学；医学有顺势疗法；地质学有（或至少曾经有）扁平地球说和（令人惊讶的）空心地球说，以及，虽然没有一个朗朗上口的名字，物理学上也有认为“爱因斯坦错了”的人。艾萨克·阿西莫夫（Isaac Asimov）——20世纪最伟大的科学传播者之一，谈到在面对有争议的主张时，他就会呼吁他的“内在怀疑者”，主张越激进，越需要怀疑。卡尔·萨根表达了类似的观点，他说：“非凡的主张需要非凡的证据。”例如，一个声称要推翻已有四百年历史的物理学的理论，将需要最高程度的怀疑。人必须去怀疑，但必须明智地怀疑。

莎士比亚研究者中当然有反斯特拉福德派，即认为“莎士比亚不是莎士比亚”的一群人。但是一个理论并不一定非得疯狂到极点才会引起怀疑。反之亦然：一项主张不需要有任何真实存在的证据来证明其合理甚至可能——例如，假设莎士比亚还是一个年轻人，就读于当地的文法学校，或者他至少拥有几本书，这些观点会被大多数学者接受。有时我希望我有一个“辨别胡言乱语的侦探”，类似于阿西莫夫的怀疑者，它可以为我完成这项工作：当有人提到年轻的威廉就读于文法学校时，它会发出令人愉悦的嗡嗡声，也许绿灯会一直亮着；讨论转向莎士比亚同情天主教徒或他的性取向时，黄色警告灯可能会亮起；去过意大利？黄灯开始闪烁，蜂鸣器响了；莎士比亚是牛津伯爵（the Earl of Oxford）？指示灯变为红色，蜂鸣器声音变大，烟雾开始从机器中散出……（可以肯定的是，它没有时间机器那么有趣，但仍然很方便。）

我们没有这样的工具，所以我们必须运用常识，以及那些致力于研究莎士比亚及其著作的学者们的见解——当专家们的意见不同时要保持谨慎。在接下来的章节中，我们将面临一项任务，它甚至比弄清莎士比亚在什么地方，或者在某个特定的时间和谁在一起更加困难。我们想知道他在想什么。更具体地说，我们想知道他——如果有的话——对当时的科学发现和所谓的“新哲学”的想法。我们将听到各种各样的理论和见解，其中一些非常合理，而另一些则不那么合理。希望到目前为止，我已经为读者了解即将到来的论点奠定了基础。

如果这是传统的莎士比亚传记，我们将在有关伊丽莎白时代的戏剧、环球剧院的布局、莎士比亚对语言的使用等必读方面苦苦思索——但我们必须继续前进。如我们所见，16世纪的最后十年是英格兰历史上一段非凡的时期。这不仅是莎士比亚、马洛、琼森和基德的时代，也是约翰·迪伊、托马斯·迪格斯和托马斯·哈里奥特的时代。当时没有人知道，一个新时代——科学时代——刚刚诞生。我们现在要问的是，莎士比亚对这些发展可能知道多少。他有没有遇到过当时任何一个伟大的科学思想家？他是否听说过他们的工作，或者读到过他们的想法？如果他有过，那么这些知识如何塑造他自己的作品？我们可以从任何一部这位剧作家心爱的作品开始，或者，不如就从最著名的作品开始：让我们前往艾尔西诺城堡。

7.《哈姆莱特》中的科学

“天地之间有许多事情……”

距在伦敦舞台首演四百多年后,《哈姆莱特》仍然是莎士比亚最著名的作品,也是最频繁上演的戏剧,可以说是他最大的艺术成就。(尤其是自20世纪初以来,有很多评论家投票赞成《李尔王》胜过《哈姆莱特》——我们将在第14章中对这场争辩进行更多的讨论——但就现在而言,让我们不要争论了;为方便起见,我们说二者都是文学天才的最杰出作品。)《哈姆莱特》也是莎士比亚最长的——如果上演未删节的剧本,将持续四个小时以上——而且是问题最多的剧之一。[1] 不可思议的是,几个世纪已经过去,《哈姆莱特》却似乎越来越具有现实意义:据说它定义了现代的含义;具有自我意识;具有人文性。哈姆莱特王子本人是莎士比亚笔下最复杂的人物,当然也是英格兰文学中最被仔细研究的人物。(他也喜欢说话,内容超过1500行,占整部戏剧的39%。)尽管(或许是由于)哈姆莱特有明显缺陷,他仍是演员们最渴望演绎的角色。他懦弱、自恋、优柔寡断、赤裸裸地歧视女性——清单还可以继续——但我们似乎总想从他身上得到更多。也许就像威廉·哈兹利特(William Hazlitt)曾经说过的那样:“我们才是哈姆莱特。”对于一个

---

1 赛勒斯·霍伊(Cyrus Hoy)在该剧的诺顿评论版中这样开始他的分析:“关于《丹麦王子哈姆莱特的悲剧》,一切都是有问题的。”霍伊注意到,困难之一是很多方面存在不确定性,如该剧的年代、选择的文本(自莎士比亚时代以来有多个版本,而且有很大不同)、涉及戏剧的来源,当然也包括哈姆莱特王子本人的性格。

虚构人物而言，王子及其内心的动荡似乎太真实了。哈兹利特提醒我们，王子的话“不过是诗人头脑里的胡思乱想”，但“它们却像我们自己的思想一样真实”。

尽管人们很少从科学的角度来审视《哈姆莱特》，但至少在一定程度上，我们不可能不认为这部戏剧反映了那个动荡的时代——一段非凡的思想激荡时期。许多人肯定会感觉到那确实是“脱节”的时代。从剧一开始到结束，哈姆莱特王子似乎被困在两个世界之间。第一幕中，我们发现他“匍匐于天地之间”[1]（1.2.129）；与此相反，当他的叔叔问及他的灰暗情绪时，他却声称自己“在太阳里晒得太久了”（1.2.67）。几幕之后，我们发现他在呼唤天上行星的时候，正凝视着奥菲利娅（Ophelia）新挖的坟墓；他指出，雷欧提斯（Laertes）的悲痛“可以使天上的行星惊疑止步”（5.1.249）。而且，怕我们认为星星是平静地穿越天空，鬼魂警告哈姆莱特他的故事将“使你的双眼像脱了轨道的星球一样向前突出”（1.5.17）。王子不久将抱怨这个世界——“这一座美好的框架”——对他而言，“只是一个不毛的荒岬”（2.2.298—299）。

“北极星西面的那颗星”

这出戏的情节以丹麦为背景，但从一开始我们就被要求向上看。在过去的两个晚上，艾尔西诺的看守们一直震惊于一个酷似死去国王的鬼魂（最近死去的哈姆莱特国王，标题主人公的父亲）。王子的老同学霍拉旭（Horatio）到达现场，守卫勃那多（Bernardo）解释了鬼魂的习惯：他喜欢在夜晚的城墙上漫步，不是在夜晚的任何时候，而是在午夜

1 此句台词应出自第三幕第一场哈姆莱特之口。——译者

过后的一个小时,当一颗特别的星星出现在“北极星的西面”:

> 昨天晚上,
>
> 北极星西面的那颗星
>
> 已经移到了它现在吐射光辉的地方,
>
> 时钟刚敲了一点,
>
> 马西勒斯(Marcellus)跟我两个人——
>
> (1.1.39—42)

勃那多陷入了沉默,(说曹操,曹操到!)此时正好鬼魂出现,仿佛计划好在此刻出现一样。勃那多仅仅是用这颗星星来标记时间吗?或许——正如我们所见,在其他情况下莎士比亚笔下的人物也有通过注意星星的位置来追踪时间(见本书第20页)。但在《哈姆莱特》里,对于莎士比亚笔下的人物来说,星星(以及天上发生的一切)似乎比我们的可能仅仅与计时相联系的东西更为庄严。正如霍拉旭所解释的,天上奇怪的现象常常伴随着地上可怕的事件。他提到了裘力斯·凯撒之死,其标志是“星辰拖着火尾”——可能指流星或彗星——和“太阳变色”;与此同时,月亮“被吞蚀得像一个没有起色的病人”(1.1.120—123)。因此,我们可以推测,“北极星西面”的那颗星星,比我们用来计时的一颗普通的星星具有更大的意义。

但我们谈论的到底是哪颗星呢?我们能重建《哈姆莱特》时期的丹麦天空来找到答案吗?[1] 天文学家唐纳德·奥尔森已经尝试过这么做。奥尔森在西南得克萨斯州立大学任教,有时被称为“法医天文学家”。他和他的学生们分析了艺术和文学作品中的天文学参考资料,试

---

1 丹麦和英格兰南部的纬度约相差4度——这意味着,在任何时候,这两个地方的天体在地平线上的高度都会略有不同(莎士比亚可能知道,也可能不知道)。这并不影响天体之间的相对位置,也不影响它们到极星的距离。

图更深入地了解相关作品。多年来，他处理过各种各样的题材，比如裘力斯·凯撒入侵英格兰的描述，爱德华·蒙克（Edvard Munch）的画作《呐喊》，以及安塞尔·亚当斯（Ansel Adams）的摄影作品。20 世纪 90 年代，他把注意力转向了《哈姆莱特》，尤其是从艾尔西诺的城墙上看到的星星。[1] 他从文本中提供的线索开始：我们知道夜晚的时间（凌晨一点），以及星星在天空中的位置（"北极星的西面"）——但是，要知道可能是哪颗星星，我们还需要知道是在一年中的什么时候。幸运的是，还有更多的线索。弗兰西斯科（Francisco）抱怨那天晚上"天冷得厉害"（1.1.8），而第二天晚上哈姆莱特也同意"风吹得人怪痛的，这天气真冷"（1.4.1）。奥尔森相当合理地认为，这暗示着是深秋或冬季。另一条参考线索明确表示，我们目前还没有进入"那个时候……当时我们欢庆圣诞"（1.1.163—164），即暗示这一场景不是在降临节期间；因此，十二月的大部分时间被排除了。但是我们也知道，自从老哈姆莱特死后，已经过去两个月了——事实证明，他死于一场谋杀——那是他在花园里睡午觉的时候发生的。综合这些线索，奥尔森得出结论，认为哈姆莱特国王死于九月，鬼魂出现在城墙上的时间是十一月（到目前为止，一切顺利；其他一些学者也认为十一月是该剧最可能的首演时间）。

现在我们一年中的时间有了，夜晚的时间也有了，那么我们在"北极星的西面"会发现哪颗星星呢？奥尔森和他的学生使用天文软件[2]来回

---

1 唐纳德·奥尔森的文章《哈姆莱特之星》（"The Stars of Hamlet"）发表在 1998 年 11 月的《天空与望远镜》（*Sky & Telescope*）杂志上。

2 尽管天空模拟软件（"天象馆软件"）对于提高精确度非常有用（如果对行星以及恒星的位置感兴趣，这是必需的），但基本任务——北半球中纬度的观察者，在一年中的某个特定时间的夜晚，确定哪些星座的哪些星星在天空的哪一部分可见——可以通过廉价的"平面球形图"来解决，也就是在任何天文馆的礼品店里大约花十美元就可以购买到的旋转星图。

答这个问题,但结果是,没有明显可作为候选的星星——至少,第一眼看上去没有。奥尔森考虑过,但拒绝了组成大熊星座和小熊星座的各种恒星;在一年中的这个时候,它们并不在天空中的正确位置;明亮的织女星和天津四也不是,它们位于正确的赤纬(即与北极星的正确距离),但在晚秋的时候也不会位于北极星的西边。奥尔森认为,剩下的只有仙后座上的星星了,仙后座正好离北极星很近(方向上与大熊座的"北斗七星"星群大致相反)。遗憾的是,仙后座中没有特别明亮的恒星——没有一颗一等星[1]——二等恒星组成我们熟悉的"W"(或"M"),其亮度都差不多。如果一个人通过记录仙后座的位置来把握时间,那么他就可以把这个星座作为一个整体来看待,而不是从它几乎一模一样的恒星中挑出一颗来。

但是,正如奥尔森指出的——也正如我们在第3章所看到的——在莎士比亚的青年时代,仙后座曾有一颗明亮的星星。当然,它就是第谷星——1572年的超新星,它照亮了欧洲秋天的天空,在之后一年多的时间里一直可见。在十一月一个清爽的夜晚,大约凌晨一点的时候,从英格兰或丹麦(或大约在那个纬度的任何其他地方)都可以看到,它正位于"北极星的西面"。如前所述,序言一开始,第谷星出现时莎士比亚才八岁。当然,序言是虚构的,但我们有理由相信,年轻的威廉记得儿时的这一幕。二十五年后,当他坐下来写《哈姆莱特》时,我们不知道那段记忆会有多生动,但我想说,就像奥尔森认为的那样,一个人第一次看到的一颗明亮的新星——一颗*本不应当存在的*星星,在天空中停

---

1 在天文学中,"星等"是对一颗恒星亮度的量度。数字越小,恒星就越亮。最亮恒星的星等实际上是负值:天狼星的星等为−1.5,大角星和织女星的星等非常接近于0。五车二(Capella)、毕宿五(Aldebaran)和心宿二(Antares)都大约是1.0(一等),而北斗七星(大熊星座的一部分)大约是2.0(二等)。

留数月，人们持续谈论多年——不会很快被遗忘。此外，当莎士比亚年轻的时候，应该会有这样一个提醒：正如奥尔森所指出的，历史学家拉斐尔·霍林斯赫德在他的《编年史》中详细地讨论了这颗星星——《编年史》是莎士比亚历史剧的主要来源之一。(《编年史》还为莎士比亚提供了《麦克白》的情节，以及《李尔王》和《辛白林》的片段。)《编年史》出版于 1577 年，并于 1587 年重印，其中提到一颗新星位于“仙后座中……[看起来]比木星还大，比金星最大相位的时候也小不了多少”。这颗星“是那么奇怪，从世界之初就没有这样的”。我倾向于同意奥尔森的观点，即莎士比亚“对这颗新星的童年记忆可能在他写作《哈姆莱特》的时候得到了[被霍林斯赫德]强化”。

当然，奥尔森并不是第一个思考“北极星的西面”的这颗恒星的本质的人，但出于某种原因，它的身份让莎士比亚学者们多少有些困惑。《哈姆莱特》的许多版本都指出，“极点”意指“北极星”(到目前为止还好)，但仅此而已。许多人还注意到，在艾尔西诺值夜班的守卫们完全有理由通过追随星星来标记时间(即使报时的时钟当时已经出现，正如我们被告知的，它们在莎士比亚的戏剧中有出现)。[1] 在企鹅版《哈姆莱特》(1980 年，1996 年重印)中，T. J. B.斯宾塞(T. J. B.Spencer)写道，剧作家“在整个场景中给人一种清晰、寒冷、星光灿烂的印象”。这说得有道理。他补充说，“勃那多大概指向舞台一边的天空，引导观众的视线离开鬼魂将要入场的地方”，这提醒我们，对这颗星星的提及可能更

---

1 众所周知，莎士比亚的戏剧充满了时代错误。报时的时钟的出现可以追溯到 14 世纪中叶，这使得它们在《裘力斯·凯撒》中显得有些不合时宜。然而，尽管《哈姆莱特》有着中世纪的渊源，但它似乎需要一个文艺复兴时期的背景：故事发生的时间不可能早于威登堡大学的成立时间(建于 1502 年)，因此，在艾尔西诺出现报时的时钟是合理的。

多是出于实用的舞台技巧,而不是天文精确度。斯宾塞接着指向其他一些勃那多用来描述星星及其运行的词:"移到了";"光辉";"吐射"。斯宾塞说,总体而言,这"似乎暗示这颗星星是一颗行星"(原文用斜体)。遗憾的是,这不可能:行星总是位于黄道——也就是说,贯穿黄道十二宫的假想线——而不是极点附近。[1]

"天上的明灯"

值得注意的是,莎士比亚对天文学的引用造成了很大的混乱——对北极星的参照(出于某种原因)是最成问题的。勃那多在城墙上的讲话是至少三次提到天极的演讲之一——粗略地说,这个点被标记为"北极星"或"北天恒星"。最著名的例子来自裘力斯·凯撒,他宣称:"……我是像北极星一样坚定,它的不可动摇的性质,在天宇中是无与伦比的。"(3.1.60—62)这颗星星再次在《奥瑟罗》的第二幕中闪耀,这里我们发现塞浦路斯(Cyprus)的威尼斯总督蒙太诺(Montano),正在讨论一支在海上遇到风暴的土耳其海军舰队的命运。即使在岸上观看,蒙太诺和他的同伴也能辨别风暴的威力。他问他的同伴土耳其舰队的命运将会如何。其中一位(仅被称为"军官乙")回答道:

> 土耳其的舰队一定要被风浪冲散了。
>
> 你只要站在白沫飞溅的海岸上,
>
> 就可以看见咆哮的汹涛直冲云霄,

---

1 一颗行星最接近极点的位置角度大约是 60 度。北半球的观察者可能会说,如果一颗行星正在升起,它就在"东方",如果一颗行星正在落下,它就在"西方";如果它正处在穿过天空轨道的中途,人们可能会说这颗行星"在南方"(或者"几乎在头顶上",如果它当时是在它轨道的最北端)。

被狂风卷起的怒浪奔腾山立，

好像要把海水浇向光明的大熊星上，

熄灭那照耀北极的永古不移的斗宿一样。[1]

(2.1.10—17)

尽管语言华丽，但段落的要旨很清楚：风暴是如此严重，土耳其舰队必将灭亡。由于强风的作用，海洋中的浪花变得如此浓密，使恒星都变得不可见——或者，也许是浪花升得很高，似乎将恒星熄灭了。[或者，正如乔治·科斯坦扎(George Costanza)所说，“那天海洋很生气，我的朋友们——就像一个老人试图把汤送回熟食店”。]我们可能会偶然发现某些特殊的词汇——从“咆哮”开始(脚注可以帮助理解：显然，它的意思是“被海岸击退”)。更容易注释的是“光明的大熊星”，大概指的是大熊星座或小熊星座——由于下一行提到了北极的“守护星”，我们可以推测出在谈论的是北极星及其邻居：守护星是小熊星座的一部分，即小北斗的勺口的两个亮星，据说是在守卫或保护北极星。

“永古不移的斗宿”的表述看似直截了当，但与莎士比亚剧中的许多段落一样，它在文本上含糊不清。该剧的四开本版(1622)和对开本版(1623)在许多地方都有不同，这是其中之一：前者中是“被燃烧”(*fired*)，而在后者中是“被固定”(*fixed*)。对开本的编辑是否只是在纠正四开本中的排印错误？如果是这样，则这一行文字表达了北极星最为人所熟悉的属性，即北极星保持固定在天空中，其他恒星则围绕它旋转。如果我们将其改读为“被燃烧”，则可能与上一行中的“燃

---

1 最后两行的原文为“Seems to cast water on the burning Bear/And quench the guards of th'ever-fixèd pole”。后文中对“guards”“ever-fixèd”“burning”几个词有专门的解读，但中文译版没有与之一一对应的词汇。——译者

烧”(burning)有关,类似的措辞有时会出现在文集的其他地方。(雅顿版用了“永远燃烧”(ever-fired);上面引用的牛津版用的是“永古不移”(ever-fixèd)。)至少每个人似乎都同意这些特殊恒星的重要性:该场景描述了军舰在公海的命运,因此毫不奇怪,其中包含了领航员们特别感兴趣的恒星。实际上,它们的作用是双重的:北极星的方向指示北,而“守护星”相对于北极的方向可用来确定时间。

尽管如此,还是有可能犯错。在牛津版(2006)中,迈克尔·尼尔(Michael Neill)写道:“北极星对寻求导航的航海者的作用在于它是所谓的‘固定恒星’之一。”不幸的是,这是一种恒星可能被“固定”的两种方式的融合:广义上讲,与被称为“流浪者星”的行星相反,天空中的所有星辰都是“固定的恒星”;也就是说,尽管它们在天空中移动,但恒星(与行星不同)彼此之间保持相同的相对位置。但北极星的有用之处在于它不参与这种集体运动:它停留在天空中的同一区域,而其他所有恒星似乎都围绕它旋转。如果现代的编辑们似乎对这一区别或者说对天体力学的一般概念感到困惑,那可能只是因为我们仰望天空的时间比以前少了。然而,即使在19世纪,编辑们也对莎士比亚的天文引用感到困惑。当贺拉斯·霍华德·弗内斯(Horace Howard Furness)在1886年编纂他的“集注版”巨著《奥瑟罗》时,他涉猎了之前一百多年的各种互相竞争的注释,评估了它们的优点。第二幕开始的场景特别麻烦,评论家们为了弄清它而补充了大量令人眼花缭乱的恒星和星座。弗内斯在一堆混乱中选择了“固定的”而不是“燃烧的”,并得出结论:所述恒星确实是小熊星座最亮的三颗星——北极星和守护着它的两颗星。“莎士比亚,”他总结道,“比他的评论者们更了解他所谈论的北极守护星。”(弗内斯继续引用了许多16世纪的天文手册,其中描述了如何使用北极星及其同伴来导航。)

现在让我们回到《哈姆莱特》的开场，在这里，北极星和其他天体之间的关系——尤其是“北极星的西面”的这颗星星——是至关重要的。雅顿版被许多人认为是莎士比亚评论的黄金标准，所以看看他们如何对待勃那多在城墙上提到的星星会很有启发。1982年的雅顿倒数第二版中，编辑哈罗德·詹金斯（Harold Jenkins）指出，这里提及的不一定是某颗特定的恒星——这当然很可能是真实的——但他接着补充道：“莎士比亚大概见过亮星五车二，这颗星在冬天时出现在‘北极星的西面’。”不幸的是，詹金斯的想法大错特错：在十一月的凌晨一点，从中纬度看，五车二几乎就位于人头顶。有人可能会把它描述为“在北极星之上”，但肯定不是“北极星的西面”。（话虽如此，这与认为该物体是一颗行星相比，仍然是一个更好的猜测。）但最新的雅顿版——安·汤普森（Ann Thompson）和尼尔·泰勒（Neil Taylor）编辑的2006年的厚重文本——给守卫的夜间观测带来了一个全新的开始，并提供了修改后的恒星身份：五车二没有了，带来的是超新星，其中引用了唐纳德·奥尔森发表于《天空与望远镜》上的文章。

我不想过多地谈论雅顿版的修订；这只是共计613页的书中的几行注释——而且，正如詹金斯提醒我们的，莎士比亚甚至可能没有想到任何一颗特定的星星。话虽如此，但这是为数不多的一个天文学家告诉莎士比亚学者们的主张，他礼貌但坚定地说：“嘿，你漏掉了一个地方。”至少其中一些学者回复道：“你是对的，我们确实漏掉了。”[1]

---

1 然而，即使是汤普森和泰勒，也犯了我怀疑的与天文学有关的错误：当雷欧提斯说他获得了一种毒药——“致命的药油，只要在剑头上沾了一滴，刺到人身上，它一碰到血，即使只是擦破了一些皮肤，也会毒性发作，什么灵丹仙草，都不能挽救”（4.7.140—144），他们认为“在月亮下”只是表示“在地球上的任何地方”。我怀疑从亚里士多德意义上来说，它更可能意味着“月下”——也就是说，尽管有神圣的疗法（来自月球上方的天界），但人间的药水不可能作为解毒剂。

从哈姆莱特的城堡到第谷的岛屿

我们已经(在第3章中)研究过1572年新星的影响,这是托勒密宇宙模型消亡的关键事件之一。正如我们指出的那样,第谷·布拉赫在他位于丹麦的岛屿上对新星进行了详细的观测,而从英格兰观测的托马斯·迪格斯和约翰·迪伊同样对它的出现着迷。但《哈姆莱特》和第谷的联系除了超新星(假设在谈论的恒星是超新星),还有很多。首先,这种联系体现在剧本背景的设置上。莎士比亚选择把地点设置在丹麦并不奇怪。他的资料来源之一是一个中世纪的故事,关于一个叫"阿姆雷特"(Amleth)的斯堪的纳维亚王子,其历史可追溯至12世纪。这个故事的书面记载由一位名叫萨克索·格拉玛提库斯(Saxo Grammaticus)的作家撰写,最早于16世纪初出版。莎士比亚也许没有读过萨克索的版本,但他肯定读过1570年出版的弗朗索瓦·德·贝尔弗雷(François de Belleforest)的最新法语版本。[到15世纪80年代,这个故事已经被改编成舞台剧,并由莎士比亚自己的剧团在伦敦演出。也可能是由托马斯·基德撰写,但如学者所言,《元始哈姆莱特》(*Ur-Hamlet*)不幸失传了。]《哈姆莱特》的一些关键元素,包括对老国王的谋杀和对复仇的追求,都可以追溯到故事的中世纪根源(鬼魂的起源似乎是较新的;他可能是在失传的《元始哈姆莱特》中首次出现)。但是,虽然萨克索和贝尔弗雷都将故事定位在丹麦,但正是莎士比亚明确地将故事情节设定在了艾尔西诺的王宫。尽管我们没有理由认为莎士比亚曾经去过丹麦——或者他确实曾经去过英格兰以外的地方——但他肯定会知道艾尔西诺的城堡,因为他的一些演员朋友曾在那里演出过(如前所述,苏格兰的国王詹姆士一世——未来的英格兰国王——也曾去过那里;显然,第谷和他的岛屿很有吸引力)。

艾尔西诺——丹麦语为“赫尔辛格”(Helsinger)——位于丹麦西兰岛的东海岸,可以俯瞰将丹麦与当今的瑞典分隔开的水道(尽管在莎士比亚时代,这全属于丹麦王国)。除了从他的一些演员朋友那里听到的有关这座城堡的消息外,莎士比亚还有将这部戏放在艾尔西诺的理由吗?在这里,唐纳德·奥尔森将我们的注意力引向另一本最近出版的书。也许莎士比亚曾经翻阅过《世界主要城市地图集》(*Atlas of the Principal Cities of the World*),这是一本插图精美的地图集,出版于1588年。这本书中的一幅版画显示了艾尔西诺城堡周围地区的斜视鸟瞰图,包括几英里之外的哈文岛——第谷·布拉赫的岛屿。版画上甚至还显示了第谷的天文台,即乌拉尼堡(“天堡”),标注着拉丁文 *Uraniburgum*(图7.1)。

冒着有点忘乎所以的风险,我们可以想象一下莎士比亚的一个演员同伴参加过皇家之旅,也就是说,参观了城堡及其周边环境。“……如果你望向河道对岸,你几乎可以看到国王送给一位古怪天文学家的小岛。他的名字叫第谷。我不知道他能透过这些云看到什么,但是……”

我们也可以研究一下《哈姆莱特》中的名字:虽然大多数主要人物的名字都很普通,或多或少有些古典的味道[“克劳狄斯”(Claudius)、“乔特鲁德”(Gertrude)、“奥菲利娅”],但是哈姆莱特的老同学,朝臣罗森格兰兹和吉尔登斯吞的名字听起来确实像典型的丹麦名字。是什么让莎士比亚选择了这些名字?我们也许能再次从莎士比亚所接触的材料中找到线索——这又一次把我们带回到天文学家第谷·布拉赫身边。在16世纪90年代,第谷委托人雕刻了一幅他自己的肖像——画中这位天文学家摆出一副有点傲慢的姿态——身边环绕着他的大家庭

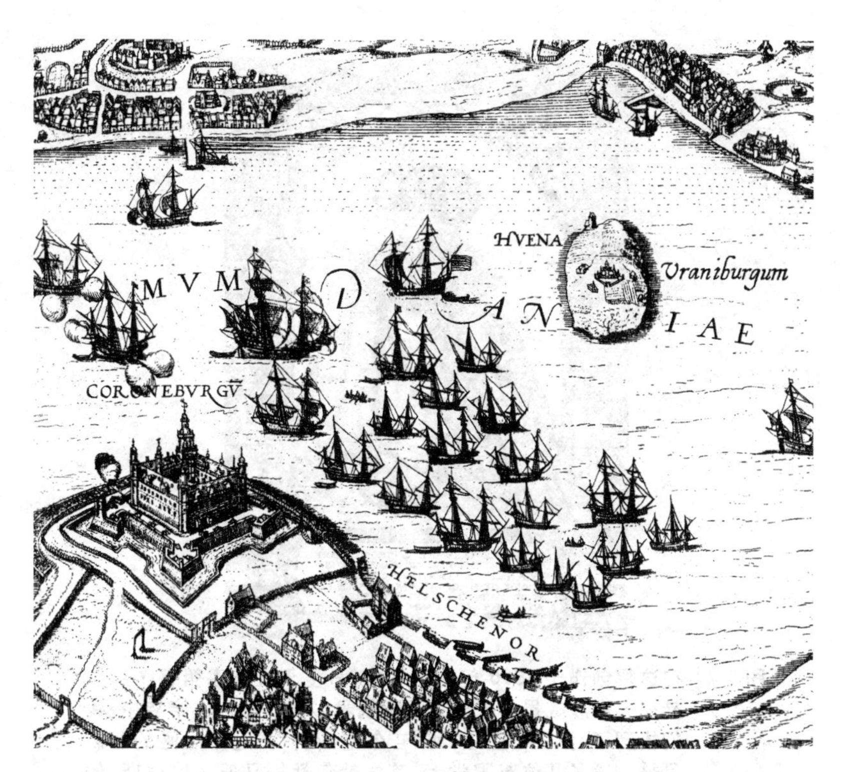

图 7.1　1588 年出版，插图丰富，包括对丹麦之声的描绘（将今天的丹麦与瑞典分开）。右侧是第谷·布拉赫的天文台，位于哈文岛上的乌拉尼堡；左边是艾尔西诺城堡，不久后因为莎士比亚将其作为《哈姆莱特》的故事发生地而出名。唐纳德·奥尔森

的成员家族纹章。当我们仔细观察这些雕刻时，我们发现在十六个亲族中，一个叫“罗森格兰兹”（Rosenkrans），另一个叫“吉尔登斯吞”（Guildensteren）（图 7.2）。

事实上，图 7.2 所示的版画有多个版本。这一幅是 1590 年的作品，但类似的设计在 16 世纪 90 年代和 1601 年出版了好几次，并被收录在各种各样的书中，包括第谷出版的名为《书信集》（*Epistolae*）的天

图 7.2　在这幅创作于 1590 年的版画中，丹麦天文学家第谷·布拉赫被大家族成员的家族纹章环绕着。在这十六位亲族中，我们找到了“罗森格兰兹”和“吉尔登斯吞”。这幅版画的复制品被寄给了几位英国学者，其中就包括托马斯·迪格斯，他的家族与莎士比亚有联系。唐纳德·奥尔森

文学信件。这些信件的副本被分发给欧洲的有识之士，而寄给英格兰学者托马斯·萨维尔(Thomas Savile)的副本被保存了下来。这封信写于 1590 年，其中包括了第谷对当时英格兰最著名的两位科学家——约翰·迪伊和“最高贵、最博学的数学家托马斯·迪格斯”的祝福。我们知道，迪格斯也和第谷保持书信联系。正如天文学历史学家欧文·金格里奇所说：“很有可能，迪格斯直接从第谷那里收到了一本《书信集》。”总体的印象是，用一个不合时宜的术语来说，就是当时的“科学界"规模很小,而且关系相当紧密。人们可以认为每一个对宇宙结构感兴趣的人都认识(或者至少知道)一个正在思考类似问题的人。在给萨维尔的信中,第谷补充道:"内附四张我的肖像,是最近在阿姆斯特丹用铜板雕刻成的。"他甚至暗示一位才华横溢的英格兰诗人(他没有提到任何名字)或许可以写几行诗来赞美他。(如果这个要求让第谷显得有点自命不凡,那么这似乎与我们从其他来源了解到的这位天文学家的性格相吻合——或许也与他在版画中摆出的姿态相符。)

顺便说一句,奥尔森并不是第一个指出第谷的肖像中的名字和莎士比亚戏剧中朝臣的名字看似巧合的学者。20 世纪 30 年代的莱斯利·霍森(Leslie Hotson)和 60 年代的 A. J.梅多斯(A. J. Meadows),或许还有其他人都注意到了这一点。20 世纪 80 年代初,欧文·金格里奇得出结论,罗森格兰兹和吉尔登斯吞这两个名字的巧合是"如此惊人,我们可以肯定,第谷的肖像是《哈姆莱特》中角色的来源之一"。正如奥尔森所说:"莎士比亚的想象力很可能会把英格兰天文学家、新星、丹麦天文学家和丹麦的哈姆莱特都联系到一起。"

名字之间有什么关系?

这两个名字在莎士比亚的戏剧和第谷·布拉赫的亲族中都出现了,我们该如何看待它们呢?学者们指出,这些版画并不是唯一发现这些常见丹麦名字的地方。显然,1592 年丹麦派往英格兰的外交使团中就有两位有着上述名字的代表,两人似乎形影不离。而且,他们都是威登堡的学生,就跟莎士比亚笔下的朝臣一样(尽管这些人不是版画上出现的亲戚,但他们也被认为是第谷的远亲)。所以莎士比亚可能有多种方式接触到罗森格兰兹和吉尔登斯吞这两个名字。然而,一张图片胜过千言万语。第谷的版画扮演了什么角色？在雅顿版本中，詹金斯（1982年）和汤普森与泰勒（2006年）都提到这幅画像可能是名字的来源。詹金斯的结论是：莎士比亚不需要亲眼看到这幅画；仅仅是在某个时刻听到过这些名字就足以让这部剧有一种“真实的丹麦风情”。他还警告说，这两个名字“在最有影响力的丹麦家族中很常见”，腓特烈二世，就是那位把岛屿赐给第谷的国王，他的宫廷里有九个罗森格兰兹和三个吉尔登斯吞。即便如此，仍有人认为莎士比亚对这些名字的选择意义重大，表明了这位剧作家和前望远镜时代最伟大的天文学家之间的重要联系。霍华德·马切特洛（Howard Marchitello）注意到“一系列惊人的巧合，从某种角度来看，这些巧合可以说把第谷的书和《哈姆莱特》联系了起来（或者把《哈姆莱特》——或者哈姆莱特——和第谷的书联系了起来）”。一些学者，包括波士顿马萨诸塞大学的英语副教授斯科特·迈萨诺，认为《哈姆莱特》与第谷之间的明显关联是一个值得进一步研究的有趣联系。“我想说，罗森格兰兹和吉尔登斯吞与第谷·布拉赫的联系并不是巧合，”迈萨诺最近这样告诉我，“对莎士比亚的研究者来说，与第谷·布拉赫的关联是最重要的联系之一，也是最少被探究的。”迈萨诺认为，一个居住在岛上的科学家的概念对《暴风雨》的影响可能比对《哈姆莱特》的影响更大，而且他认为普洛斯彼罗这个角色与第谷·布拉赫的联系甚至比约翰·迪伊还要紧密，后者常常与莎士比亚笔下的岛上魔法师联系在一起。

至少看起来，莎士比亚应该对第谷·布拉赫的名声有所了解。但是，我们选择赋予这些联系的分量取决于莎士比亚对他那个时代的天文学思想了解多少。很难想象莎士比亚与第谷有过任何直接的接触——但也许他并不需要。也许他对英格兰天文学和天文学家的了解已足够了——所以我们再一次转向托马斯·迪格斯，这位伊丽莎白时代最伟大的英格兰科学家。正如我们在第3章中看到的，迪格斯是第一个在英格兰普及哥白尼理论的天文学家，他甚至比哥白尼走得更远，敢于想象一个无限的宇宙。由于迪格斯死于1595年——也就是莎士比亚到达伦敦的几年后——两人不太可能（尽管不是不可能）相遇。然而，迪格斯家族与莎士比亚有许多联系——这种联系在科学家去世后的几年里得到了加强。[1]

我们也许可以从1590年开始，当时在伦敦发行了迪格斯军事战略著作的最新版本，称为《战略》（*Stratioticos*）。负责出版的是来自斯特拉福德的理查德·菲尔德（Richard Field），他是莎士比亚儿时的老朋友，比这位剧作家早几年在伦敦定居。几年后，菲尔德将出版莎士比亚自己的《维纳斯与阿多尼斯》。我们没有理由认为莎士比亚知道他朋友出版的每一本书——尽管他确实是一个狂热的读者，但也不可能翻遍所有的书；也许一本关于军事战略的书也并没有那么吸引人。真是这样吗？你永远不知道什么时候需要写一个很好的战斗场面。莱斯利·霍森发现莎士比亚的《亨利五世》和迪格斯的《战略》之间有许多相似之处。对于霍森来说，暴躁的威尔士队长弗鲁爱林这一角色让人想到迪格斯本人，尤其是从弗鲁爱林（和迪格斯）赞扬罗马人的军事纪律的许多话语中。

在讨论谁出版了什么内容时，我们必须简短提及另一位出版商，威廉·贾加德（William Jaggard）。[我们在《第一对开本》的扉页上看到了

---

1 一些学者已经注意到这些联系，但是最全面的描述可以在莱斯利·霍森（Leslie Hoston）的著作《我，威廉·莎士比亚》（*I, William Shakespeare*，1937）中找到。

他的姓：贾加德，与书商爱德华·布朗特(Edward Blount)一起在1623年出版了莎士比亚戏剧的首批作品；由于贾加德在《第一对开本》出版前一个月去世了，所以他儿子艾萨克(Isaac)的名字出现在著名的卷首插图上。]我们因为贾加德与莎士比亚的关系而记得他，但他还出版了许多不太为人所知的作品，其中包括托马斯·希尔(Thomas Hill)撰写的天文学教科书。这本书于1599年出版——大约在莎士比亚快要完成《哈姆莱特》的时候。此时，希尔本人已经过世，但贾加德撰写的序言赞扬了已故作者的技巧。尽管希尔拒绝了哥白尼理论，但贾加德的言论暗示了人们对英格兰伊丽莎白时代的大众科学作品的兴趣：这个国家有幸经历四十年的和平，“学生从未像现在这样有更多的自由去学习任何专业”；因此，“在学者的数量和职业的多样化方面，英格兰可以与任何国家相比”。

除了理查德·菲尔德和威廉·贾加德之外，在16世纪90年代还有谁是莎士比亚的朋友？当然还有他的演员伙伴，包括理查德·伯比奇(Richard Burbage)，莎士比亚似乎和他特别亲近，还有约翰·海明斯(John Heminges)和亨利·康德尔(Henry Condell)，这两位演员后来将莎士比亚的作品汇编成《第一对开本》出版[1](莎士比亚在遗嘱中给伯比奇、海明斯和康德尔留了一小部分钱)。当然还有本·琼森——二人既是朋友又是竞争对手。在这个名单上，我们还可以再加上一个名字，或许仅次于莎士比亚的同行，那就是托马斯·迪格斯的儿子伦纳德·迪格斯。[2] 我们知道，后来成为诗人的伦纳德是莎士比亚的粉

1　今天仍竖着一块《第一对开本》的纪念碑，上立一尊莎士比亚半身像，作为对康德尔和海明斯在将莎士比亚的戏剧付印的过程中所起作用的致敬。这座纪念碑位于爱情巷的尽头，距离剧作家故居几个街区。

2　我们不能把两个伦纳德搞混了：托马斯·迪格斯的父亲也叫伦纳德·迪格斯；在第3章中，我们听说了一种他声称由他开发的早期类似望远镜的装置。

丝：1623 年，莎士比亚去世七年后，他在《第一对开本》中为纪念这位剧作家专门创作了一首诗。（在 1640 年出版的莎士比亚诗歌集中还增加了几行赞誉。）莎士比亚很可能认识伦纳德的哥哥达德利和他们的母亲安妮（托马斯·迪格斯的遗孀）。正如霍森的研究表明，迪格斯一家住在跛子门，该地区以织布工和酿酒师而闻名，位于城市古城墙的北面。与下个世纪的艾萨克·牛顿一样，迪格斯不仅是科学家，而且还是政治人物，他一生的大约最后十三年都在担任国会议员。他也很有钱——可能是附近最富有的人之一。顺带提一下，跛子门也是莎士比亚的密友海明斯的家的所在地；因此，如果莎士比亚正与海明斯共度时光，并且如果他正与迪格斯兄弟中的任何一个混在一起，那么偶尔访问这座庄严的迪格斯家园似乎也是合理的。

一个简短的地理注释：我们知道莎士比亚在伦敦的头十二年左右经常搬家。正如我们已经知道的，他在不同时期分别居住在肖尔迪奇、主教门和南华克。这些街区中没有一个特别靠近跛子门的迪格斯住宅。但是，鉴于跛子门距圣保罗大教堂以北的书商摊仅一箭之遥，而且莎士比亚的好朋友海明斯已经在那里住了好几年，这位剧作家对该地区不太可能陌生（霍森说，莎士比亚是海明斯家中的"常客"，尽管我不确定他是如何推断出这一点的）。然而，几年后，莎士比亚与这个地区的关系变得更加紧密，当时他在位于跛子门中心地带的银街上租了一个房间，距离迪格斯一家仅有两个街区。

银街的生活

在所有莎士比亚的伦敦住所中，我们可以最精确确定的是位于跛子门银街上的住所。从 1603 年开始，我们发现他从一个叫克里斯托弗·蒙乔伊(Christopher Mountjoy)的人那里租了一个房间。蒙乔伊是胡格诺派教徒——法国新教徒，和许多胡格诺派教徒一样，他逃离法国是为了逃避宗教迫害。显然，他在伦敦的生意不错，在伦敦的家中，他在自己的作坊里制作女士用装饰帽和假发。他与妻子、女儿、几个学徒和仆人一起生活。

蒙乔伊的房子到底在哪里？与通常情况一样，法律文件提供了答案。蒙乔伊的女儿玛丽似乎和她父亲的一个徒弟发生了关系。先是求爱，然后订婚——接着就出了严重的问题。蒙乔伊本来有义务准备嫁妆，但他拒绝了，这件事最后闹上了法庭(也许吝啬是蒙乔伊和莎士比亚的共同点？剧作家不喜欢交税；他的房东不喜欢给嫁妆)。这起法庭案件没有什么意义，除了莎士比亚显然鼓励了这对恋人的浪漫追求，然后被传为证人。无论如何，法庭文件中提到蒙乔伊一家住在银街和麻瓜街的东北角。不要费心在现在的所有街道中去寻找其中任何一条街；遗憾的是，两条街现在都不存在了。"麻瓜"其实是"蒙克韦尔"(Monkwell)的另一种叫法，这条街从银街向北延伸，靠近古城墙。查尔斯·尼科尔在他令人愉快的《房客》(2007)一书中把这些线索拼凑在一起，然后得出结论，认为蒙乔伊的房子——很可能是木质结构的——就在圣奥拉韦教堂的街对面，教堂位于银街的南侧。这是莎士比亚做礼拜的教堂，尽管尼科尔提醒我们，这与他的宗教观点无关，因为参加教堂礼拜是强制性的，那些不参加的人会被罚款。

不幸的是，1666 年的伦敦大火将附近的大部分地区夷为平地，摧毁了教堂和蒙乔伊的家。银街本身又延续了 274 年，直到第二次世界大战期间，德国的一次空袭把整个街区化为废墟。战后的再开发催生了北部庞大的巴比肯建筑群、西边的伦敦博物馆，以及被称为伦敦墙街的东西主干道(A1211 高速公路的一部分)。从莎士比亚时代遗留下来的只有圣奥拉韦教堂墓地,现在是一个小公园(伦敦墙街与贵族街交会的地方——这两条街你可以在现在的街道中找到)。因为这些年来街道的高度一直在上升,尼科尔的最佳猜测是蒙乔伊的房子占据了现在伦敦墙街的一个地下停车场。很难不把这个社区的转变看作是一种侮辱。“一个地下停车场毫无疑问就是一个地下停车场,”尼科尔写道,“不管莎士比亚是否曾经居住在这里。”尽管如此,今天来到这里的游客可能想在横跨伦敦博物馆附近繁忙街道的人行天桥上稍作停留,然后注视着欧洲最繁忙的城市中这个令人沮丧的普通角落:尽管它被彻底改变了,但至少有几年时间,它曾是莎士比亚世界的中心。

图 7.3 《第一对开本》的纪念碑,上面有一尊莎士比亚的半身像,坐落于离伦敦博物馆和巴比肯艺术中心不远的爱情巷。莎士比亚曾经在几个街区外的一座房子里租了一个房间。作者摄

这也是迪格斯家族的居住地。正如莱斯利·霍森所指出的，迪格斯的家位于菲利普巷——距蒙克韦尔街以东两条街。但他们不仅仅是邻居。事实证明，随着莎士比亚来到银街居住，他和迪格斯家族之间已然形成的强烈的联系只会增长：托马斯·迪格斯去世几年后，他的妻子安妮——一个四十五岁左右，富有且被很多人追求的寡妇——嫁给了托马斯·拉塞尔(Thomas Russell)，一位来自剧作家家乡沃里克郡的地主。莎士比亚和拉塞尔肯定很亲密；莎士比亚去世后，拉塞尔和斯特拉福德的律师弗朗西斯·柯林斯(Francis Collins)将成为莎士比亚的遗嘱执行人。与此同时，迪格斯的大儿子达德利(后来的达德利爵士)成为弗吉尼亚公司的一员，该公司于1607年在詹姆斯敦建立了殖民地。虽然达德利·迪格斯自己从未去过新大陆，但他肯定听过去过的人的报告，莎士比亚也可能听到过达德利讲的故事。同理，学者们推测，莎士比亚可能也听说过1609年在百慕大外海探险的海洋冒险号(*Sea Venture*)沉船事件，这常被视为《暴风雨》的灵感来源之一。很久以后，在1655年，达德利的儿子爱德华·迪格斯(Edward Digges)被任命为弗吉尼亚殖民地的总督。但并不是达德利，而是伦纳德的人生因为与莎士比亚相识而改变了。正如他在《第一对开本》中所写的："当黄铜和大理石褪色时，这本书将使你与世常新。"这首二十二行诗的结尾是："请相信，我们的莎士比亚，你永远不会死去，而是，戴上桂冠，获得永生。"

让我们来回顾一下莎士比亚和迪格斯之间的联系：莎士比亚可能是托马斯·迪格斯街坊的常客，至少和他两个儿子中的一个是好朋友。16世纪90年代末，在为他的两个角色寻找听起来像丹麦人的名字时，他无意中发现了刻有第谷·布拉赫亲族纹章的版画，然后灵光一闪：名字很完美，问题解决了。或许，正如莱斯利·霍森所说，他在拜访托马斯·迪格斯家时看到了这幅版画。(正如霍森所说:“毫无疑问,从1590年起,迪格斯便在海明斯教区的家中保存了一幅他那位学识渊博的朋友的肖像,上面刻着罗森格兰兹和吉尔登斯吞的名字。也许莎士比亚在这里看到了[名字]。”)1595年的托马斯·迪格斯之死并不会推翻这一理论:迪格斯死后,他的儿子或遗孀可能仍保留着这幅画,也许是作为托马斯·迪格斯深远的影响和兴趣的珍贵纪念品。(我们知道这家人在跛子门街的那栋房子里又住了好几年。)无论这位剧作家是如何偶然发现这幅画的,莎士比亚的研究者们似乎至少愿意相信他是亲眼看到了第谷的版画。如果莎士比亚有可能看到第谷的天文书信,那么他也能看到迪格斯自己的作品吗?特别是,他有没有仔细阅读过迪格斯对他父亲的历书的更新版本——那本以现在著名的无限宇宙示意图为特色的历书?如果他这么做了,或许这可以为《哈姆莱特》中另一段精彩的篇章提供启发。

果壳里的宇宙

我们讨论的场景出现在剧本的第二幕,这里我们发现王子和他的老同学罗森格兰兹和吉尔登斯吞在交谈。和往常一样,哈姆莱特王子感到有点忧郁。更具体地说,他觉得被困在了自己的国家,这个国家就像一座牢狱:

罗森格兰兹

牢狱,殿下!

哈姆莱特

丹麦是一所牢狱。

罗森格兰兹

那么世界也是一所牢狱。

哈姆莱特

一所很大的牢狱，里面有许多监房、囚室、地牢，丹麦是其中最坏的一间。

罗森格兰兹

我们倒不这样想，殿下。

哈姆莱特

啊，那么对于你们它并不是牢狱；因为世上的事情本来没有善恶，都是各人的思想把它们分别出来的；对于我它是一所牢狱。

罗森格兰兹

啊，那是因为您的雄心太大，丹麦是个狭小的地方，不够给您发展，所以您把它看成一所牢狱。

哈姆莱特

上帝啊！倘不是因为我总做噩梦，那么即使把我关在果壳里，我也会把自己当作一个拥有无限空间的君王的。

(2.2.242—256)

我们都有偶尔做噩梦的时候，但是莎士比亚是怎么想到"无限空间的君王"这个惊人的短语的呢？学术版本帮不上什么忙；大多数只是随它过去而不加评论。即使是受人尊敬的雅顿版本(詹金斯，1982 年，以及汤普森与泰勒，2006 年)也对这个短语没有任何脚注——而雅顿版脚注数量极大(如果你手上那版《哈姆莱特》没有包含“无限空间”这句话,不要惊慌——这句话只出现在1623年的对开本中,没有出现在各种版本的四开本中,所以这取决于你的那本是基于哪个版本的)。莎士比亚在作品集中确实大概有四十次使用了短语“无限的”或“无限性”,但除了《哈姆莱特》中的这一场景外,它从未被用于描述空间范围。[1]在其余的例子中,最具诱惑力的是《安东尼与克莉奥佩特拉》中预言者的话:“在造化的无穷尽的秘密中,我曾经涉猎一二。”(1.2.10—11)

“无限空间”这个短语在莎士比亚时代肯定不常用——尽管我们已经看到,有少数思想家对这个问题进行了认真的思考。当然有迪格斯;在他之前还有来自库萨的尼古拉斯。接下来还有乔尔丹诺·布鲁诺,他于16世纪80年代在英格兰讲学。布鲁诺在他的《论无限宇宙和多重世界》(1584)的一段对话中谈到了这个问题,他写道:“有一个普遍的空间,一个广袤的无限空间,我们也许可以称之为虚空……我们宣称这个空间是无限的。”布鲁诺是个狂热的哥白尼主义者;迪格斯也是。这些思想家中是否有人在莎士比亚创作《哈姆莱特》时,引发了他对无限的本质的思考?他是不是从托马斯·迪格斯的宇宙示意图(图3.3)——恒星第一次被描绘成向外无限延伸——中得到了灵感?

如前所述,迪格斯的《永恒的预言》出版于1576年,在1605年之前重印了七次,都包含无限宇宙的折叠图。莎士比亚最多产的那些年里,这本历书有成千上万册在伦敦流通。正如本书第3章所提到的,迪格斯全心全意地拥护哥白尼主义,并告诉他的读者,他摘录了哥白尼自己的论文,翻译成英语,“以便英格兰人不会被剥夺如此崇高的理论”。

---

1 这类问题的评论资源是关于莎士比亚的开放资源,一个可搜索莎士比亚全集的在线集合:www.opensourceshakespeare.org.

如果莎士比亚笔下的人物在讨论宇宙时能更直白一点，就更容易说出他对这一“崇高理论”的看法。想一想哈姆莱特给奥菲利娅的奇特情诗：

你可以疑心星星是火把，
你可以疑心太阳会转移，
你可以疑心真理是谎话，
可是我的爱没有改变。

(2.2.115—118)

文中暗示的天文学是托勒密式的，但哈姆莱特是赞同还是力劝奥菲利娅去质疑？通常解释为哈姆莱特是在告诉奥菲利娅，他的爱比她所受的关于宇宙运作的教育更可靠。大致来说就是：“去质疑不容置疑的，但不要质疑我的爱。”(最棘手的是第三行：在这里，“疑心”这个词的意思似乎从“疑问”变成了“怀疑”。)该剧创作于少数哲学家质疑地球是否在运动的时代。在哈姆莱特的诗中有哥白尼主义的痕迹吗？在《1599年：威廉·莎士比亚的一年》(*1599: A Year in the Life of William Shakespeare*, 2005)中，詹姆斯·夏皮罗写道：“正如莎士比亚所知，哈姆莱特的预言所依据的托勒密科学已经被哥白尼革命推翻。星星不是火，太阳不是绕着地球旋转。在这样一个宇宙里，真相很可能变成一个骗子。”(确实，太阳并不绕着地球旋转，但我不确定夏皮罗这句话的另一半——毕竟，星星确实像火一样。[1])在1982年的雅顿版中，哈罗德·詹

1 我想人们可以争辩通过核聚变“燃烧”氢的过程是否应该被归类为“火”。无论如何，哈姆莱特念的诗并不是莎士比亚唯一一次提及这个主题，它在《科利奥兰纳斯》中再次出现：一位使者向西西涅斯(Sicinius)传达了一些消息，西西涅斯问他是否确定是正确的。使者回答说，“正像我知道太阳是一团火一样正确”(5.4.46)；麦克白向天空恳求：“星星啊，收起你们的火焰……”(1.4.50)

金斯似乎也同意夏皮罗的观点。表面上看来,这首诗是指“托勒密天文学的正统信仰,太阳绕着地球转”,但是詹金斯补充说,这里也有暗示莎士比亚可能的哥白尼主义意识:“因为诗的前两行都把现在开始被质疑的东西假设为肯定的,所以莎士比亚(我认为,虽然不是哈姆莱特)一定是意识到了一种讽刺”。甚至认为“北极星的西面”的星星是一颗行星的T. J. B.斯宾塞,也同样怀疑哥白尼的阴影笼罩着这部戏,他认为哈姆莱特的诗“是16世纪90年代一些诗歌倾向的巧妙缩影:宇宙意象、哥白尼革命、道德悖论,都显示了恋爱中的反应”。莎士比亚笔下的人物经常以谜语的方式说话,尤其是哈姆莱特。也许那个时代最大的谜题就是宇宙是否小而舒适、以人类为中心——或者是否像一些大胆的思想家所认为的那样,它是巨大的,人类只是一粒微尘,而我们的星球,在宇宙的尺度上,只是一个小点。难怪哈姆莱特认为“这一座美好的框架”只不过是“一大堆污浊瘴气的集合”,一个“不毛的荒岬”。(2.2.298—303)

与布鲁诺的关联

迪格斯曾思考过无限宇宙存在的可能性——乔尔丹诺·布鲁诺也是如此。莎士比亚和布鲁诺之间的关联可能比他和迪格斯的联系更具推测性,但这些关联值得探索。莎士比亚与布鲁诺的联系之间有一个关键的中间人——有着意大利血统的伦敦人约翰·弗洛里奥(John Florio)。我们知道,在给法国大使做家教时,弗洛里奥结识了他的同胞布鲁诺并和他成为亲密的朋友。据说,在白厅宫的一次宴会上,他向来宾们讲述了布鲁诺关于多重居住世界的理论。根据希拉里·加蒂的说法,这位既是哥白尼主义者又是原子论者的意大利思想家,似乎“在当时英格兰最具文化修养的一些人身上留下了印记”。通常的观点是,莎士比亚渴望结识来自不同背景(也许尤其是天主教徒)的学者,他会与在伦敦的许多意大利人交朋友,而雄辩的(和双语的)弗洛里奥是这份名单上的第一位。莎士比亚和弗洛里奥之间至少还有一层联系：弗洛里奥曾是莎士比亚的赞助人之一南安普敦伯爵的家庭教师(莎士比亚当然知道这个意大利人的作品：他显然读过弗洛里奥翻译的蒙田散文。更多关于蒙田的内容在第13章会提到)。据说,正是通过弗洛里奥和他的朋友圈,莎士比亚开始了解意大利的生活方式和风俗习惯——他在自己的戏剧中经常使用这些素材,他有十三部戏剧的部分或全部背景都设在意大利。也许他还对意大利语有基本的理解,这使他能够注释那些被认为是他的许多戏剧素材的意大利文文本(正如我们所见,另一种理论——一种更牵强的理论——认为莎士比亚也许在定居伦敦之前曾去过意大利,但这种说法没有确凿的证据)[1]。

莎士比亚和布鲁诺之间的关系有起有落：在19世纪后期,许多莎士比亚学者认为,通过弗洛里奥,剧作家深受布鲁诺哲学思想的影响——这种观点后来不再受欢迎。“关于布鲁诺和莎士比亚的关联的讨论已经成为一件历史上的奇闻逸事,”加蒂写道,“如今许多研究莎士比亚的学者甚至都不知道这一点。”有一定程度的怀疑是合理的。正如加蒂指出的,考虑到布鲁诺访问英格兰的时间范围,布鲁诺和莎士比亚之间的会面是“极不可能的”——尽管如此,他很可能听说过布鲁诺的一些想法。[如第5章所述,通过出版商理查德·菲尔德和托马斯·沃特罗里耶(Thomas Vautrollier),我们发现莎士比亚和布鲁诺之间有一种

1 这种推测的极端版本是声称弗洛里奥就是莎士比亚——也就是说,弗洛里奥是莎士比亚戏剧的作者。和其他的“另类”作者的主张一样,研究莎士比亚的学者们几乎都不把这个想法当回事。

疏远的关系。]至少，莎士比亚会在弗洛里奥的蒙田译本的序言中读到他对布鲁诺的赞赏。也许他读过布鲁诺唯一的戏剧作品，一部名为《烛台》(*Candelaio*)的喜剧——加蒂认为，这部剧可以在莎士比亚的《爱的徒劳》、本·琼森的《炼金术士》和克里斯托弗·马洛的《浮士德博士的悲剧》中找到回应。加蒂总结道："因此，莎士比亚了解布鲁诺思想的有力基础无疑是存在的，很可能是通过约翰·弗洛里奥这个中间人。"

要在《哈姆莱特》中寻找布鲁诺哲学的痕迹，人们可以从王子的情诗，即那首对"怀疑"问题痴迷的诗开始。布鲁诺在他的最后一部作品《三重最小》(*De triplici minimo*)中充满激情地写了关于"怀疑"的问题，这本书于 1591 年在法兰克福出版：

> 凡是想要做哲学研究的人，首先要怀疑一切，在没有听取各方意见，没有仔细权衡赞成和反对的论据之前，决不可在辩论中采取立场。他不能根据大多数人的意见，不论他们的年龄、功绩或声望，根据他所听到的话来判断和采取立场。他必须根据教义的说服力、与现实事物的有机联系和依附性，以及与理性要求的一致性，而形成自己的观点。

正如我们所看到的，布鲁诺既是一位科学家，也是一位神秘主义者——但在这篇文章中，我们窥见了一丝或者更多的现代科学方式。在当时，这也被视为一种危险的思维方式——这也是布鲁诺最终被认为是"极其顽固的异教徒……大量极其危险的思想的作者"的部分原因。对于希拉里·加蒂来说，这与《哈姆莱特》的相似之处是深刻的，一开始怀疑鬼魂的身份，接着是哈姆莱特王子追寻他父亲死亡背后的真相，同时发现波洛涅斯的诡计，以及罗森格兰兹和吉尔登斯吞的两面派行为。"因此，哈姆莱特和布鲁诺一样，在系统化的怀疑论练习中找到安慰，"加蒂写道，“必须追求真理，没有任何谎言隐藏在欺骗的阴影中……莎士比亚戏剧的核心不是对国王的谋杀，而是对真理本身的谋杀。”

当然，莎士比亚笔下的人物经常争论什么是真实的，什么是虚幻的。在开篇场景中，侍卫们信任学者霍拉旭——剧中最接近科学家的角色——让他来确定鬼魂的真正本质：“你是有学问的人，去和它说话，霍拉旭。”(1.1.46)起初，他怀疑这个幽灵是否会出现；后来他说，除非亲眼看到，否则他不会相信。哈姆莱特没有他的朋友那么惊奇。在剧中最常被引用的一句话中，他说“天地间有许多事情，是你们的哲学里所没有梦想到的呢”(1.5.174—175)。如果这部戏写于我们这个时代，他可能会说“科学”而不是“哲学”(回顾一下，在莎士比亚时代，最接近“科学”的是“自然哲学”)。(另一个小问题是，在四开本中，这是“你们的”哲学，而在对开本中，这是“我们的”哲学。因此，这一抨击可能不是特别针对霍拉旭的学识，而是针对所有这种学识。)哈姆莱特正在寻找真相，甚至在他质疑他朋友的世俗知识——他的科学——是否能应对这个挑战的时候。

我们很自然会问，既然《哈姆莱特》对人类境况的诸多方面有如此多的见解，那么它对我们在宇宙中的地位可能有什么看法。正如唐纳德·奥尔森展示的那样——以霍森、梅多斯和他之前其他人的作品为基础——关于莎士比亚对第谷·布拉赫和托马斯·迪格斯作品的认识值得商榷。还有正如希拉里·加蒂所建议的，也许更具有试探性，这部剧中也可能有布鲁诺的大胆哲学的迹象。莎士比亚在《哈姆莱特》中涉及了很多方面，很可能宇宙的物理本质就是他所关注的问题之一。接下来，我们将会见到一位学者，他进一步阐述了这一论点。有没有可能这部莎士比亚最著名的戏剧全部是关于宇宙结构的呢？

• • • • •

8. 阅读莎士比亚，阅读隐藏的含义

"……把一只鹰当作了一只鹭鸶……"

这是世界上最盛大的天文学家和天体物理学家的聚会：美国天文协会（American Astronomical Society，AAS）每年召开两次会议，让其成员有机会谈论他们的研究，宣布最有新闻价值的发现。我第一次参加是在1997年1月，当时很幸运，会议就在我的家乡多伦多举办。作为一名有抱负的科学记者，我渴望了解一切：太阳系外的行星、正在爆炸的恒星、星系、黑洞、天体物理学和宇宙学的最新发现——无论提供什么都可以。美国天文协会总是会在会议期间挑选一些论文进行公开宣传，希望能吸引媒体的注意，其中一篇题为《重新解读莎士比亚的〈哈姆莱特〉》的论文引起了我的注意。莎士比亚和天文学有什么关系？

在这篇论文的作者看来，关系可多了。他的名字叫作彼得·厄舍，是宾夕法尼亚州立大学的一位天文学家，他的论文提出了一些大胆的主张："我认为早在1601年莎士比亚就预见到了新的宇宙秩序和人类在其中的位置。"当厄舍教授概述他对《哈姆莱特》的新诠释时，记者们在新闻发布会上聚精会神地听着，尽管心存怀疑；之后，教授回答了几个问题。也许并不奇怪，英国报纸的记者们表现出了最大的兴趣；毕竟，莎士比亚是"他们中的一员"。第二天的《伦敦时报》（*London Times*）上刊登了一篇文章，标题是《天文学家发现隐藏在〈哈姆莱特〉中的星星》（"Astronomer discovers cast of stars hidden in *Hamlet*"）。

彼得·厄舍成为莎士比亚的狂热爱好者纯属偶然。他出生于南非，在宾夕法尼亚州立大学教了很多年天文学，现在他仍然是该校天文学和天体物理学的荣誉教授。在教授天文学入门课程时，他经常通过寻找学科间的联系来吸引学生——例如，将物理学和天文学与音乐或文学联系起来。最终，他转向莎士比亚，仔细研读其作品集，从中寻找涉及天文学的内容，尤其是任何可能暗示哥白尼的"新天文学"的内容。

起初，厄舍没有任何发现。这并不是说在莎士比亚作品中没有提及任何天文学的相关内容；事实上，它们在莎士比亚的作品中相当普遍。正如厄舍所指出的，与现在相比，在伊丽莎白时代的英格兰，天空中所发生的事情可以说是"更重大的事件"，部分原因在于当时光污染比较少，还有部分原因是泛滥的信息文化总是分散我们的注意力，当时还没有这样的限制。但是，这些天文学上的指涉似乎要么是反映了中世纪托勒密的宇宙观，要么就是措辞含糊。似乎没有任何东西直接指向哥白尼的天界模型。考虑到当时新发现的深度，以及莎士比亚对世界明显的好奇心，这让厄舍有些困惑。"在我看来，经历过科学革命初期的人会对此有更强烈的看法，因为这是世界观的重大变革。"他如此说道。或者，正如他在《莎士比亚与现代科学的黎明》(*Shakespeare and the Dawn of Modern Science*，2010)一书的前言中所写的那样："这种地位的诗人竟然对新天文学在他有生之年所产生的文化影响一无所知，这简直不可思议——又或者，如果他知道这个话题的重要性，他就会使用他所掌握的文学手段来阐述。"他利用业余时间"查阅莎士比亚的作品全集，想知道他是否了解日心说"。一旦他开始探索，就没有回头路了。

厄舍现已退休，住在匹兹堡市中心以东几英里的一个绿树成荫的社区。他又高又瘦，戴着一副运动钢圈眼镜；年轻一点的他，可能和演员埃德·哈里斯(Ed Harris)长得有些相像。对天文学及其历史的了解是他文学探索的起点。很快，他就读到了莱斯利·霍森对莎士比亚与迪格斯家族之间联系的描述，包括第谷·布拉赫的肖像上有"罗森格兰兹"和"吉尔登斯吞"的纹章；当然，他还考虑了哈姆莱特王子提到的"无限空间"可能具有的宇宙学意义。很快，他就开始一幕一幕、一行一行地仔细查阅这部莎士比亚最著名的戏剧。他推断，莎士比亚所知道的关于"新天文学"的东西，一定存在于书中的某个地方；毕竟，这是他最雄心勃勃的戏剧，当然也是他最长最复杂的作品。在厄舍思索着反派人物、谋杀者克劳狄斯的名字时，"顿悟时刻"来了。这个名字是不是暗指研究出地心说体系的希腊天文学家克劳狄斯·托勒密(Claudius Ptolemy)？很快，厄舍就发现了文本中其他似乎与之相应的地方。渐渐地，他开始用一种新的眼光来看待莎士比亚这部杰作中的所有人。他说，这部戏可以被解读成一个关于相互竞争的宇宙模型的寓言。

剧中剧

在厄舍对《哈姆莱特》的诠释中，没有什么是它看起来的那样——或者说，没有人是他们看起来的那样。他说，几乎剧中的每个人都可以看作是一位天文学家的"替身"，来自莎士比亚时代或来自天文学的历史中——这些人，以这样或那样的方式，与欧洲文艺复兴时期为获得认可而对战的宇宙描述息息相关。根据厄舍的解读，剧中的主人公哈姆莱特王子代表宇宙的真实图景——由哥白尼提出、天文学家托马斯·迪格斯在英格兰支持的日心说(以太阳为中心)模型。这种对应也适用于上一代：已故国王，哈姆莱特的父亲，代表伦纳德·迪格斯，即托马斯·迪格斯的父亲——据他儿子说，在16世纪中期，他可能发明了一种类似望远镜的装置；他去世后，他的工作由儿子继续。（“托马斯和哈姆莱特都是在已故父亲的鬼魂驱使下来完成任务的。”厄舍说。）与此同时，朝臣罗森格兰兹和吉尔登斯吞代表了第谷·布拉赫，作为第谷“混合”宇宙模型（行星围绕太阳旋转，而太阳反过来又围绕地球旋转）的代理人。雷欧提斯代表另一位英格兰天文学家托马斯·哈里奥特。次要角色也很重要。例如，勃那多代表的是中世纪哲学家勃那多斯·西维斯特里斯(Bernardus Silvestris)，他是运动地球的早期支持者。[厄舍写道，勃那多斯的主要作品《宇宙图解》(*Cosmographica*)“非常适合《哈姆莱特》的潜台词”。]厄舍总共为剧中的十二个角色找到了这样的对应（除了乔特鲁德和奥菲利娅这两个女性角色，其他所有的主要角色都包含在内）。

正如厄舍所见，世界观之间的斗争从剧中著名的开篇就开始了，这一幕中，老国王哈姆莱特（伦纳德·迪格斯）的鬼魂想要报复他那邪恶的弟弟（克劳狄斯·托勒密）。随着剧情的展开，哈姆莱特王子的一些更神秘的台词被赋予新的含义。想想他的主张，他说自己可能“被困在果壳里”，但仍然认为自己是“无限空间之君王”。对厄舍来说，这一行台词突出了新旧模型之间的本质区别：固定恒星的“外壳”不仅在过时的托勒密模型中形成了宇宙的“边界”，在哥白尼和第谷的模型中也是如此；只有当迪格斯提出他的无限宇宙的设想——一个“无限空间”的世界时，它们才会被消灭。最后，虽然哈姆莱特死了，但他的思想还存在：罗森格兰兹和吉尔登斯吞的被杀，代表着第谷体系的灭亡；克劳狄斯的被杀，代表的是姗姗来迟的托勒密和地心说的垮台。最后，我们看到福丁布拉斯(Fortinbras)从波兰归来，他向英格兰大使致敬——这象征着波兰天文学家哥白尼的最后胜利。

厄舍还对德国城市威登堡所受到的重视感到震惊。据说，哈姆莱特和霍拉旭，以及罗森格兰兹和吉尔登斯吞都曾在威登堡大学学习过，而哈姆莱特显然也打算回去。在莎士比亚时代，威登堡以学识渊博而闻名，正如哈罗德·詹金斯所指出的，早在八年前首演的马洛的《浮士德博士的悲剧》中就提到了威登堡，而剧作家的观众早已熟知这个地方。威登堡也是新教改革的中心：路德曾在那里学习，1517年他把自己的九十五条论纲钉在市城堡教堂的门上。但正如厄舍指出的，威登堡也与哥白尼主义有联系：哥白尼唯一的学生雷蒂库斯在监督《天体运行论》的出版之前，曾在这里学习和教学。《哈姆莱特》中四次提到这座城市，这里是日心说第一个热切支持者的故乡；对厄舍来说，这不是巧合。当哈姆莱特宣布他打算回到威登堡继续他的学业时，克劳狄斯宣称这样的举动是"完全违反我们的愿望的"(1.2.114)。厄舍认为这既暗示了最初激发许多天文学研究的行星的逆行运动，也暗示了克劳狄斯(即托勒密)反对这所著名德国大学的教授的哥白尼学说。[厄舍并不是第一个进行这种关联的人；他注意到另一位天文学家西莉亚·佩恩-加波斯金(Celia Payne-Gaposchkin)在20世纪70年代的一本教科书中提出了这种联系。]

来自哈文岛的观点

如果莎士比亚在《哈姆莱特》中赋予威登堡如此显赫地位的决定与哥白尼有关，那么这种联系或许可以用来理解剧中一些更令人费解的台词。据厄舍说，现在可以把这些台词解读成对宇宙寓言的支持。想一想哈姆莱特对他表面疯狂的奇特描述：

天上刮着西北风，我才发疯；风从南方吹来的时候，我不会把一只鹰当作了一只鹭鸶。[1]

(2.2.374—375)

不用说，批评家们长期以来对这一行台词感到困惑。[2] 基本的想法很简单：哈姆莱特只是在某些时候发疯——或者更确切地说，他选择在某些时候看起来像疯了，而实际上他很理智。他头脑清醒的证据是，他能从两个物体中分辨出一个物体——尽管这两个物体不一定是它们最初看起来的样子。正如脚注所解释的，一种可能性(许多种之一)是"手锯"(handsaw)可能是"hernshaw"(或"heronshaw")的变体，指的是一种苍鹭——在这种情况下，这段话指的是把一种鸟与另一种区分开来的能力。(不过，这还是有点奇怪：一个习惯于打猎的王子，肯定能轻而易举地分辨出一只食肉鸟和一只涉水鸟，而且他也不会吹嘘自己能把二者区别开来。)

厄舍对这段文字的看法完全不同。他不过多关注于鹰和手锯，而是关注两个罗盘方位：对于生活在第谷的哈文岛上的人来说，艾尔西诺城堡位于西北偏北，而德国城市威登堡位于南面——他自信地认为这不仅仅是地理上的巧合。"我们不得不认为，这里发生了一些重要的事情，因为这些不仅仅是巧合，"厄舍说，"莎士比亚本可以选择其他方向，但他碰巧选择了这两个特定的方位：一个是克劳狄斯，即托勒密居住的方向；另一个是雷蒂库斯教授哥白尼天文学的方向。他将二者进行了对比。"换句话说，西北偏北引向艾尔西诺、托勒密天文学和疯狂；南方引向威登堡、哥白尼主义和理智。

---

1 这一句的原文为"When the wind is southerly, I know a hawk from a handsaw"，其中"handsaw"是"手锯"的意思，翻译时采用了意译，并没有一一对应。——译者

2 有人认为，阿尔弗雷德·希区柯克1959年的电影《西北偏北》的片名就暗指这段话。

厄舍关于《哈姆莱特》的理论还有更多的内容，但这已经足够说明他的论点风格。也许并不奇怪，他对小说的解读在出版时遇到了困难。他说，他的第一篇论文被“所有传统的莎士比亚出版社”拒绝了。1997年出现了一个转折点，关于他理论的简要叙述刊登在太平洋天文学会（Astronomical Society of the Pacific）的杂志《水星》（*Mercury*）上，大概同一时间，他关于《哈姆莱特》的论文在于多伦多召开的美国科学院会议上被接受和展示。之后有了更多的出版。对他的工作感兴趣的期刊有《加拿大皇家天文学会期刊》（*Journal of the Royal Astronomical Society of Canada*）、《伊丽莎白评论》（*The Elizabethan Review*）、《莎士比亚通讯》（*The Shakespeare Newsletter*）——还有莎士比亚牛津协会（Shakespeare Oxford Society）的期刊《牛津人》（*Oxfordian*），根据他们网站的介绍，这个组织欢迎关于“莎士比亚著作权问题”的论文，致力于“研究和尊重真正的诗圣”。

厄舍的研究并不是为了深入所谓的作者身份问题，但他最终发现，把莎士比亚的天文学知识与他的身份问题分开是不可能的。尽管如此，当他写《莎士比亚与现代科学的黎明》时，他还是设法把这个问题推迟到了最后一章。不过，在这本书的前言中，人们还是能找到一些线索来推测事情的走向：他在前言中提到“斯特拉福德的演员威廉·沙克斯皮尔（William Shakspere）”被“人们普遍认为是诗圣莎士比亚。有些人怀疑是否沙克斯皮尔写作了莎士比亚的作品，他们还提出了莎士比亚作品集的其他作者——但这部作品的独特之处在于，它的宇宙寓言为这些命题提供了一个全新的视角”。在更早的2006年，厄舍还自费出版了一本书——《哈姆莱特的宇宙》（*Hamlet's Universe*），但《莎士比亚与现代科学的黎明》对莎士比亚的作品研究得更深入，其中进一步探索了《爱的徒劳》《威尼斯商人》《冬天的故事》《辛白林》，当然还有《哈姆莱特》中关于天文学的指涉。

厄舍充分意识到他的想法是不正统的，可能会让许多莎士比亚研究学者（或许还有许多普通读者）认为是牵强附会。而卷入关于作者身份的争论当然也于事无补。但是，别人接受与否似乎并没有困扰他。"改变来得非常、非常缓慢，"他说，"但我不担心这个。我是个学者，我写了一本学术著作，我们将看看它走向何方。"

一些学者至少引用了厄舍的作品。例如，赫尔奇·克拉夫（Helge Kragh）在他的《宇宙的概念》（*Conceptions of Cosmos*）一书中指出了莎士比亚与迪格斯之间的联系，并补充说："有人认为[迪格斯的]世界图景在莎士比亚的几部戏剧中都带有寓言意味"，该句的尾注说明这一看法来自厄舍。

莎士比亚受托马斯·迪格斯的影响是一回事，另一回事在于他是某种文学间谍，在最著名的戏剧中，他通过寓言巧妙地暗指了禁忌话题。在厄舍看来，莎士比亚只能用寓言的方式来讨论哥白尼主义，而不是正面处理，这是因为日心说在伊丽莎白时代还被认为是一个危险的学说；对于它的任何提及都可能在某种程度上危及一个人的事业甚至生命。（"比如，天堂是不完美的想法就足以使你身首异处，或者至少开膛破肚，"他在接受我们采访时说道，"你必须小心你正在做的事情。"）然而，似乎没有足够的证据支持这种观点。正如艾伦·查普曼所指出的那样，在伊丽莎白时代的英格兰，人们的政治信仰有许多陷入困境的方式，而科学观在其中被认为是无害的。"据我所知，没有人因为他们的科学的信仰而陷入任何困境。"他写道。尽管如此，我们需要记住，在当时科学和哲学是一个整体的一部分，其中当然也有“危险的想法”（与无神论相关的原子论就是一个例子——尽管我不清楚在英格兰有谁的确因为坚持原子理论而受到迫害）。至少，存在可知的危险——从1608年哈里奥特写给开普勒的一封信中，我们可以窥见这些危险（真实的或想象的）的迹象。关于他决定不发表他的天文学发现，哈里奥特说：“我们的情况是这样的，我仍然不能自由地进行哲学思考。我们仍然陷在泥里。我希望全能的上帝能很快结束这一切。”实在的危险有多大呢？可以肯定的是，任何可能被解读为攻击女王或宫廷的思想都可能会导致叛国罪的指控，查普曼注解道，但“就科学而言，如果你不介意被嘲笑，你可以认为月亮就是一块绿色的奶酪，没人会因为这个指控你”。他得出结论：“当时对科学学科根本没有任何迫害。”

克拉夫和查普曼是科学史学家——那么文学界呢？主流的莎士比亚学者如何看待厄舍的作品？事实上，这很难确定。原因很简单，大多数人都不熟悉他的作品。与我交谈的绝大多数学者都没听说过厄舍教授，对于他对莎士比亚和天文学的研究一无所知。有几次，我试图总结他的作品，或者至少是他关于《哈姆莱特》的理论，尽管我试图将其浓缩成几句话，但可能无法做到恰如其分。然而，也有一小部分莎士比亚研究者花时间阅读了厄舍的作品（或者至少是其中的一部分），虽然他们可能对把《哈姆莱特》作为寓言的论点有疑问，但他们说他做了一些很有价值的研究。

马萨诸塞大学波士顿分校的斯科特·迈萨诺就是愿意为厄舍的研究提供有条件的支持的人之一。“我真的很高兴他这么做了。”迈萨诺告诉我。他指的是厄舍对《哈姆莱特》的研究工作。“我认为新科学使像《哈姆莱特》这样的戏剧有所不同，而且可能就在彼得·厄舍所认为的方面，”他说，问题在于厄舍的提议“感觉有点太寓言化了。”（一位哈佛大学教授更直言不讳，断然道：“莎士比亚不写寓言。”）并不是说《哈姆莱特》不能包含对中世纪世界观衰亡的影射——但对迈萨诺来说，他认为这是该剧的主要功能，那对于这样一部广泛而复杂的作品来说，未免太束缚了。“我很难把《哈姆莱特》归结为是关于或主要关于哥白尼或托勒密的宇宙模型，”他说，“这部戏里有太多的东西、太多的想法、太多的角度，它们可以让人接近这部戏。”迈萨诺非常怀疑“你可以把它归结为某种关于推翻托勒密体系的寓言”这一想法。他说，如果这真的是一个寓言，那也是一个精心创作的寓言。“我会拒绝这种想法，认为《哈姆莱特》或其他任何莎士比亚戏剧主要是编码了一套思想或信仰的寓言。”

尽管如此，迈萨诺（阅读过厄舍发表的文章，没有看他的书）说，厄舍通过关注被忽视的主题提供了有价值的服务——莎士比亚对正发生在科学领域的革命了解多少，以及他对此是否感兴趣。“你会问：‘他知道吗？他在乎吗？’我想答案是肯定的。我认为厄舍是对的。他确实了解，他也确实在乎。”

牛津大学的英语教授约翰·皮切尔对厄舍的贡献也有类似的评价。“这是好的研究，它挖出了东西，”他如此说道，“但在致力于证明莎士比亚的某些东西的决心上，它和你在那些想证明莎士比亚毕业于牛津的人身上所发现的一样。”[1]厄舍有“这种过度的决心，想要让一切都切合。而我不认为一切都切合”。尽管如此，皮切尔和迈萨诺一样，认为厄舍把聚光灯打到了莎士比亚研究的一个黑暗角落。“我认为最重

1 在《莎士比亚与现代科学的黎明》一书的第七章中，厄舍认为“莎士比亚”实际上是伦纳德·迪格斯（年长的那位）。

要的是要问:‘这些戏剧是否贯穿了对物质世界不同方面的探索?’我认为这是毫无疑问的。”

来自意大利的观点

厄舍并不是唯一一个把莎士比亚和哥白尼革命联系起来的人。意大利学者吉尔伯托·萨塞尔多蒂(Gilberto Sacerdoti)在他于1990年出版的《新天地:〈安东尼与克莉奥佩特拉〉中的哥白尼革命》(*Nuovo cielo, nuova terra: La rivelazione copernicana di "Antonio e Cleopatra" di Shakespeare*)一书中,对这个问题进行了正面探讨。厄舍在伦纳德·迪格斯身上发现了莎士比亚和天文学之间的关键联系,而萨塞尔多蒂则在意大利哲学家和神秘主义者乔尔丹诺·布鲁诺身上发现了这一点;厄舍最专注于《哈姆莱特》,而萨塞尔多蒂则把全部注意力集中在《安东尼与克莉奥佩特拉》上。他的许多论点都是根据剧中第一幕里出现的一句关键台词提出的:罗马最有权势的将军安东尼已经爱上了埃及女王克莉奥佩特拉;但就在情感升温之际,他要被召回罗马。他在爱情和责任之间挣扎,向克莉奥佩特拉表白自己深深的爱意。但她要求知道他有多爱她:

克莉奥佩特拉

要是那真的是爱,告诉我多么深。

安东尼

可以量深浅的是贫乏的。

克莉奥佩特拉

我要立一个界限,知道你能够爱我到怎样一个限度。

安东尼

那么你必须发现新的天地。

(1.1.14—17)

安东尼说他的爱是没有界限的。当克莉奥佩特拉坚持要测量它的时候，他回答说，如果有人试图去测量，他就会走出已知的领域：你需要一个新的天地。标准的解释是，这行台词只是引用了著名的一段《圣经》中的内容，出现在《彼得后书》（“我们照他的应许，盼望新天新地”）和《启示录》（“我又看见一个新天新地”）中，指的是基督第二次降临（Second Coming of Christ）对人类的救赎。[这个短语出自1572年的《主教圣经》，莎士比亚很可能知道这个版本。]但是萨塞尔多蒂看到了别的东西。他认为，这部戏剧反映了一种宇宙图景，“无疑是布鲁诺式的哥白尼主义”。萨塞尔多蒂的作品几乎没有被英文学者注意到。[1]我只能找到这本书的一篇书评，而且与原著一样，它也是意大利文。评论家亨利·纽伯特（Henry Newbolt）对萨塞尔多蒂的担忧与迈萨诺和皮切尔对厄舍的一样：他只是有点太……狂热。“如果萨塞尔多蒂继续这样下去，”纽伯特写道，“如果他最终没有把莎士比亚认定为布鲁诺本人的话（我希望不会），他将会把莎士比亚的作品归属于布鲁诺。”

显微镜和望远镜视角下的莎士比亚

厄舍和萨塞尔多蒂有一个共同点——在莎士比亚的学术世界里并不罕见——就是对细枝末节的观察。如果其中一部戏剧的情节或对话中有什么东西可能会产生天文影射，厄舍很可能已经找到了。有时这

1 斯蒂芬·格林布拉特注意到了——我很感激他让我也注意到这一点。

些指代的是天体;有时它们会引向特定的天文学家或哲学家。在《莎士比亚与现代科学的黎明》一书中,厄舍用了九页的篇幅来分析作品集中最著名的舞台方向——《冬天的故事》剧本中“(被大熊追下)”的舞台提示。厄舍最终得出结论,认为这只熊代表了被称为厄苏斯(Ursus,拉丁语中“熊”的意思)的尼古拉·雷默斯·贝尔(Nicholai Reymers Baer)——一位16世纪的德国天文学家,他曾拜访过第谷的天文观测岛。[与此同时,在剧中,第谷本人由安提哥诺斯(Antigonus)饰演,厄舍如此说道。]在一次争执之后,第谷把厄苏斯赶出了他的小岛,后来还想以诽谤罪起诉他。厄舍总结道:“第谷思想的落后和丹麦人对社会地位低下者的傲慢态度,足以成为制造复仇熊的理由。”

厄舍也非常关注那些不仅暗示了夜空知识,还暗示了望远镜知识的段落。想一下《哈姆莱特》第三幕第四场:哈姆莱特王子在母后的卧室里与她对质;他们面前是国王哈姆莱特和克劳狄斯的肖像。他让她看着这些形象,研究两人的特征。他父亲的形象显然更为高贵;除其他特征外,他还有“像战神一样威风凛凛的眼睛”(3.4.57)。标准的解读是国王的眼睛暗示了他的权力——他可以像战神(火星)一样指挥军队。然而,厄舍把它看作是木星上的大红斑(the Great Red Spot)。火星……不以“眼睛”闻名,只以它的红色出名。莎士比亚的意思是朱庇特的眼睛是红色的;简而言之,似乎最合理的解释是莎士比亚把老哈姆莱特的脸描述成木星的脸,而木星的“眼睛”是火星一样的红色,换句话说,这里指代的是木星上的大红斑——可以说,这个发现比“计划时间”提前了几十年。[标准的观点是,大红斑由乔瓦尼·卡西尼(Giovanni Cassini)于17世纪60年代发现;现存最古老的绘画只能追溯到19世纪30年代。]

厄舍认为他也找到了指涉土星的相关资料。在《威尼斯商人》中，葛莱西安诺“将安东尼奥长期的忧郁与黄色联系在一起，认为巴萨尼奥是第7号追求者”，他如此写道：“巧合的是，土星是黄色的，是第七颗古老的行星。反复出现的七个一组增加了谈论话题是土星的可能性。”与此同时，鲍西娅送给巴萨尼奥的戒指，作为剧中重要的情节设置，可能代表了土星，也就是那颗被光环环绕的行星。在《辛白林》中，伊摩琴的戒指也是如此——但有一个重要的区别：在这部剧的第五幕中，当戒指被描述为有裂缝时，厄舍把它看作是土星环中被称为“卡西尼缝”(Cassini division)的缝隙。传统观点认为，卡西尼在1675年首次发现了这个缺口，但厄舍认为伦纳德·迪格斯早在一个多世纪以前已经发现了。

厄舍继续在莎士比亚作品集中收集大量的天文学指涉。毫无疑问，《哈姆莱特》是此类信息最丰富的来源。厄舍相信莎士比亚在书中描述了“没有望远镜的帮助就不可能知道的太阳、月亮、行星和其他恒星的属性”。（在他早期的一篇论文中，他写道：“在《哈姆莱特》中，诗圣相对清晰地描述了金星的相位、月球上的陨石坑、太阳黑子、银河系的恒星构成、肉眼可见的恒星的数量以及人类视野之外的恒星的存在。这些数据只能通过望远镜观测得到。”）伦纳德·迪格斯的身影始终隐藏在背景中；他早期的“透视镜”应该是“解释这些细节的合理方式”。

再探都铎式望远镜

厄舍把《哈姆莱特》解读为寓言故事，其好坏取决于其本身的价值，而他更广泛的论点集中在伦纳德·迪格斯和伊丽莎白时代的望远镜制造上，对历史学家所称的现代早期英格兰的“物质文化”做了非常具体的阐述。厄舍要求我们考虑这样一种可能性，即在伽利略开始使用这种设备的半个世纪之前，迪格斯就已经拥有了功能齐全的望远镜；而且，就此而言，迪格斯的望远镜比伽利略使用的任何望远镜都要好得多。但正如我们在第 5 章中所看到的，“都铎望远镜”的说法虽然诱人，却很难令人信服。如前所述，据他的儿子托马斯说，伦纳德·迪格斯在 16 世纪中期使用了“透视镜”。还有托马斯·哈里奥特，他可能使用过各种各样的仪器，并且，大约在伽利略用望远镜进行观测的时候，哈里奥特也几乎可以肯定使用过类似的仪器，通过这个仪器他可以观察到月球表面的细节、太阳黑子和木星的卫星。但是，在那个年代——大约 1609 到 1610 年——有一台适合天文观测的望远镜是没有争议的。彼得·厄舍想把望远镜的发明和使用的时间往回推：在《莎士比亚与现代科学的黎明》一书和一系列论文中，他认为伊丽莎白时代的望远镜在 16 世纪中后期处于一种先进的状态。他进一步指出，莎士比亚本人就使用望远镜——或者更具体地说，写“莎士比亚”作品的人有这样的使用机会。但是，正如我们在第 5 章中指出的，证据不足。综上所述：在伦纳德·迪格斯的事例中，我们所知道的只是托马斯对他父亲多年前使用过的一个装置的间接引用，以及伯恩的二手叙述；哈里奥特——在他于 1609 年前后接触到更为复杂的荷兰仪器之前——从未提到过一种可以放大远处物体的装置。如果真的有“都铎式望远镜”——一种与一个多世纪后发明的仪器同样先进的仪器——难道不会制造出更多的复制品吗？它的存在不应该被广泛了解和讨论吗？可以肯定的是，伦纳德·迪格斯很可能用了一组光学设备来做实验，并且在有困难的情况下，可能获得了对遥远的地球上的物体的相当好的观察效果。有时，他甚至可能在夜空中瞥见了从没有人见过的东西。但对行星的详细观测则是另一回事。根据现有证据来看，这似乎不太可能。正如大卫·利维所说的，伊丽莎白时代存在能够发现木星大红斑的望远镜，这让人"难以置信"。

当然，有人会说望远镜的发明是国家机密；这样的设备当时已经发明出来了，但出于国家安全的考虑，关于它的存在只字未提。厄舍的推理是这样的："望远镜有明显的军事用途，光学设备在文字方面缺少细节记录，毫无疑问是因为名义上信奉新教的英格兰需要保护自己的科学和技术知识，以抵御威胁她的天主教神权统治。"至于望远镜所显示的景象——它们本身也许并不危险，但"会对国家安全产生间接影响，因为公然违背学术确定性的发现只会激怒国内外的反伊丽莎白情绪，并加强神权政治消灭异教岛国的决心"。然而，历史学家对此表示怀疑。就像声称哥白尼主义是一个危险的话题一样，伊丽莎白时代的秘密望远镜似乎也经不起推敲。艾伦·查普曼认为"有一种形式的论据可以反驳这种'阴谋论'……坦率地说，我觉得这个想法就像温斯顿·丘吉尔爵士在第二次世界大战中隐瞒雷达，然后期望没有人在之后谈论或写作它！"此外，伦纳德·迪格斯可能使用了一种原始的类似望远镜的设备；约翰·迪伊和托马斯·哈里奥特也许也用过这种方法——但只有在 1609 年左右，随着荷兰的改进发明，一扇通向天堂的新窗户才真正打开。直到那时，天文学家们才有了正如查普曼所说的"相对较好的、清晰的图像，这些图像传达了宇宙中全新层次的意义"。

吸引研究者眼球的细枝末节不一定来自莎士比亚的文字：他文中

的数字也可以。对于厄舍来说，莎士比亚作品集中的每一个数字都是潜在的线索。在《威尼斯商人》中，他注意到巴萨尼奥是鲍西娅的第七名求婚者，即暗示了土星这一已知的第七大行星。在《哈姆莱特》和《辛白林》中都出现了一万这个数字，厄舍说这大约是裸眼能看到的星星的数目。[1] 在《冬天的故事》中有一个场景特别与数字相关，其中年长的牧羊人为年轻人的愚蠢感到惋惜。他希望"十岁到二十三岁之间没有别的年龄"(3.3.58—59)。他说，这个年龄段的男人除了打架、偷窃、让女人怀孕和不尊重长辈外，什么都不会做（当然，莎士比亚用更诗意的语言表达了这一点）。他们也缺乏常识："除了十九岁和二十二岁之间的那种火辣辣的年轻人，谁还会在这种天气出来打猎？"(3.3.62—64)厄舍从这两对数字（10 / 23 和 19 / 22）中受益良多。通过一些巧妙的数字戏法，他在剧中拼凑出一个年表，其与第谷和厄苏斯人生中的许多重要日期相对应，包括他们去世的年份。（第四幕开始时合唱团宣布的十六年飞逝为额外的数字运算提供了进一步的时间数据。）另一个奇怪的数字是哈姆莱特的年龄：虽然他被称为"年轻的哈姆莱特"，并想重返大学，但他显然已经三十岁了。[2] 厄舍指出，这正是托马斯·迪格斯

---

1 这个数字可能太大了。通常给出的标准数字是六千：这是一个人在没有光学帮助的情况下，从理论上说，在黑暗的天空中可以看到的星星的总数。在实践中，任何时候人都只能看到其中的一小部分。当然，其中一半会在地平线以下，而大气的变暗又会使另外的一千个左右的星星变得模糊。天文学家通常会说，在任何时候，裸眼可见的恒星不超过两千颗。也许一个具有非凡视力的人，在特殊的观察条件下，能看到一万颗星星——但这似乎是一种夸张的说法。

2 关于哈姆莱特年龄的最直接证据在第五幕第一场，掘墓人说自从哈姆莱特国王击败老福丁布拉斯之后，他就一直在从事他的工作——他提醒我们，这恰好也是哈姆莱特王子出生的日子。他后来补充道："我在本地干这掘墓的营生，从小到大，一共有三十年了。"(5.1.156—157)这一情节也符合我们对小丑约里克的了解：哈姆莱特小时候和他一起玩，但小丑现在已经死去二十三年了。尽管如此，人们还是对哈姆莱特的年龄感到绝望；例如，在雅顿版中可以看到詹金斯对这个主题的冗长讨论。

出版他父亲的历书补编时的年龄——正是包含无限宇宙示意图的那一本。

数字有什么意义?

这些论点的有趣之处在于,如果去掉对伊丽莎白时代早期望远镜的猜测,它们就类似于"细读",而这种"细读"一直是莎士比亚评论的重要组成部分;事实上,它们呼应了莎士比亚学者几十年来(如果不是几百年的话)提出的许多论点。想一想厄舍对数字的关注。一开始,他对数字的研究似乎有些偏执,就像一个卡巴拉主义者——但在对莎士比亚的学术研究中,总有一个角落让人觉得对数字的痴迷是有必要的。托马斯·麦克林顿的著作就是一个恰当的例子。他是一位受人尊敬的莎士比亚学者,曾在英格兰赫尔大学任教。例如,在《莎士比亚的悲剧宇宙》(*Shakespeare's Tragic Cosmos*,1991)中,麦克林顿探讨了《裘力斯·凯撒》中的"四重组合":两次婚姻;四个平民回应勃鲁托斯和安东尼的演讲;四个平民攻击诗人辛纳(Cinna)("毫无疑问是相同的四个人")。数字"二"对麦克林顿来说有更大的意义。"二元"经常出现在作品集中——例如,在《仲夏夜之梦》中,"统一的二元性表现为初始的双重性和混乱"。

麦克林顿发现,数字在解读《麦克白》时更加重要,在这部戏剧中,"数字象征与自然象征相互配合,传达了有关不团结和混乱这一悲剧主题的关键思想……三者和二者,三倍和两倍,与整部剧的发展密切联系"。这种数字模式"着重论述了'双重性'是悲剧和混乱的根源,因此女巫们的叠句,'不惮辛劳不惮烦,釜中沸沫已成澜'……可能可以作为这部戏的题词"。最先引起他注意的自然是三个女巫。(如果"三"对基督徒来说是一个神秘的数字——想想神圣的三位一体——那么为什么基督徒会把这个数字和巫术联系在一起呢？麦克林顿给出了答案："当然，这个解释是基于这样一个事实，即巫术，就像恶魔一样，是一种敌对的体系，它模仿它试图推翻的东西。"）看门人让三个想象中的罪人下了地狱；麦克白雇了三个杀人犯。班柯幻想了九位一系列的国王，当然，九是"女巫们最喜欢的三的倍数"。［等一下，真的是九位国王吗？文本中说"作国王装束者八人次第上"，"班柯鬼魂随其后"（4.1.3）——八加一；你的九出来了。］邓肯是在凌晨三点被谋杀的（有一个传统是说雄鸡会鸣叫三次——午夜、凌晨三点、黎明前一小时）；看门人承认"一直闹到第二遍鸡啼哩"（2.3.23—24）。[1] 当然，麦克白著名的独白中有三个"明天"。

上面看到了很多的"三"（我还没有全部列出来）。这些"三"的组合对莎士比亚和麦克林顿是一样重要，还是他在戏剧中读到了作者从未想过的潜台词？麦克林顿坚持认为这些数字模式"告诉了我们一些关于莎士比亚的信仰和动机的重要信息"。例如，他的发现表明《麦克白》是一部"比人们通常认为的要复杂和巧妙得多的戏剧"，并为我们提供了"其意义的坚实线索。当然，它在这种背景下的特殊意义在于，数字象征是宇宙学语言的一部分……"

另一位痴迷于莎士比亚对数字的运用的学者是麻省理工学院的尚

---

1 然而，以雄鸡鸣叫来计时也有危险。的确，在《罗密欧与朱丽叶》中也提及了类似的情况，凯普莱特说"……鸡已经叫了第二次！……到三点钟了"（4.4.3—4）——但编者们对是否把同样的逻辑运用到《麦克白》上犹豫不决。A. R. 布罗恩穆勒（A. R. Braunmuller）（在新版剑桥词典中）和尼古拉斯·布鲁克（Nicholas Brooke）（在牛津词典中）不愿将"第二遍鸡啼"等同于"三点"，布鲁克将看门人的话粗略地解释为"清晨"。（布鲁克，第 131 页）

卡尔·拉曼(Shankar Raman)。在一篇题为《指明未知的事物：〈威尼斯商人〉的代数》("Specifying Unknown Things: The Algebra of *The Merchant of Venice*")的论文中,他分析了巴萨尼奥和鲍西娅关于未知事物的地位和价值的争论——这场争论"与代数史上的一次转变相对应"。他说,"比例和代数方程的语言尤其渗透在巴萨尼奥和鲍西娅对选择合适棺材的'风险'的反应中"。该剧表达了"法律和数学之间最基本的联系"。在另一篇论文《死亡的数字：〈冬天的故事〉里的计算与会计》("Death by Numbers: Counting and Accounting in *The Winter's Tale*")中,拉曼着重讲述了一种"深刻而持久的……文艺复兴时期的算术语言与(乍一看)莎士比亚传奇剧的非数学世界之间的联系"。他说,剧中最重要的数字是"零"和"一",戏剧的绝大部分源于这二者之间"包罗万象的张力":"《冬天的故事》中的'零'和'一'之间的差异说明了阿拉伯数字和罗马数字这两种不同的记数体系之间的矛盾,现代早期是它们的继承者",并为剧作家提供了创造"对存在有限性的深刻思考"的机会。[1]

这些对莎士比亚数字使用的高度分析性研究确实很有趣,而且毫无疑问,莎士比亚大多数时候都知道他在使用数字时在做什么。但有时他似乎表现得十分马虎。在《哈姆莱特》中,王子思考着即将来临的挪威和波兰军队之间的战斗,以及可能会死亡的"两千人"(4.4.25);过

1　在莎士比亚和数字之间的合理性范围的另一端是这样一个理论,认为莎士比亚负责了计划于1611年出版的詹姆斯版本的《圣经》的一些翻译工作——当然这些工作必须秘密进行,因为这样崇高的工作不适合一个卑微的演员来为之做贡献。"线索"可以在《诗篇·46》中找到,其中开头的第46个单词是"shake"(第3节),结尾前的第46个单词是"spear"(第9节)。哦还有,莎士比亚当时46岁(出版那年47岁)。

了几十行，写的是“二万人”将死去(4.4.60)。[1] 在《亨利五世》(1.2)中，坎特伯雷大主教列出了一长串人名和日期，为了证明英格兰国王对法国的要求是合理的，而且莎士比亚——重复了霍林斯赫德计算中的一个错误——从805里减去426，得到421(而不是379)。在《裘力斯·凯撒》中，奥克泰维斯(Octavius)为凯撒的“三十三处伤痕”感到伤心(5.1.52)，尽管普鲁塔克的数字显然是二十三处，而不是三十三处。在《冬天的故事》中，里昂提斯和合唱队(“时间”)都认为第三幕和第四幕之间的间隔是十六年，但卡密罗(Camillo)认为是十五年(4.2.4)。正如哈罗德·詹金斯所言，这几个例子或许并不能证明莎士比亚“经常对数字马虎”；不过，我们或许应该谨慎对待作品集中每个数字的深层含义。

正如我们所见，厄舍并不是第一个关注莎士比亚的数字运用的人；他也不是第一个在整部作品集中那些奇特字句背后寻找宝藏的人。举个例子，想一下我们之前看过的《哈姆莱特》中那句奇特的台词，关于从鹭鸶中辨别出一只鹰。还记得厄舍的解释涉及地理，特别是艾尔西诺与第谷·布拉赫的哈文岛以及德国威登堡大学之间的关系。这听起来可能有点牵强——但考虑一下19世纪一位批评家的解释吧。在提醒我们“鹭鸶”可能指的是一种鸟之后，我们被告知：

> 这段话的一般解释是说，鸟儿通常是随风飞翔的，当风向北吹的时候，太阳照得猎人眼花缭乱，他几乎无法分辨出一只鸟。如果风是南风，鸟儿朝那个方向飞，猎人背对着太阳，他很容易就能把鹭鸶与鹰分辨出来。当风向是西北偏北，大约在早上十点钟，猎人

---

1 《哈姆莱特》中的另一个例子：当伶王说他娶了王后以后“月亮吐耀着借来的晶光，三百六十回向大地环航”(3.2.150)，这似乎是“三十年”的诗意说法——除了第一四开本写的是四十年，不是三十年——但是，第一四开本被认为并不是非常权威的文本。

的眼睛、鸟和太阳将成一条直线，因此由于太阳光直照他的眼睛，

他将无法区分鹭鸶与鹰。

谁会错过那个呢？尽管如此，如果“手锯”(handsaw)在《哈姆莱特》中是“鹭鸶”(heron)的意思，人们可能会奇怪，为什么它在《亨利四世·上篇》中直接是“手锯”的意思。相关的场景出现在第二幕，福斯塔夫声称被一群强盗袭击。(攻击者的数量随着故事的讲述而增加，但实际上只有两个人——乔装打扮过的亨利亲王和他的同伙波因斯。)在故意损坏了剑以使剑看起来好像是被他用来击退过攻击者一样后，福斯塔夫哀叹自己的剑被“砍得像一柄手锯一样”(2.4.161)。也许，只是也许，哈姆莱特的手锯自始至终都是一把手锯。正如弗洛伊德所说：“有时候，雪茄就是雪茄。”

我们的1250位成员何时再见？

美国莎士比亚协会(The Shakespeare Association of America，SAA)之于莎士比亚，犹如美国天文学会之于天文学。SAA[1] 是世界上最大的莎士比亚学术及相关研究的专业协会，拥有来自36个国家的1250名成员。我有幸参加了他们2012年在波士顿和2013年在多伦多举行的年度会议。在一次典型的SAA会议上，所涉及的话题范围之广确实令人瞠目结舌，不仅包括莎士比亚的作品，还包括马洛、琼森和活跃于现代早期英格兰的任何其他作家的作品，以及对作家工作生活其中的迅速变化的物质、社会和文化环境的分析。

学者们展示他们的论文，听其他学者的论文，讨论共同感兴趣的研究领域。这可能与其他任何艺术或人文会议有很多共同之处。但有一

1 本章中提到的两个会议，AAS和SAA，有着相反的缩写。这两个会议简直大相径庭。

个很明显的不同之处：在每个研讨室里，有十五或二十把椅子放在一张中央桌子周围，就像在会议室里一样；实际上，在会议上发言的人会被邀请坐在这个“核心圈子”。在他们周围，人们会发现另外有三四十把椅子排列在房间的外围，面朝里面。这就是“审核员”——任何不做发言的人（这些人通常是研究生，但他们也有可能是终身教授，只是来听课，而不是来做报告）的位置。这种安排在很多年里都没有改变，在与会者看来显然是正常的——但它似乎在发言人和听众之间造成了不必要的严重分歧（从审核员的角度来看，这有点奇怪，因为一个人盯着一半发言人的脸和另一半发言人的后脑勺。即使你能看到说话人的脸，也会被别人的后脑勺遮住一部分）。

2012 年和 2013 年讨论的话题从可预测的到深奥的都有。一个名为“阅读莎士比亚与《圣经》”的研讨会并不令人惊讶；在 21 世纪，“现代早期奇特的殖民遭遇”和“爱莎士比亚（iShakespeare）：研究和教学的新媒体”这样的话题也不奇怪。对我来说，在寻找与科学相关的话题时，一个关于“著名的猿类：莎士比亚与灵长类学”的研讨小组是 2012 年会议的亮点；有一个关于“物质、知觉和认知”的研讨会也是如此。[当一位研讨会负责人把哲学家兼认知科学家丹尼尔·丹尼特（Daniel Dennett）称为“大卫·丹尼特”（David Dennett）时，我尽量不去担心；我想任何人都可能犯一次错。]有时，一些看似无关紧要的小事会变成重要的讨论话题：一把匕首需要有多少人看到后才能被认为是“真的”；睡眠不足如何影响麦克白的认知能力；莎士比亚笔下人物的名字是否具有粪便学意义，反映了（如一位学者所说的）“肛门性欲和胀气的一些方面”。在 2013 年的大会上，我被一场关于《暴风雨》的时长两小时的研讨吸引住了，这是我最喜欢的剧目。随着研讨会的展开，发言人思考了一些问题，这些问题可能是普通读者没有注意到的。例如：到底普洛斯彼罗教了凯列班(Caliban)哪种语言？我们是否应该把凯列班和米兰达(Miranda)看作是文法学校的学生，而且米兰达是更高年级的？凯列班仍然是普洛斯彼罗的学生，还是因为企图强奸米兰达而被驱逐了？为什么阿隆佐(Alonso)如此确定他再也见不到他的女儿了，仅仅是因为她从米兰搬到了突尼斯——而这个意大利城市和北非港口之间已经有了一条有数百年历史的贸易路线？后来，有人提出了一个理由，认为凯列班的伐木活动是滥伐森林和破坏环境的象征。在旁听席外围，一位年长的绅士冷冷地插话道："或者至少原木收集是这样的。"

对于不熟悉21世纪莎士比亚研究的人来说，书中涉及的一些主题似乎出乎意料。前两次会议的一些标题样例如下：

1. "诊断《哈姆莱特》：疯癫王子与自闭症谱系"
2. "不喜欢吃的《麦克白》：麦克白的消化不良和牛奶问题"
3. "《暴风雨》的生态：普洛斯彼罗的岛屿是碳中性的吗？"
4. "'呼出嗖嗖声'：《裘力斯·凯撒》中的气象学、忧郁和道德行为"
5. "乔治契约：《亨利四世·下篇》中的农业生物区域主义和生态世界主义"
6. "云中奇想：历史决定论、《哈姆莱特》和神经现象学"
7. "莎士比亚的量子物理学：《温莎的风流娘儿们》作为《亨利四世·下篇》的女权主义'平行宇宙'"
8. "生命中不能承受之轻：普洛斯彼罗的小助手是全息图像吗？"

好吧，我承认：这八个标题中有三个是编的。但是你能分辨出假标题和真标题吗？这并不容易，是不是？（答案在本章末尾。）

我提到过，厄舍用九页篇幅讲述了《冬天的故事》中著名的舞台提示——“被大熊追下”。在2013年的会议上，也许他的解释并不会太不合时宜，那次会议上的一篇论文探讨了“熊的破坏性（甚至是令人满意的）影响，它破坏了二元体系的稳定性。莎士比亚的舞台上的熊——无论是活的还是以熊皮为代表（曾经是熊皮做的）——实现了‘跨物种’的联系，拒绝人类/动物和自然/文化（错误地）分离，偏爱相互作用和相互依赖，而不是自主和对抗”。

当像彼得·厄舍这样的学者们一行行地阅读莎士比亚戏剧的台词，寻找多年来被忽视的隐藏的珍贵内容时，他们并不是唯一这样做的人。他们只是众多学者中最新的一批，这些学者已经走到了合理性允许的最大范围——或者可能稍微更远一点——在莎士比亚几个世纪前的古老文字中发现隐藏的含义。[1] 他们掌握了艺术与科学的独特融合，使人们可以将莎士比亚的话语曲折地逼近临界点，以寻求新的见解，新颖的解释。如果对莎士比亚篇章的每一行都吹毛求疵是一种犯罪，那么上一次SAA的会议必须在唐监狱而不是皇家约克酒店举行。

无论人们如何看待厄舍这些更夸张的看法，他的作品触及了许多

1 请注意，即使是表面意义，仍然是争论的主题。例如，在新雅顿版《哈姆莱特》中，汤普森和泰勒指出，即使是英语文学中最著名的演讲也是模棱两可的：哈姆莱特说，“生存，还是毁灭——这是问题所在”——但问题是什么呢？“也许令人惊讶的是，经过这么多的争论，编辑和评论家们仍然在以下问题上存在分歧：（1）哈姆莱特是否值得活下去，（2）他是否应该结束自己的生命，（3）他是否应该对国王采取行动。”他们在前言中补充道：“对该剧的几乎所有方面仍有可能产生分歧……”（汤普森和泰勒，第284页；第137页）事实上，人们不必用一个完整的句子甚至一个完整的词，就能引起争论：某些字母甚至标点符号，都引起了许多争论。

领域，莎士比亚的研究群体——也许，逐渐地——开始以他的方式来看待这些领域：越来越多的学者承认莎士比亚与托马斯·迪格斯之间的联系被忽视了，以及《哈姆莱特》的角色场景和丹麦天文学家第谷·布拉赫之间存在某种关联。如果他的书设法促使少数研究人员更加仔细地研究这些问题，他将很可能感到满足。如果碰巧，他们接受他的其他主张，我相信他会很高兴——但是他似乎并不押注于此，也不会急于这么做。"我认为酒香不怕巷子深，"他说，"我已经退休了，我并不着急。毕竟，莎士比亚作品集已经存在四百年了，再过几个世纪也不会有很大不同。"

事实证明，在厄舍关于莎士比亚和科学的无数观点中，有一个特别的观点正在获得支持。它涉及天文学和一部后期的戏剧，与斯科特·迈萨诺和约翰·皮切尔产生了特别好的共鸣。事实上，这三个人似乎差不多在同一时间偶然地产生了同样的想法。这部有争议的剧作是《辛白林》，可以追溯到莎士比亚职业生涯的最后几年。它还涉及现代天文学的发展，以及天文望远镜的发明。这是一个我们只简单接触过的主题，与厄舍关于伦纳德·迪格斯的煽动性言论有关，据说伦纳德·迪格斯在16世纪中期使用过这种设备。现在，我们必须探讨一位意大利科学家的工作，半个多世纪后，他确实把这种仪器瞄准了天空。所以我们已准备好迎接另一位伟大的智者，他于1564年来到这个世界。*

* 第220页测验的答案：标题1、3和8是假的。认为《亨利四世·下篇》和《温莎的风流娘儿们》发生在平行宇宙的标题7的论文是相当真实的。正如论文摘要中所提到的，它不仅引用了量子理论，还引用了弦理论："我假定平行宇宙是当代量子物理学证明的弦理论的逻辑产物。"这篇文章用量子理论解释了从一个宇宙到另一个宇宙的传输是如何发生的，认为莎士比亚创作《温莎的风流娘儿们》的目的是证明"女性决定的正义对男性虐待的反抗最终确实会发生，甚至是同时发生"。作者在研讨会上做出了一个提醒，承认莎士比亚在写剧本时可能没有"有意识地在思考弦理论"。

9. 莎士比亚和伽利略

“世界在旋转吗？”

莎士比亚的出生地如今是一个主要的旅游景点，而伽利略出生的房子——位于意大利北部城市比萨的一幢四层粉棕色房子——直到今天仍然是一处私人住宅，只有一块小牌匾和一面意大利国旗作为标记。它坐落在一个名为圣弗朗西斯科区的一条安静的街道上。在伽利略时代，这里是艺术家、工匠和店主的家园。他的父亲——文森佐·伽利莱（Vincenzo Galilei）和妻子朱利亚（Giulia）在他们第一个儿子出生的前一年就开始在那里定居。

文森佐是一位技艺精湛的音乐家、教师和音乐理论家。尽管他很有才能，但还是经济拮据，只能靠做羊毛生意来维持生计。朱利亚是一个受过教育的女人，在她的亲戚中有人是红衣主教。伽利略是他们家七个孩子中的老大；按照当时托斯卡纳的习俗，他被起了一个与家族姓氏相对应的教名——因此就有了回声一样的“伽利略·伽利莱”，现代科学之父，历史上人们简单地称他为“伽利略”。

文森佐曾希望他的儿子能成为一名医生，而这个年轻人也被比萨的一所大学正式录取，学习医学。然而，他对数学产生了兴趣。他没有获得学位就离开了大学，尽管后来他又回去了；在比萨他得到了第一份教学工作。把伽利略说成是一个不合群的人可能太苛刻了，但他从小就以好辩著称。我们知道，他因为拒绝穿学校的官方长袍而惹恼了一些更资深的教员，他认为这是在装腔作势（为此学校扣掉了他的薪水）。

也是在比萨，伽利略第一次对运动产生了兴趣，开始研究物体对一种稳定的力如万有引力作出反应的方式（尽管当时没有人称之为引力）。这种运动的一个例子就是钟摆的摆动。据说，伽利略对这个问题的最初想法是由比萨大教堂巨大的吊灯在微风中轻轻摇曳的景象引发的；最终，他得出了钟摆摆动持续时间的数学公式。下落或滚动的物体也引起了他的兴趣。研究这种运动的一种方法是让不同种类的物体沿斜面向下滚动，仔细测量这些物体在给定时间间隔内移动的距离。他还想知道物体垂直下落这种特殊情况。假设你有一个铁球，像一个炮弹，你还有另一个同样大小和形状的球，但是用木头做的。你可能会认为炮弹下落得更快，因为它更重。这就是亚里士多德的想法。他说，较重的物体会比较轻的物体下落得更快，速度与重量成正比。这听起来当然很有道理——但伽利略对此表示怀疑。他后来在他的最后一本书《关于两门新科学的谈话和数学证明》（*Discourses and Mathematical Demonstrations Relating to Two New Sciences*，1638）中给出了详细的论证。伽利略的推理是以对话的形式，由一个名叫萨尔维亚蒂（Salviati）的角色为其发声的：

> 亚里士多德宣称，不同重量的物体，在同一介质中运动……速度与重量成正比，因此二十磅的石头比两磅的石头快十倍；但我认为这是错的，如果它们从五十腕尺[1]或一百腕尺的高度落下来，它们将在同一时刻到达地面……亚里士多德说"一百磅重的铁球从

1 古埃及人最初使用的一种测量单位，指肘拐到中指指尖的距离，1腕尺的长度在44—46厘米之间。——译者

一百腕尺的高度落到地面时，一磅重的球还没有落下一腕尺"，我说它们是同时到达的。

根据第一位为伽利略写传记的作家文森佐·维维安尼(Vincenzo Viviani)的说法，伽利略通过从大教堂著名的比萨斜塔上扔下不同重量的物体来验证他的假设。然而，历史学家怀疑，这个故事与其说是事实，不如说是传说(维维安尼的叙述主要是受到英雄崇拜的推动，而且有很多夸大的成分——这在当时的传记写作中是一种常见的做法)。伽利略当然可能进行这样的实验；但他很可能已经从他对斜面运动的研究中得出了答案，在这种情况下，同样的原理也在起作用(无论哪种情况，物体所经过的距离都与其用时的平方成正比)。伽利略还研究了抛射体的运动，证明一颗炮弹必须沿抛物线运动。所有这些发现都与亚里士多德物理学相矛盾，后者的缺陷正变得越来越明显。伽利略并不依赖古代的智慧，他倾向于一种实验性的方法。与此同时，他发现了数学在描述自然世界中的力量。正如他在1623年出版的一本名为《试金者》(意大利语为 *Il Saggiatore*)的小书中所说的：

> 哲学就写在宇宙这本伟大的书里，它一直开放在我们的视野中。但是，如果一个人不先学会理解其中的语言，不去阅读其中的文字，就无法理解这本书。它是用数学语言写的，它的文字是三角形、圆形和其他几何图形，没有这些，人类就不可能理解它的任何一个字；没有这些，人们就会在黑暗的迷宫中徘徊。

大自然展现出一种潜在的秩序，通过仔细观察和数学表达——我们今天称之为数学建模——这种秩序可以被理解和研究，我们可以做出预测。这种实验和数学分析的结合，将成为未来几个世纪科学的支柱。

伽利略于1592年搬到东北城市帕多瓦，在那里的大学任教长达十八年之久。他与一位名叫玛丽娜·甘巴（Marina Gamba）的女子有过交往，但没有结婚，她给他生了两个女儿和一个儿子。[1] 他后来回忆起那段日子，觉得那是他一生中最快乐、最多产的时光。即便如此，他还是在经济上陷入困境，尤其是在他父亲去世之后。令人高兴的是，他的教学工作给他留有足够的空余时间，他可以用来修改调整一些东西。他不顾一切地想发明一种可以申请专利的东西——一种机器或仪器，可以使他在某种程度上获得经济上的保障，也许可以得到一位王子或公爵的资助。"……我有许多不同的发明，"他写道，"只要其中一项就足以照顾我的余生……如果我能找到一位喜欢它的大公……然后他可以任意使用这个发明和它的发明者。我希望他不仅接受石头，而且接受采石场。"

伽利略发明了一种原始的温度计，而且更让他获利的是，他还发明了一种军用指南针，用于在战斗中帮助炮兵军官（他不仅让助手们在自己的作坊里批量生产这种仪器，还提供使用教程，以此来赚钱）。在三十出头时，伽利略就对天文学产生了兴趣。1604年，当一颗新星在天空出现时——这颗现在被称为"开普勒星"的超新星——他开设了一系列关于这个非凡物体的讲座，对它的意义进行了推测；他每一次演讲时，大学的礼堂都坐满了听众。在收到开普勒的《宇宙之谜》（*Mysterium Cosmographicum*，1596）一书后，他还与这位德国科学家进行了通信。这本书是科学、神秘主义和命理学的融合——但它也赞扬了哥白尼模式，这也是伽利略所认可的。"真是可惜，很少有人寻求真理。"伽利略在给开普勒的信中如此写道。他指出，他本人"多年来一直是哥白尼体系

1 这是伽利略和莎士比亚之间的又一个巧合，莎士比亚也有两个女儿和一个儿子。

的拥护者。它向我解释了许多自然现象的原因,这些现象在普遍的假设中很难理解”。这是伽利略也认为托勒密模型已经过时的第一个标志。

“某个佛兰德人制作了一架望远镜”

到目前为止,伽利略——与有史以来所有的天文学家一样——只能用裸眼来观察天空。[1] 这种情况很快就会改变。正是在帕多瓦,他第一次了解到一种来自荷兰的奇特光学仪器——据说这种仪器能使远处的物体显得很近:

> 大约十个月以前,我听到一个消息,说有一个佛兰德人制造了一架望远镜,用这个望远镜可以清楚地看见远处的景物,仿佛它就在近处。关于这种望远镜的真正显著的效果,有一些人有相关经历,其中有些人承认,有些人否认。几天以后,巴黎的一位法国贵族写信向我证实了这一消息,这使我一心一意地去研究怎样才能发明一种类似的仪器。

如他自己的证词所表明的,伽利略没有发明望远镜。事实上,我们不能确定是谁发明的,尽管功劳通常归于荷兰眼镜制造商汉斯·利普希(Hans Lipperhey,有时拼作 Lippershey),他在 1608 年 10 月为一种类似望远镜的设备申请了专利。他声称,这是一种工具,“通过这种工具,所有在非常遥远地方的物体都可以被视为近在咫尺”。它显然把远处的物体放大了三倍。这听起来可能不算什么,但即便如此,其军事用途肯定也是显而易见的。尽管如此,他的申请还是被拒绝了,理由是这个设计已经广为人知,而实际上,另外两名荷兰人被认为差不多在同一时

---

1 或许除了托马斯·哈里奥特。正如我们在第 5 章中看到的,哈里奥特可能比伽利略早几个月就把望远镜对准了夜空。

间独立地提出了一种类似的装置。

不久，伽利略改进了荷兰人最初的发明。很快，他有了一架望远镜——或者用他的话说，一架“perspicillum”[1]——与用裸眼看相比，它可以把东西放大二十倍甚至三十倍。[2] 正如欧文·金格里奇所说，伽利略设法“把一个流行的狂欢节玩具变成了一个科学仪器”。伽利略立即认识到了这种新仪器的潜力。但他最初的想法与天文学无关；相反，他看到了望远镜作为军事工具的价值。他安排了一次与威尼斯资深政治家的会面，将他们带到了圣马可广场钟楼的顶端。伽利略敦促他们把望远镜对准港口的船只。这个设备非常好用，在船只到达港口前整整两个小时他们就可以识别船只。官员们对此印象颇深，提出给伽利略双倍的薪水。最后，他把他们的出价作为讨价还价的筹码，在他的家乡托斯卡纳省找到了一份更好的工作。伽利略很快将带着一个崇高的新头衔前往佛罗伦萨：1610 年 7 月，他被任命为托斯卡纳大公的首席数学家和哲学家。但当他把望远镜对准天空时，他还在帕多瓦，并开始用这个新装置观察夜空。他所看到的将永远改变世界。

以现代标准来看，伽利略的望远镜是个笑话：今天，你可以去任何一家百货商店买一架初级望远镜，它的光学性能比任何伽利略可能制造的望远镜都要好得多。尽管这架望远镜很朴素，但伽利略却用它取得了很大的成就。从 1609 年秋天开始，伽利略将他的望远镜对准夜空——并惊讶于它所揭示的东西。他发现月球上覆盖着山脉和陨石

---

1 “望远镜”的拉丁文表述，由伽利略在 1610 年的《星际信使》中首次创造并使用。——译者

2 斯蒂尔曼·德雷克(Stillman Drake)指出，“望远镜”这个词是在 1611 年创造的。

坑,并通过仔细观察它们的影子计算出了其大小。

他指出,裸眼可见的星星与较暗的星星的数量之比可能是一比十,因为较暗的星星太过微弱,不借助望远镜就无法看见。他继续推断,银河系本身一定是由无数暗淡的星星组成的,这些星星太暗淡了,无法裸眼看到。但最让人吃惊的事情发生在他把望远镜对准木星的时候:

> 1610 年 1 月 7 日夜晚的第一个小时,当我用望远镜观察天体时,木星出现在我面前;因为我为自己准备了一架非常出色的仪器,我发现(由于我先前仪器的缺陷,我以前从未见过),在那颗行星的旁边有三颗小星星——的确很小,但非常明亮。尽管我相信它们是固定恒星中的一员,它们仍在某种程度上引起了我的好奇心,因为它们似乎位于与黄道平行的一条直线上,而且比同体积的其他恒星更壮观。两颗星星在东边,一颗星星在西边。

第二天晚上,他发现了“一个非常不同的安排”:三颗小星星现在都在木星的西边,而且靠得比前一天晚上更近了。几天后,“只剩下两颗星星,都处在偏东的位置,第三颗(我想)藏在了木星后面”。

伽利略被这种动态显示迷住了,这一串小星星似乎每一晚都跟着木星划过天空。最终,他发现这些奇特的星星不是三颗,而是四颗。每一个晴朗的夜晚他都进行观测,渐渐地明白了他所看到的一切。“这种变化不可能归因于木星的运动,”他后来写道,“但我确信这些仍是我观察到的星星,我的困惑现在变成了惊讶。”不久,他“毫无疑问地断定”有四颗星星“围绕着木星旋转,就像金星和水星围绕着太阳转一样,随后,在白天的类似观测中,这一现象变得更加明显”。无须怀疑,“四个流浪者完成了它们围绕木星的旅行”。为了纪念他的新赞助人大公科西莫二世・德・美第奇,他把这些星星命名为“美第奇之星”,但这并没有持

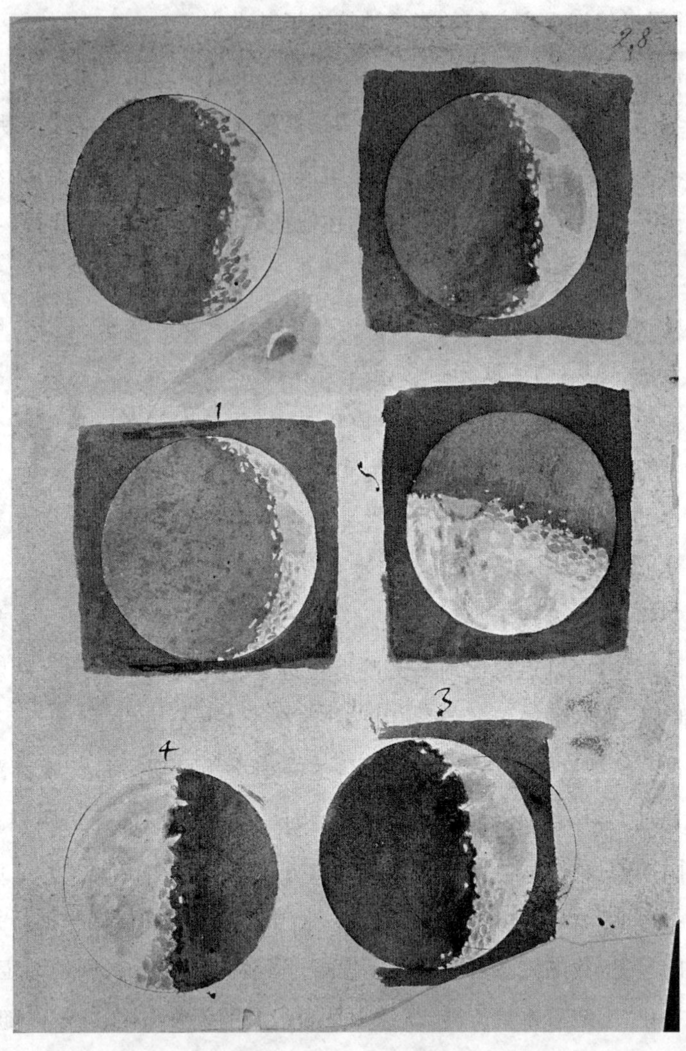

图 9.1 在新发明的望远镜的帮助下，伽利略绘制了月球的草图（可能在 1609 年秋或 1610 年初），显示月球上布满了山脉和陨石坑。基于这些图的版画将帮助他的《星际信使》一书成为畅销书。斯卡拉/艺术资源，纽约

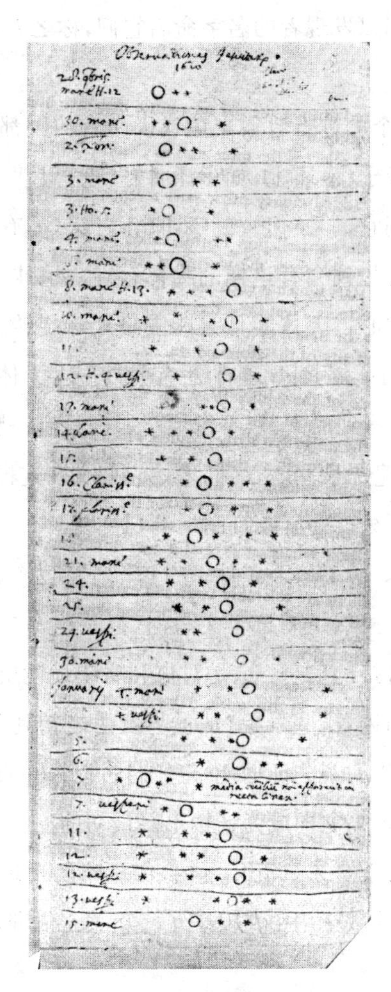

图 9.2　1610 年 1 月，伽利略将他的望远镜对准了木星，发现木星周围有四颗之前不为人知的“星星”。他很快就明白了，这些是围绕木星旋转的卫星，就像地球的卫星——月球围绕地球旋转一样。他笔记本的这一页显示，几个星期里伽利略都在追踪它们的位置。格兰杰收藏，纽约

续下去；今天，我们以发现者的名字命名它们，称之为伽利略卫星。

今天，任何一个去过当地天文馆或天文台的人都知道木星和它的四颗明亮卫星的样子（事实上，如果条件适宜并且双手稳定，人们可以用双筒望远镜看到它们）。但直到1610年冬天，才有人知道这些卫星的存在。谁也没有想到会有这样的物体存在。地球是宇宙的中心，也被认为是旋转的中心。天体能且只能围绕地球旋转。但是，伽利略现在有了不容置疑的证据，证明至少还有另外一个天体也可以充当这样的中心：人们现在看到的木星，不像地球那样只有一颗卫星，而是有四颗卫星围着它转；毫无疑问，从时间之始它们就在这样旋转。

伽利略知道不久就会有人复制他的观测结果——所以他赶紧把自己的想法发表出来。1610年3月13日，一本名为《星际信使》的小册子在威尼斯出版。虽然是用拉丁文写的，但是这本二十四页的小册子传达了一个非常直接的信息：这是对伽利略望远镜所揭示的夜空奇迹的一个接一个的描述，这些景象"从世界诞生之初到我们这个时代，从未有人见过"。终于有观测证据能平息"自古以来一直困扰着哲学家们的所有争论"。这本书立即成为畅销书。最初的五百册马上售罄，来自欧洲各地的订单纷至沓来。五年之内，伽利略的发现被远在北京的人讨论，一位耶稣会传教士用中文发表了一篇关于伽利略的发现的摘要。

通过目镜

伽利略继续对夜空进行研究，不久就发现金星也像我们的月球一样有不同的相位。土星上也有一些奇怪的东西，尽管伽利略很难确切地说出是什么。他知道这颗行星以一种奇特的方式被拉长了，但他的望远镜缺乏显示其光环所需的分辨率。他还发现太阳像月亮一样是不完美的，它的表面布满了黑点（到当时为止，其他人也发现了这一点）。[1]

伽利略通过望远镜看到的一切似乎都符合哥白尼的宇宙模型。正如我们所看到的，伽利略甚至在开始他的望远镜观测之前就倾向于哥白尼主义；然而，他透过目镜看到的东西似乎证实了这一点。以行星金星为例：如果托勒密模型是正确的，即金星在比太阳低的球层里围绕地球旋转，那么它将总是呈现新月形。[2] 金星显示出完整的相位，从"新"到"满"，这一事实只有在金星确实围绕太阳旋转时才说得通（推而广之，同样的道理也适用于水星）。在发现这一现象后，他给开普勒发送了一条加密信息：解密后，上面写着"爱之母模仿了辛西娅的形象"——也就是说，金星模仿了月球。不久之后，他写信给在罗马工作的耶稣会天文学家克里斯托弗·克拉维乌斯（Christopher Clavius），说太阳"无疑是所有行星围绕旋转的中心"。1613 年，他准备公开这一发现。他写道："我们绝对有必要得出这样的结论，与毕达哥拉斯和哥白尼的理论一致，金星和其他所有行星一样围绕太阳旋转。"

还有木星，本身就像一个微型的太阳系。如果木星有自己的卫星，

---

1 1611 年秋，一位在巴伐利亚工作的耶稣会牧师和天文学家克里斯托弗·基纳（Christoph Scheiner）与伽利略大约在同一时间观察到太阳黑子，两人为谁首先观测到太阳黑子而陷入了激烈的争论——他们两人显然都没有意识到约翰内斯·法布里修斯（Johannes Fabricius），一位在威滕伯格的天文学家，已经在去年夏天发表了一篇关于太阳黑子的简短论文。在英格兰，托马斯·哈里奥特也观察到了它们，正如我们在第 5 章中所见。

2 这个论点有点微妙，因为在托勒密体系中，金星被认为是在一个"同步"的本轮中运行，可以这么说，它与太阳围绕地球的运动同步；也就是说，人们认为金星本轮的中心一直位于一条连接地球和太阳的直线上。（这对于解释金星总是离太阳很近这一事实是必要的。）有了这个限制，金星只能显示月牙相位。相反，在哥白尼模型（或第谷模型）中，人们会看到一组完整的相位，不管金星是否在自己的本轮中运行。

谁能说地球是宇宙的中心呢？反对哥白尼理论的一个古老论点与月球有关：地球怎样才能围绕太阳旋转——假定以巨大的速度——而不让我们的星球在这个过程中"失去"它的卫星呢？然而，不管人们相信托勒密还是哥白尼，木星肯定是绕着某个天体旋转——而且带着四颗卫星一起旋转！这是支持哥白尼模型的"一个优秀且优雅的论证"，伽利略写道，并补充说：

> 现在我们不仅有一颗行星绕着另一颗行星旋转，而且两颗行星都绕着太阳运行；我们看见四颗围绕木星旋转的星星，就像月球围绕地球旋转一样，而所有这些星星在十二年的时间里都围绕着太阳旋转。

木星的卫星和金星的相位，似乎直接与托勒密的宇宙论相矛盾，而太阳和月球上的不完美则与托勒密模型所依据的亚里士多德范式相违背。古希腊的宇宙模型遭受攻击，先是哥白尼的凿子，现在又有伽利略的大锤。十五个世纪之后，一种似乎无懈可击的世界观正在消失。

"最奇怪的消息"

在伽利略的观测之前，哥白尼模型的吸引力主要在于它在计算行星位置上的用途。现在有了具体的观测证据支持它。到此时，哥白尼体系已经有将近70年的历史了，它显然不仅仅是一种数学上的便利：它现在可以被看作是对宇宙的物理描述。正如欧文·金格里奇所写的那样，伽利略的观测"使相信日心说是一种物理现实在思想上受到了尊重"。

消息很快传开了。在法国宫廷，大公科西莫的表姐——王后玛丽·德·美第奇下令在她的窗口安装一架望远镜；在望远镜就位之前，她变得极为兴奋，在疯狂的期待中跪了下来。与此同时，她的丈夫亨利国王建议，伽利略可以用自己的名字来命名他的下一个发现。意大利人的发现很快传到了英格兰。《星际信使》出版时，一位名叫亨利·沃顿爵士(Sir Henry Wotton)的英格兰外交官正在威尼斯访问。那天还没结束，他就把这本书寄给了他的国王詹姆士一世。他还附上了一封信，告诉国王伽利略的发现"推翻了所有以前的天文学"。信中一部分写道：

> ……我把从世界任何地方可接收到的消息中最奇怪的一则(我可以合理地这样称呼它)报告陛下，即随信附上的这本帕多瓦数学教授的书(这一天刚传播到国外)。在佛兰德人发明再由他自己改进的光学仪器(该仪器可以使物体在保持相似的同时还能变大)的帮助下，教授发现，除了许多其他未知的恒星，还有四颗新的行星在围绕木星天球旋转。

正如第5章所提到的，国王的长子亨利王子也要求得到伽利略的书；我们还注意到剑桥的威廉·博斯韦尔爵士(Sir William Boswell)与伽利略通信，并帮助传播通过望远镜发现的消息。另一本《星际信使》送到了威廉·洛尔爵士手中，他写道："我认为，勤奋的伽利略在他的三重发现中所做的，比麦哲伦在开辟南海海峡方面所做的还要多，比新地岛上被熊吃掉的荷兰人所做的也还要多。我相信他会更安心、更安全，而我也会更快乐。"《星际信使》出版不到一年，牛津大学的学生们就被要求讨论一个问题："月球适合人类居住吗?"("*An luna sit habitabilis?*")正如莫迪凯·范戈尔德所写的："伽利略热潮由此开始。到这十年结束时，英格兰几乎每一个杰出的科学家……都在进行望远镜观测。"从那时起，伽利略的书"对英格兰正在进行的关于日心说的讨论产生了重大影响"。

即使你不是科学家，也会对"望远镜热"着迷。政治哲学家托马斯·霍布斯(Thomas Hobbes)想找寻一本《星际信使》，但当他去的所有书店该书都已售罄时，他感到很失望(他意识到，这些书短期内也不会有人转手。“买这种书的人，不是那种会再次把它们卖掉的人。”他在给朋友的一封信中写道）。牧师和剧作家巴登·霍利迪（Barten Holyday）在1618年出版的一部戏剧中提到了伽利略的观测结果。与莎士比亚大致生活在同一时代的苏格兰诗人托马斯·塞吉特（Thomas Segett）问道：

哥伦布给人类土地以流血征服

伽利略的新世界对所有人无害。哪个更好?

那么莎士比亚本人呢？正如我们所见，通常的观点是，这些宣布于1610年春的发现，在莎士比亚的职业生涯中来得太晚，并没有产生多大的影响。但也许我们不应该如此草率。1610年，莎士比亚还没有准备好退休；事实上，他至少还会单独再创作两部剧，还有几部与剧作家约翰·弗莱彻合写。在他自己写的作品中，最著名的是《暴风雨》。这是三部“传奇剧”中的最后一部，也是他最后一部没有合作者的剧作。第一部传奇剧是《冬天的故事》。在这两者之间，我们发现了整套作品集中最引人入胜的戏剧之一（也是最被忽视的作品之一）：《辛白林》。

“矫揉造作、拙劣至极的垃圾剧”

有一点无法回避：《辛白林》是一部古怪的戏剧。唯一留存下来的文本包含在《第一对开本》中，出现在最后，与悲剧融合在一起，仿佛是莎士比亚事后的想法。但《辛白林》绝不是一部传统的悲剧。这部剧并没有像《哈姆莱特》和《李尔王》那样以大屠杀收场，而是以家庭和政治两方面的调解告终。今天的学者有时把它归类为“悲喜剧”。乔纳森·贝特是皇家莎士比亚版的编辑，他半开玩笑地将其描述为“悲剧-喜剧-历史剧-田园牧歌”。这出戏含有“高度的自我意识……一系列最受欢迎的莎士比亚主题：女主人公的异装，从宫廷到乡村的转变，强迫性的性嫉妒，恶毒的马基雅维利式的阴谋，对罗马价值观的拷问”。换句话说，莎士比亚在他职业生涯即将结束的时候，把所有可能的戏剧原料放进锅里，然后拌在一起。即使以莎士比亚的标准来看，故事情节也是错综复杂的：至少有三个独立但又相互交织的故事推动着情节发展，而故事的结构和情绪似乎也会随着情节的发展而变化。塞缪尔·约翰逊（Samuel Johnson）对《辛白林》的鄙视是出了名的，他说《辛白林》包含了“很多不协调之处”，列出它所有的缺点将是“把批评浪费在毫无节制的愚蠢上……”与此同时，乔治·萧伯纳（George Bernard Shaw）称其为“矫揉造作、拙劣至极的垃圾剧……庸俗、可憎，叫人厌恶得完全不能忍受”。

然而，就在最近，莎士比亚学者（以及普通的莎士比亚迷）似乎对《辛白林》产生了兴趣，尽管它可能不合传统。在剑桥版中，马丁·巴特勒（Martin Butler）认为这本书“叙事扣人心弦，令人信服，从天真浪漫的恋人故事不可阻挡地上升转变成令人眼花缭乱的艺术突转……《辛白林》是由一个在巅峰时期的剧作家创作的”。

如果说《辛白林》是一部大杂烩，那可能是因为它取材于多个资源。莎士比亚从霍林斯赫德的《编年史》和乔瓦尼·薄伽丘的《十日谈》以及1589年的一部名为《爱情与财富罕见的胜利》（*The Rare Triumphs of Love and Fortune*）的无名剧作中汲取了元素。辛白林国王[1]（King

1 莎士比亚笔下的辛白林国王与真实的库诺比莱纳国王（King Cunobeline，拉丁语为Kynobellinus）几乎没有什么共同之处，库诺比莱纳国王在公元1世纪统治着英格兰东南部。我们可能也注意到了，在于伊丽莎白统治时期写的历史剧中，莎士比亚满足于把他的国家称为英格兰，而在《辛白林》中，他却将近五十次提到“不列颠”（或“不列颠们”）。剧本写于詹姆士国王统治时期——首位统治英格兰和苏格兰的国王——它的语言可能反映了新国王统一“大不列颠”的野心（参见Bate and Thornton，p.49）。

Cymbeline)统治着古代不列颠，但是奥古斯都·凯撒统治下的罗马军团正把该岛作为入侵的目标。这也是耶稣诞生的时候——这一事件对莎士比亚和他的观众可能更有意义。可能正是由于不寻常的背景，据说这部戏剧比作品集中其他任何一部都包含更多的时代错误。

到目前为止，我还没有费心为探讨过的戏剧提供情节梗概，因为大多数读者可能对它们很熟悉；但是，由于《辛白林》相对晦涩，也许提供一段它的提纲是合适的。戏剧的主角是辛白林国王、他的女儿伊摩琴[1]，以及她秘密嫁给的一个名叫波塞摩斯·里奥那托斯的平民。辛白林不赞成他们的结合，流放了波塞摩斯；与此同时，王后，也就是伊摩琴的继母，密谋让伊摩琴嫁给她前一次婚姻中的儿子——愚笨的克洛顿。波塞摩斯前往罗马，在这里他和他的新伙伴们辩论谁的妻子最贞洁。一位名叫阿埃基摩(Jachimo)的意大利贵族和波塞摩斯打赌，赌他到英格兰后能够勾引到伊摩琴。他失败了——但他设法通过藏在箱子里进入了伊摩琴的卧室。到了晚上，他出来仔细观察了伊摩琴的身体和房间的每一个细节，以便让波塞摩斯相信他确实和她上过床。第二个情节涉及辛白林失散已久的儿子——古德律斯和阿维拉古斯，他们由培拉律斯照顾，培拉律斯以前是贵族，现在已经被放逐，他相信他们是自己的后代。外出打猎时，这三个人遇到了克洛顿并杀死了他；然后遇到了伊摩琴(她打扮成一个男孩的样子，名为费戴尔)，她在去罗马见波塞摩斯的路上在威尔士森林里迷路了。第三个情节围绕着辛白林拒

1 这个不同寻常的名字有不同的拼写方式。在1623年的对开本中，拼写是“Imogen”，但一些编辑认为这是一个印刷错误，他们更喜欢“Innogen”(与早期版本的《无事生非》中幽灵角色的名字相匹配)。下文的“Jachimo”也有不同的拼写(通常是Iachomo和Giacomo)。这里所有的摘录都来自由约翰·皮切尔(John Pitcher)编辑、企鹅出版社最近出版的版本，我采用了他对角色名字的拼写方式。

绝支付罗马大使要求的年费(“贡品”)展开,此时战争的威胁正逼近这个国家。(这并不复杂,对吧?)

《辛白林》中的象征

《辛白林》中发生的许多奇怪事件中,最奇怪的一件发生在该剧的最后一幕。波塞摩斯确信伊摩琴不忠,下令杀死她;后来他得知她是无辜的,但误以为他的命令已经被执行了。他一直与罗马军队一起行进,但现在他改变了立场,勇敢地为不列颠作战来打败罗马军队。然而,因为相信伊摩琴已经死了,他也一心求死,于是穿上罗马服装以加速他的死亡。事与愿违,他成了囚犯。当他在监狱里的时候,发生了一件非常奇怪的事情。

第四场开头,波塞摩斯被带进了监狱。他迎接孤独,倒地而眠。然后,他做了一个梦,或者可能是一个幻象,关于四个死去的家庭成员的鬼魂——这几位亲人他还没见过。鬼魂包括他的母亲、父亲和两个兄弟。当他迷迷糊糊地躺着的时候,鬼魂们在他周围转了一圈(舞台提示上写着:“当波塞摩斯睡着时,他们围着他转。”)。感受到波塞摩斯的痛苦,他们祈求罗马神朱庇特来帮助他——朱庇特施恩了:

波塞摩斯之二兄

不要有失众望,神啊!

伸出你的援手。

(朱庇特在雷电中骑鹰下降,掷出霹雳一响;众鬼魂跪伏。)

朱庇特

你们这一群下界的幽灵,

不要尽向我们天庭烦絮!

你们怎么胆敢怨怼天尊，

他雷霆的火箭谁能抵御？

(5.4.62—66)

朱庇特继续斥责鬼魂，然后给他们一本书，指示他们把书交给波塞摩斯。朱庇特继续道：

去吧，别再这样喧扰不休，

免得激起我的怒火熊熊。

鹰儿，载着我飞返琉璃宫。

（上天。）

(5.4.81—83)

莎士比亚的戏剧涉及很多领域，使用到很多戏剧技巧——但是，对于从天而降的神，这一段情节是独一无二的；在整个作品集中没有其他与之类似的。马丁·巴特勒(Martin Butler)把朱庇特的场景称为该剧的“壮观高潮”，这一点毋庸置疑。但这一场景也很奇怪，出乎意料，以及很奢华——以至于有些人怀疑它是否代表了莎士比亚自己的作品。罗杰·沃伦(Roger Warren)指出，其真实性“经常被质疑……因为这是一个可分离的情节，尤其是鬼魂的演讲，其风格被认为与莎士比亚不相称”。一致的观点认为，该场景和其他部分一样真实；尽管如此，这一场景还是很奇怪，很难在舞台上表现出来，所以在现代的演出中经常被删减——当戏剧上演的时候，这种场景并不经常发生。[1] 尽管如此，它确实在詹姆士一世时期的舞台上演过——毫无疑问，这将后台技术人员

1 2012年在安大略省斯特拉福德举行的斯特拉福德节上，我有幸看到了未删节的版本。正如四百年前的舞台提示所要求的那样，朱庇特神一般的形象确实在一只巨鹰身上降临。

的技术推向了极限。[由于对演出的复杂要求,它可能更容易在全封闭的黑修士剧院(Blackfriars Theatre)上演,而不是在露天的环球剧场。]巴特勒认为,扮演朱庇特的演员应该是坐在椅子上,被起重机一样的机械装置从隐藏在屋顶天花板(也可以说是"天堂")上的绞车放下来。沃伦补充道:"也许鹰的头、翅膀和爪子被固定在椅子的正面,那么朱庇特看起来就像是坐在一只鹰上。"视觉和听觉效果会比表演更重要:"雷声"可以通过在天花板凹槽上滚动一个炮弹来产生,而用烟火(也许是烟花)能产生必要的"闪电"。(不过,这种特殊效果并不是认为这出戏是在黑修士剧院上演的唯一的理由;这种"主要场景"的亲密感在环球剧场的巨大空间中会失去很多影响力。)

如果说莎士比亚晚期的戏剧中有什么指向了伽利略的话,那就是朱庇特,他在许多戏剧中经常被人物提起,而实际上从未出现过——直到《辛白林》中的这一刻。当然,朱庇特在这一场景中并不孤单:就在他下面,我们看到四个鬼魂在一个圆圈里移动……这四个鬼魂是否代表了伽利略新发现的木星的四颗卫星呢?当然时间线似乎可以支撑这一想法:虽然我们不知道《辛白林》的创作的精确时间,但一致认为最可能的日期是1610年夏或秋——换句话说,这部剧写于《星际信使》出版后的最初几个月(或最多半年)。

值得注意的是,伽利略和莎士比亚的《辛白林》之间的联系似乎几个世纪以来都没有引起学者的注意——直到大约十年前,三位独立研究的学者似乎在同一时间偶然发现了这个想法。2004年秋天,马萨诸塞大学波士顿分校的斯科特·迈萨诺在一本名为《格局》(*Configurations*)的期刊上讨论了《辛白林》与伽利略的关联(在他的博士论文中也有,大约完成于同一时间)，而牛津大学的约翰·皮切尔在2005年新企鹅版中给迄今为止最大的观众群解决了一些细节问题。但他们似乎已经被我们在前一章中遇到的天文学家彼得·厄舍彻底击败了(即使只差几个月)。

厄舍的文章《朱庇特和〈辛白林〉》(“Jupiter and *Cymbeline*”)发表在2003年春季版的《莎士比亚通讯》上。厄舍总结了第五幕中发生的奇怪事件，注意到朱庇特的降临和鬼魂的出现：“这些鬼魂的数量正好是四个，相当于伽利略卫星的数量。”但这只是开始：如前所述，朱庇特(通过鬼魂)给了波塞摩斯一本书，“把这简牒安放他的胸头，他一生的休咎都在其中”(79—80)。我们并没有鉴别这本书，尽管我们后来发现它包含了一条给波塞摩斯的信息，即希望他将“脱离厄难”，而英格兰将“国运昌隆、克享太平至治之日”(112—113)。然而，厄舍对我们应该把它想象成什么书有一个想法：“这本放在波塞摩斯怀里的书可能是伽利略的《星际信使》，所赋予它的好运可能是对文中真正新发现部分的赞美，即伽利略卫星的发现。”

“看见穹隆的天宇”

对厄舍来说，鬼魂作为卫星的象征只是更大论题中的一个元素。他接着解读剧中的其他台词，认为其暗示了伊丽莎白时代早期的望远镜，这是我们在前一章中简要讨论过的一个主题。后来，在《莎士比亚与现代科学的黎明》一书中，他详述了剧中的天文学影射，指出“《辛白林》有神秘的和宇宙的寓意，这一章展示出它包含了一份潜台词，记录了1610年天文学发现的过程”。英格兰天文学家伦纳德·迪格斯和他的科学家儿子托马斯·迪格斯再一次成为他争论的焦点。他推测“波塞摩斯的灵魂是托马斯·迪格斯的，到了1610年，迪格斯已经升任至一个神圣的职位,需要对新发现进行教育”。

特别有趣的是第一幕第二场中的一段,这里阿埃基摩第一次见到伊摩琴。他刚到英格兰,递给她一封她丈夫写的介绍信;她欢迎了他。第一次见到伊摩琴,阿埃基摩就被她的美丽打动了;赢得这个赌注将是一种乐趣。他捏造了一个故事,讲述在罗马的时候,波塞摩斯如何忘记了她的存在,一直乐在其中(言下之意是和妓女在一起)。当然,这是一个谎言;阿埃基摩只是想让伊摩琴背叛她的丈夫。他建议最好的报复方式就是和他上床(这很自然)。这个计策失败了;她恼怒不已,他假装只是在试探她,向她道歉,并强调了波塞摩斯的德行——出于某种原因,她原谅了他。但当他看着她时,他意识到自己故事的缺陷:

> 谢谢,最美丽的女郎。
> 唉!男人都是疯子吗?造化给了他们一双眼睛,
> 让他们看见穹隆的天宇,和海中陆上丰富的出产,
> 使他们能够辨别太空中的星球和海滩上的砂砾。
> 可是我们却不能用这样宝贵的视力去分别美丑吗?
>
> (1.6.30—37)

这一段似乎至少部分地暗示了人们可能在天堂看到的景象;至少,它与区分不同种类的物体(似乎包括恒星)有关。但是,语境很关键:第一行是对伊摩琴说的;剩下的几行显然是悄悄话,只对观众说。他似乎在说:我的故事难以置信;自己的妻子这么漂亮,为什么波塞摩斯还要如此堕落呢?他解释说,毕竟,眼睛赋予人分辨星星的能力,甚至可以分辨海滩上的石头;难道波塞摩斯看不出他的妻子和一个普通妓女的区别吗?然而,厄舍忽略这些台词在性方面的暗示,把重点放在天文学上:“穹隆的天宇”肯定是天空;“太空中的星球”一定是星星。这种宝

贵的“视力”是指一种类似于望远镜的装置吗？

还有更多：厄舍发现伽利略对夜空的观察与阿埃基摩对伊摩琴卧室的观察有相似之处。阿埃基摩从藏着的箱子里出来，开始记录他在卧室里看到的各种东西。在一段非常微妙的文字中，他提到“一万种琐屑的家具”。阿埃基摩拿出一个记事本，开始记录他所观察到的一切：

> 这样这样的图画；那边是窗子；她的
> 床上有这样的装饰；织锦的挂帏，
> 上面织着这样这样的人物和故事。
> 啊！可是关于她肉体上的一些活生生的
> 记录，才是比一万种琐屑的家具[1]更有力
> 的证明，更可以充实我此行的收获。
>
> (2.2.25—30)

在大多数版本的脚注中，“一万种动产”指的是小件家具。[事实上，一本好词典会指出，“动产”直到今天仍然是“家具”的意思，《牛津英语词典》(OED)指出，琼森在1607年的《狐坡尼》(*Volpone*)中就曾用过这个意思。]但厄舍表示反对：没有人卧室里有那么多家具。反而，他把它看作是在指代裸眼可见的星星数量(就像前一章提到的，这个数字也出现在《哈姆莱特》中)。[2] 当然，这个数字正在被更新，

1 原文为“Above some ten thousand meaner movables”，其中“movables”中文译为“家具”，本义为“动产”的意思，后文中有对其进行解释。——译者

2 在牛津版本中，罗杰·沃伦指出，“动产”可以包括小的个人物品和家具(《牛津英语词典》也支持这一说法)。尽管如此，一万还是很多——如果我们按字面意思来理解这个数字的话。在剑桥版本中，马丁·巴特勒表示，我们不必这么做：“重要的是让人想到一间装饰华丽的卧室——一间装饰风格大概为17世纪的卧室。”(巴特勒，《辛白林》，120)有趣的是，《牛津英语词典》还指出，在托勒密的天文学中，“动产”曾被用来表示天球，似乎没有人将这一事实与阿埃基摩的卧室计数相联系(事实上，一万颗天球在任何行星理论中似乎都太多了)。请参阅第213页的脚注1。

因为现在伽利略的望远镜揭示了存在着无数裸眼无法观测到的星星。厄舍还指出，阿埃基摩从一个"箱子"(trunk)中出来——这个词也被用来描述一种类似望远镜的装置。(厄舍指出它还有第三种意思：可以指一个人的躯干——例如，在第四幕第二场中被谋杀的克洛顿那无头的尸体。)

同样有趣的是伊摩琴在第三幕中提到的一位"天文学家"。她刚刚收到丈夫的一张便条，是他的仆人毕萨尼奥(Pisano)送来的：

毕萨尼奥

公主，这儿有一封我的主人寄来的信。

伊摩琴

谁？你的主？那就是我的主里奥那托斯。啊！要是有哪一个占星的术士熟悉天上的星辰，正像我熟悉他的字迹一样，那才真算得上学术湛深，他的慧眼可以观察到未来的一切。

(3.2.25—29)

在对这一场景的标准解释中，"天文学家"就简单指"占星术士"，"文字"就是"笔迹"：**如果我能像辨认丈夫的笔迹那样容易地辨认星星，我就能预知未来**。但厄舍在这些台词中看到了别的东西：他指的是1576年托马斯·迪格斯在他父亲的历书中添加的内容，这本书的封面"充满了黄道带符号，很可能是伊摩琴的天文术士所知道的'文字'……我们有理由假设，'天文术士'指的是托马斯，而他(正如假定的那样)在舞台上的潜台词代表就是波塞摩斯，他记忆中储存了大量的信息，包括当时已知的天体事实"。

而且，正如在前一章中提到的，厄舍认为这部戏包含了一些连伽利略都没见过的景象——比如土星环的详细结构。"《辛白林》，"他总结道，“是一部通过望远镜展现的辉煌夜空的赞歌。”

一部科学传奇剧

斯科特·迈萨诺和约翰·皮切尔采取了更加内敛的态度。他们没有讨论英格兰早期望远镜的使用问题，而是关注木星的出现，认为这可能是对《星际信使》的暗示。在写作《格局》时，迈萨诺非常谨慎：

> 如果它看起来不协调和不可能，首先是就莎士比亚在一部主要背景为罗马时期不列颠的戏剧中提到伽利略惊人的科学发现而言，这一结论太惊人了，当时离望远镜的发明还有一千五百多年；对很多读者来说似乎更不可能的是，莎士比亚至少不会只在一部戏剧中暗示伽利略的发现。

迈萨诺引用了玛乔丽·霍普·尼科尔森(Marjorie Hope Nicholson)的著作，她在20世纪50年代写作时，并没有在莎士比亚的作品中发现“新天文学”的痕迹——尽管他几乎不可能不知道最新的发现：

> 莎士比亚一定看到过1604年的新星，肯定听说过1610年伽利略的发现……然而，他富有诗意的想象力没有展现出对新星或宇宙中其他壮观变化的反应。

与厄舍一样，迈萨诺也对这种观点提出了疑问。在《辛白林》的最后一幕中，朱庇特和四个鬼魂的出现，似乎处处都有伽利略的痕迹。（当我最近在波士顿与迈萨诺交谈时，他如此说道：“如果这不是对伽利略的暗示，那这似乎是一个极大的巧合。”）（此外，“传奇剧”这个标签只在维多利亚时代才被赋予莎士比亚的晚期戏剧。）迈萨诺将《辛白林》比作约翰内斯·开普勒前一年写的一本奇特的书，就是出版于1609年的《梦游记》(*Somnium*)——拉丁文书名即“梦”的意思。在《梦游记》一书中，这位德国科学家想象了从月球上看到的地球可能是什么样子，以及这种观点如何随着哥白尼模型的准确性而改变。此外，这本不同寻常的书被称为第一部科幻小说，但它也可以被视为一部重要的科学著作：正是在这本书里，开普勒首次使用了现代意义上的"重力"一词。它本可以用平铺直叙的散文来讲述，但整个故事却以梦境的顺序展开。开普勒的构想可能是革命性的，但他在《梦游记》中传达这种构想的方式是传奇的，甚至是古老的。正如迈萨诺所说："开普勒明白，为了获得与我们日常经验相悖的思想现实……常常有必要求助于表面上看起来像是'逃避主义文学'的东西。"同样，创作于一年后的莎士比亚的《辛白林》，"可能看起来是一部充满流行文学老调重弹的怀旧传奇剧，但它实际上是一部科学传奇剧"。顺便说一句，他同意厄舍所说的"学术湛深的……占星术士"事实上确实指向一位现实生活中的天文学家——但是，厄舍认为指的是托马斯·迪格斯，而迈萨诺认为暗指的"毫无疑问是伽利略"。

剧中接近结尾的另一句台词引起了迈萨诺的注意。一个接一个，剧中不同的情节交织到一起，各种各样的悬念被揭开：误解被解开了，伪装被揭开了，真实的身份被揭露了。辛白林国王大喜过望，但也目瞪口呆。他问："世界在旋转吗？"(5.5.232)迈萨诺指出："这是莎士比亚戏剧中唯一一次这样表达；巧合的是，在1610年，这个一模一样的问题正是整个欧洲学术讨论的一部分。"

那放在波塞摩斯胸前的书呢？《星际信使》可能是当时流传的最具争议的新书——但并不是唯一的一本。正如迈萨诺指出的那样，学者们还在埋头苦读另一本具有开创性的书，即次年出版的钦定版《圣经》(*King James version of the Bible*)。他推测，在《辛白林》第五幕中提到的那本书可能是对新《圣经》的暗示——对于那些在异教环境中寻求改善命运的人来说，这也许是一份合适的礼物（日期也有点棘手；正如迈萨诺注意到的，尽管《辛白林》很可能是在1610年末写成的，但人们所知道的第一次演出是在第二年）。这两本书之间还有另一种联系：哥白尼的观点现在得到了伽利略观测的支持，不久它就会对经文的解释提出疑问（1615年伽利略在《给女大公克里斯蒂娜的信》中将会提到这个问题）。当然，这最终会给伽利略带来麻烦；而这种紧张关系已经可以感觉到。迈萨诺写道，莎士比亚“让我们注意到这个难以想象的巨大新宇宙是如何从根本上改变人类困境的”。他说，这位剧作家“似乎有意并挑衅地把两场革命——基督教革命和哥白尼革命——放在一起”。

和迈萨诺一样，牛津大学的约翰·皮切尔认为《辛白林》的创作是莎士比亚在试图面对不断变化的世界，一个被当时的科学发现所打开的宇宙。剧中包含父亲、国王和神——纵观历史，都是权威人物，但现在所有人都发现他们的领导地位受到了“现代实验科学证据”的挑战。正如皮切尔在企鹅版（2005年）的序言中所说，几乎可以肯定，朱庇特的场景暗示了伽利略新宣布的发现。据我所知，之前的学术版本（现在也有很多）完全把伽利略排除在外。编辑们当然注意到了该剧戏剧高潮部分的宇宙学暗示，但他们似乎满足于用托勒密的术语来解释它。例如，当朱庇特回到他的“水晶宫殿”时，马丁·巴特勒指出：“在托勒密宇宙学中，‘水晶天堂’是宇宙最外层的天球之一，紧挨着苍穹。”

然而，对皮切尔来说，对伽利略的认可的暗示不仅仅是一次性的。他认为，《辛白林》的精髓在于作者与一种新的世界观的对抗，这种新的思维方式现在得到了伽利略的发现和其他“新哲学”倡导者的认可。莎士比亚也被迫放弃了一些东西——抛弃了从1610年开始就站不住脚的古老思维方式：

> 那一年，因为伽利略……宇宙最终被证明不是一个以地球为中心的巨大玻璃球，而是一个不断膨胀的无穷无尽的星系，每个星系都挤满了星星。还要过一个多世纪，这位统治欧洲宫廷和教堂的老父亲才会被这一非凡的科学发现所取代，但从一开始，包括莎士比亚在内的所有有识之士都意识到了它的重要性。

这是一个大胆的论点：伽利略通过望远镜观测，世界突然改变了，而莎士比亚知道这一点。这种转变始于哥白尼关于天空革命的著作；皮切尔认为，很快就会发生一场更危险的革命，政治和宗教秩序会被颠覆（他对星系的看法也许有些超前，因为在莎士比亚时代，人们还不了解星系的性质[1]）。但是，皮切尔的断言也是主流莎士比亚学者迄今为止最明确的声明，即认为**莎士比亚知道科学领域正在发生什么，而且这种了解反映在他的戏剧中**。

有趣的是，莎士比亚几乎完全从古代神话和托勒密宇宙学的元素中构建出一个场景，成功地暗指了新天文学。朱庇特不仅是一颗行星，还是一个神；当他出现时，他明确地提到了他的“水晶宫殿”。此外，该剧的背景不是文艺复兴时期的英格兰，而是古代不列颠。当朱庇特出现时，皮切尔说，这是有意为之，意图“在《辛白林》不断上演的新旧游戏

---

1 伽利略指出，我们的星系是由大量恒星组成的；但他不知道那是一个星系，也不知道还有其他星系存在。虽然夜空中出现了许多“星云”，但直到20世纪初，人们才认识到有些星云是银河系外的星系，而且每一个都含有数十亿颗恒星（然而，早在150多年前，一些大胆的思想家就已经猜到了这一点，哲学家伊曼努尔·康德就是其中之一）。

中，作为一个深思熟虑且微妙的转折”。伽利略用望远镜看到的东西至关重要，但他没有看到的东西可能同样重要，例如，没有迹象表明朱庇特必须穿过水晶天球才能登上莎士比亚的舞台。“如果伽利略的望远镜是正确的，”皮切尔写道，“水晶屋顶一直以来只是一种幻觉。”此外，皮切尔和迈萨诺一样，在辛白林国王的问题“世界在旋转吗”中看到了不那么哥白尼式的东西。对伊丽莎白时代的观众来说，地球在天界中所谓的运动，就像在夜空中发现新的星星一样，让人摸不着头脑。和厄舍一样，他怀疑这出戏也暗指伽利略通过望远镜发现的新恒星。在第一幕“穹隆的天宇”的演讲中，“海滩上的砂砾/天空中的星星”比较可能是“一种说星星也多到不可数的方式”（请注意，这种比较并不是源于伽利略；皮切尔指出这根源来自《创世记》）。

对于《星际信使》，还有另一个有必要的注释：虽然它是用拉丁文写的，但对于受过教育的英格兰人来说，读起来并不困难。皮切尔写道，伽利略的书是“一本用非常简单的拉丁语写作的科学出版物，没有宫廷修辞的阻碍，配有清晰的插图”。我在牛津大学圣约翰学院皮切尔的办公室里与他交谈时，更详细地探讨了这一点。[1] “我认为，莎士比亚从文法学校毕业时，他阅读拉丁散文的流利程度与我们本科生学习五个学期后的程度相当。”他如此告诉我。在学校里，“除了学习拉丁语，莎士比亚几乎不做什么”。而且，《星际信使》并不是一本难懂的书。“用的拉丁文只是‘学生水平’，”皮切尔说，“有学问的人，以及不那么有

1 说到教授的办公室——我见过不少——很难与牛津匹敌。皮切尔办公室的墙壁被漆成了蛋壳蓝，有白色的装饰，还有许多道格拉斯·亚当斯（Douglas Adams）所说的“精巧的小部件”。椅子和沙发是深紫红色的，而且垫得很厚，放在男性的办公室里也不会像早期的詹姆斯·邦德（James Bond）电影里描绘的那样不协调。

学问的人，都能够翻开那本书，知道它的意思。"如前所述，这本书被广泛传播，引起了很大的轰动，每个人都会讨论这本书。"我认为这是酒馆里会谈论的那种东西。"皮切尔若有所思地说道。

这里是你的时间机器的目的地：伦敦的一个酒馆——可能是齐普赛街著名的美人鱼酒馆，一个本·琼森和其他剧作家经常光顾的地方——大约在 1610 年 4 月。杯子和盘子碰撞；骑士与裁缝争论；银匠的学徒试图和吧台女招待搭讪；流浪汉会寻找任何无人看管的食物或零钱包。一群演员在角落里的一张桌子尽头寻欢作乐。其中一位，坐在桌子的一端，他是一位演员，同时也是一位剧作家。两个陌生人走了进来；剧作家不认识他们。其中一个刚从意大利回来，正在热情洋溢地向他的同伴描述他的冒险经历。他拿出一本小书；他们开始谈论它不同寻常的主张，并指着它干净的铜版画……剧作家身体前倾，听着他们谈论朱庇特是怎么回事。

我们可以肯定，莎士比亚不会满足于仅仅听说过这本非凡的书：这是一本来自意大利的具有煽动性的小册子，书中用图片描述了从未在天空中看到过的景象。他会想亲眼看看。莎士比亚的观众中有些人——当然不是所有人——也会看过《星际信使》；许多人至少听说过它。根据皮切尔的推测，如果《辛白林》每次演出的观众人数达到一千人，那么很容易就会有几百人看懂对伽利略著作的暗示。

自然，我很好奇斯蒂芬·格林布拉特——或许是当今美国最著名的莎士比亚学者，会对《辛白林》的这些诠释有何看法，更广泛地说，他如何看待莎士比亚戏剧中包含的"新哲学"影射。大多数理论他至少大体都听说过，然而，他没有读过厄舍的作品，所以我尽我所能地总结了一下。当时窗外的哈佛广场下着倾盆大雨，他说自己不太愿意表态，并解释道，一般来说，他“有点反感”把文学作品（不只是莎士比亚的作品）“当成一种深奥难懂的寓言”。我特别问了他在《辛白林》第五幕中朱庇特出现的问题：这一幕是不是暗指《星际信使》中宣布的发现？格林布拉特承认，这是“莎士比亚作品中一个非常奇怪的时刻”，需要某种解释。“我想这是可能的。”他说道。

《星际信使》和《辛白林》都面临着一些权威性问题：谁拥有它，谁能挑战它，人们在哪里可以找到真理。伽利略的发现质疑了古代学说的至高无上，进而质疑了那些支持和传播这些学说的人；在《辛白林》中，莎士比亚质疑了一系列曾经不容置疑的权威，从父亲到国王，甚至更多。伽利略的发现同样使另一套古老的信仰过时了。那些在过去十五个世纪中成功从枪林弹雨中逃脱的范式现在都成了废墟。“朱庇特的权威，老国王的权威，上帝的权威——都结束了，完结了，”皮切尔说，“现在一切都回到了人类身上。”

10. 占星术的诱惑

“出于上天旨意做叛徒……”

斯特拉福德的圣三一教堂是莎士比亚受洗和长眠之地，教堂的记事簿并没有什么可读性，一般也就记录了无数的出生、结婚及死亡的信息。然而，在1564年7月11日这个日期的旁边包含了以下文字：*Hic incipit pestis*（“瘟疫始于今日”）。很难想象在剧作家出生后三个月写下的这三个小词背后潜藏着多少恐怖。仅仅六个月内，小镇十分之一的人口死亡，伦敦的受难者更是数以万计。瘟疫是莎士比亚时代在英格兰反复出现的一个威胁，谁也不知道下一次的致命威胁会在何时降临。1593年暴发了一场瘟疫，莎士比亚的同代人历史学家威廉·坎登（William Camden）对此做了详细记录。但他并没有关注拥挤的街道抑或是卫生的缺乏，他记下“土星正经过巨蟹座的最边缘和狮子座的起点”，这正和三十年前另一场致死性瘟疫暴发时一样。

星辰永远不是人类不幸的唯一解释；灾难也可以解读成上帝对人类各种道德失范行为的惩罚（正如这个时期无数的宣传册所展示的那样）。每个人都认为恒星与行星的运动是决定性因素，它们的运动以及流星和彗星的出现都可能被解读成人世间重大事件发生的预兆。忽视上天迹象的人后果堪忧。正如克里斯汀·奥尔森所描述的：“人们观察天空时那种紧张焦虑的程度完全与华尔街分析师们观看各项经济指标时一样；一个不祥的预兆可能会导致公众信心直线下降。”显然，太阳、月亮、恒星和行星掌控着人们的生活。就像肯特在《李尔王》中断言的："那是天上的星辰，天上的星辰在主宰着我们的命运……"[1]肯特并不是唯一一个思考上天影响的人。就在同一部剧里，葛罗斯特提到"最近这一些日食月食"，这可能指的是在 1605 年 9 月和 10 月发生的真实现象。但请注意剩下的台词：这些天上的事"果然不是好兆"(1.2.91)。显然，想把天文学从占星术中分离出来的希望渺茫：对于莎士比亚或者至少对于他的观众而言，天体事件与人类事务之间有着深刻的联系，这种联系甚至对于莎士比亚同时代受过最好教育的英格兰人来说也完全合理。在莎士比亚时代，占星术是最流行的魔法形式，事实上它完全反映出了当时最普遍的智慧。正如奥尔森记录的那样，任何一个否认占星术力量的人将需要适应"边缘位置"。人类与自然、大地与天空、微观与宏观，一切都是相互联系的，而恒星与行星的深远影响不容忽视。[2]

"有一颗星在跳舞"

占星术在莎士比亚的世界中极为突出，但它并不新鲜。三千多年前，巴比伦人为其奠定了基础，后来希腊人和罗马人进一步发展了这一体系，然后由中世纪的阿拉伯占星家继续推进。在英格兰，占星术形成

1 这句台词是仅在 1608 年四开本的《李尔王》版本里出现的那些棘手的段落之一，没有出现在 1623 年的对开本中。因此，它在新剑桥版本[哈利奥(Halio)主编]中也是缺失的，但可以在诸如雅顿版《莎士比亚全集》中找到(4.3.33—34)。

2 我们必须再次回顾一下，一个伊丽莎白时代的人观察到的星空比我们看到的要清晰得多，因为现在的天空已经被光污染了。当你在读这句话的时候，你有意识到月相吗？你知道金星现在是出现于傍晚的天空还是黎明的天空？一个 16 世纪的英格兰村民会知道答案。在莎士比亚时代，国家正逐渐变得更加城市化，但离人工街道照明还有一个世纪之遥。在任何一个无云的夜晚，夜空都会成为迷人的景象。

了两个有一定区别的分支，即“自然占星术”(natural astrology)与“决疑占星术”(judicial astrology)。自然占星术实际上类似简朴的天文学，关注于追踪和预测太阳、月亮和行星的运行。决疑占星术更接近于我们今天所认为的纯粹的“占星术”——试图把天上的事件与地上的事务相联系，运用天文学知识来预测人世间发生的事情。(为了避免混淆，我先把自然占星术放一边，以下“占星术”这个术语单指“决疑占星术”。)

天体的运行究竟如何影响人类事务呢？首先我们必须回顾当时地心说的盛行：大多数人相信地球是宇宙的中心，恒星绕着地球旋转。这个世界观本身给了占星术信仰极大的支撑。还要注意月下世界——腐败多变的地球以及它同样不完美的环境——被认为是由四种元素构成的，即土、气、火和水。这些元素处于不断变化中，但它们的运动被认为是由天体原始的(也是复杂的)运动所支配。这就解释了为什么在莎士比亚时代任何试图把占星术从其他“科学”分支中分离出来的努力都是徒劳的。正如基思·托马斯(Keith Thomas)所指出的，占星术思想“遍及科学思想的所有方面”。它不是一门孤立的学科，而是“人们所受教育的整个知识框架的一个重要方面”。就像J.A.夏普所说，占星术“可以很公平地被宣称是根据当时严密的科学规律对自然现象进行最系统化的解释的尝试”。换句话说，占星术在莎士比亚时代的英格兰是一种严密的科学探求。实际上，许多我们一直在研究的科学家(再次注意“科学家”是一个不合时宜的术语)都在占星术与天文学之间轻松转换。第谷·布拉赫、约翰内斯·开普勒、托马斯·迪格斯和约翰·迪伊在某种程度上来说都既是占星家又是天文学家(迪伊在1570年写道：“在太阳、月亮、其他星辰和行星有力的作用之下，人的身体和所有其他基本的形体受到改变、处理，变得有序、愉悦或悲伤。”)。迪伊参考占星图表为伊丽莎白女王确定加冕的最佳日期，也曾就对1577年彗星现象的政治意义向女王提供意见（伊丽莎白女王自己曾对她的追求者们进行占星，也运用占星术来评估潜在的继承者）。正如我们所见，1572年的新星和1577年的大彗星被认为充满了重要的占星学意义。甚至现在被视作科学革命关键人物之一的弗朗西斯·培根似乎也信奉占星术思想（有人认为哥白尼和伽利略是例外，他们在占星术方面缺乏兴趣——尽管伽利略曾为他的赞助人美第奇家族占星，大概在这件事上他也别无选择）。但占星术并不仅仅是一个受过教育的人的爱好，其广泛流行反映在历书的销售上，里面充满了占星术的预言和天文数据，其销量甚至超过《圣经》。正是占星术奠定了人类试图理解宇宙的基础。

在科学解释缺乏的时代可以看到占星术的吸引力。毕竟，太阳和月亮（如果不是所有恒星和行星）确实在调节地球生命方面发挥着至关重要的作用。当然，太阳提供光和热，间接地影响风和天气状况，而月亮（与太阳一起）控制潮汐。太阳和月亮的运动以及月相是完全可以预测的，而农民们需要熟知这个循环。一个医生会非常清楚某些类型的疾病（比如支气管疾病）在冬天会比夏天更常见。但人们认为其中的联系还要深入得多。例如，人们认为月亮不仅可以控制潮汐，还可以控制人体内的水分，包括控制健康和疾病的体液（我们将在第12章中更仔细地研究药物）；此外，一个人的个性，甚至他在特定时刻的行为，都被认为是受到天体的控制，或者至少是受它们所影响。

对于占星家来说，很多东西取决于一个人出生时行星的位置；行星，如月亮，被认为会影响人的自然体液，从而使一个人更有可能或不太可能受到各种激情的影响，并倾向于善或恶。《无事生非》中自由奔放的比阿特丽斯指出，“有一颗星在跳舞，我就在那颗星底下生下来了”(2.2.316)。诚然，通过意志力，人们或许可以克服这些倾向；但正如一位伊丽莎白时代的占星家所说的那样：“大部分人都会追随他们的情感，而只有少数人才能掌握和否定它们。”这并不是说星辰没有给人自由；但这是谨慎的做法，人们要充分意识到各种宇宙力量对个人的推拉作用，它们引导人们做出人生中大大小小的决定。正如另一位从业者所说：“一个专业和谨慎的占星家可能通过他狡黠的技巧向我们展示如何避免由星辰影响引发的诸多邪恶。”熟练的占星家还可以就进行特定活动的最佳时间给出建议，比如何时踏上漫长的旅程，何时选择妻子或者何时生孩子。举个例子，这是一份 17 世纪生育男孩的小贴士：“汝若欲得子嗣继承土地，察阳性行星升之时，而择阳气最盛时与女结合，投入汝之种，将得一子。”

我们无须惊讶的是，在 1599 年，莎士比亚的公司咨询了一位占星家以决定环球剧场开幕的最佳日子(他们定在 6 月 12 日，这天既是夏至，也是新月)。当然，占星家需要对冲他们的赌注：他们从不提供确定性，只提供可能性。[1] 有意的歧义是常态。预测可能无法实现，但是人们不能将占星家或历书的预测标记为“错误”(事实上，早在 1569 年，一本英文宣传册就通过发布当时流行的历书中对同一天的三种不同预测来嘲笑历书编写者)。此外，如果你给出足够多的预测，有些必然会成真——正如蒙田在他的《随笔集》(*Essays*)中所说的：“我知道研究历

1 虽然这听起来像是一个逃避责任的借口，但我们可能会注意到，在许多科学分支中，概率(虽然是举证推测出的概率)仍然是常态：医生给出患者在未来十年内患心脏病的可能性；地质学家估计下个世纪发生大地震的概率；一位经济学家谈论经济衰退的风险……

书的人注释历书，并在事件发生时引用它们的权威性。但是，历书说得如此之多，必然既会有真相也会有谎言。”

占星术渗透在莎士比亚的作品集中，其中引用了无数的天体事件及其人世意义。剧作家懂得并利用了与每个天体相关的传统象征，他将太阳与阳刚之气和王权联系在一起，将月亮与女性气质、多变性，当然还有疯狂（“精神错乱”[1]）联系在一起。这些行星有特定的影响范围，它们呈现出的十二星座也是如此。《亨利六世·上篇》中的人物谈到“行星不幸”（1.1.22）和“不利行星”（1.1.54）；在《冬天的故事》里，赫米温妮也这样哀叹：

现在正是灾星当头，
必须耐着等到天日清明的时候。

（2.1.105—107）

我们已经讨论过《终成眷属》中海丽娜与帕洛的争执，她暗示他“降生的时候准是吉星照命”，却继续坚持那颗星是武曲星，因为“当他交手的时候总是步步退后”，这既是占星学同时又是天文学上的指涉。在《理查三世》中，对自己雄心勃勃的政治行动，国王表达了一种对上天“祝福”的直接渴望：“相反，所有的幸运星，都来助我前进吧……”[2]（4.4.402—403）。当然还有《罗密欧与朱丽叶》，该剧的整个情节都关注于（正如该剧开场诗告诉我们的）“厄运恋人”的命运。读者可以觉察到这位剧作家几乎和历书编写者一样了解基本占星术的运用。

1 英文中的“lunacy”一词意为“疯狂”“精神错乱”，词根来源于“luna”，即“月亮”。——译者
2 该台词为译者译。——译者

“星辰拖着火尾，露水带血”

占星术通常与魔法思维交织在一起，尤其是在人类与自然的联系方面。在莎士比亚的世界里，当涉及重要人物时，这些联系便成为焦点。在《亨利四世·上篇》中，国王惩罚了他的儿子哈尔王子，因为他的行为不像王位继承人。他说自己在鼎盛时期，“平时深自隐藏，所以不动则已，一有举动，就像一颗彗星一般，使众人惊愕；人们会指着我告诉他们的孩子：‘这就是他！’”(3.2.47—48)。类似的观点可以在马洛的《帖木儿大帝·下篇》中看到，其中那托利亚国王奥克尼斯认为帖木儿只不过是“牧羊人，出身低贱”。帖木儿反驳道，尽管他确实出身低微，但是“上天确实给予恩赐，那些原本在对面的星辰也加入其中，甚至直到世界解体……”(3.5.80—82)在某种意义上，国王和王子都是天神般的存在。人们相信星辰会预示他们的出生和死亡。如果他们不幸早逝，可能会带来更大的破坏。《麦克白》中，当国王被谋杀时，天上和地上的混乱随之而来。苏格兰酋长之一的洛斯向一个老人问道：

> 你看上天好像恼怒人类的行为，在向这流血的舞台发出恐吓。照钟点现在应该是白天了，可是黑夜的魔手却把那盏在天空中运行的明灯遮蔽得不露一丝光亮。
>
> (2.4.5—7)

老人同意“这种现象完全是相反的，正像那件惊人的血案一样”(第10—11行)，然后对话从天上转到了地上，他描述了他目睹的诡异景象，包括一只猎鹰和一只鸱鸮。但洛斯超过了他：他观察到邓肯的马“忽然野性大发，撞破了马棚，冲了出来……”(第16行)最后老人激动地提到马匹还彼此相食(你以为洛斯会以这个开始对话，不是吗?)。“啊，可怕！可怕！可怕！”麦克德夫(Macduff)哀悼道(2.3.56)，他把被谋杀的国王的伤口比作自然本身的裂口。

我们已经注意到凯尔弗妮娅在《裘力斯·凯撒》中的观察结果："乞丐死了的时候，天上不会有彗星出现；君王们的凋殒才会上感天象。"(2.2.30—31)当然，凯撒自己不幸早逝，这一事件在《哈姆莱特》中被霍拉旭重新提起，他注意到凯撒被谋杀时地上的剧变与天上的怪象：

在那雄才大略的裘力斯·凯撒遇害以前不久，
披着殓衾的死人都从坟墓里出来，
在街道上啾啾鬼语，
星辰拖着火尾，露水带血，
太阳变色，
支配潮汐的月亮被吞蚀得像一个没有起色的病人。

(1.1.113—119)

请记住，霍拉旭在《哈姆莱特》中是一位明智的"学者"。但在当时，占星术据称是一种经验性的、客观的科学；而这正是学者们要研究的东西。正如一位观察者于1600年所写的那样："如今一个普通人根本不会被认为是学者，除非他能说出一个人的星座，能驱赶恶魔，或者有一些特殊的占卜技巧。"一个人对占星术学习得越多，就越能更好地（据说）实践。正如托马斯指出的那样，占星术"可能是有史以来最有野心的尝试，它旨在将人类事务令人迷惑不解的多样性简化为某种可理解的秩序"；它提供了"一个连贯而全面的思想体系"。

上帝VS.星辰

占星术无处不在——但也存在争议。当然不是因为它是反科学的；如果说有什么的话，它也是被想象成为科学的一部分。我们注意到，在现代欧洲的早期，科学与宗教之间没有“战争”；即便如此，占星术的某些方面似乎确实对基督教构成了威胁。其中心问题在于人们对占星术的预测能力应该抱有多大信仰。正如保罗·科赫尔所指出的那样，决疑占星术据称可以掌控一个人生活中的所有重大事件，“对宗教来说，它往往看起来像是一个争夺人类忠诚的对手”。毕竟，英格兰教会培育了这样一种观念，即上帝对这片土地上的每个男人、女人和孩子都有一个特定的安排。这种观念的极端版本就是“宿命论”的概念——所有要发生的事情都已经由上帝决定了，上帝已经知道每个生物的命运，甚至在宇宙诞生之前就已经清楚了。按照这样推理，如果发生某种事情是上帝的意志，那么凡人的任何行动都无法阻止它成为现实。这种观点在《裘力斯·凯撒》中有提到：凯尔弗妮娅警告她的丈夫他处于危险之中，但是凯撒拒绝改变他的计划。何必麻烦呢？“天意注定的事，难道是人力所能逃避的吗？”（2.2.26—27）更出名的是哈姆莱特王子对《马太福音》（10：29）的即兴重复：

> 一只雀子的生死，都是命运预先注定的。
> 注定的今天，就不会是明天；
> 不是明天，就是今天；逃过了今天，
> 明天还是逃不了，随时准备着就是了。
> 一个人既然在离开世界的时候，只能一无所有，
> 那么早早脱身而去，不是更好吗？随它去。
>
> （5.2.215—220）

一种解决方法是妥协，主张上帝和星辰以某种方式合作；它们的力量是互补的。正如沃尔特·莱利爵士曾经说过：

> 如果我们不能否认上帝赋予世间万物，比如泉水、喷泉、冷地、

> 植物、石头、矿物和最基本的生物排泄物以各自的优点，那我们为什么要剥夺美丽星辰的作用呢？看到它们无限的数量、非凡的美丽与光彩，我们可能就不会认为上帝无限智慧的宝库中缺少什么，因为即使对于一颗星星来说，他都赋予它一种特殊的优点和作用；就像他对装饰着地球表面的每一种药草、植物、水果和花朵所做的那样。

虽然任何人都有可能陷入占星术(看似)预测能力的诱惑中，但这样做的牧师或神学家很可能会受到上级的谴责。(正如科赫尔指出的那样，英格兰伊丽莎白时期发表的反对占星术最严厉的论战都是由教士们所写。)如果神职人员反对占星术，那么谁支持它呢？令人惊讶的是(对现代读者来说)，正是那些我们现在称之为科学家的人。特别是医生，似乎是最坚定的防守者。但这一切都取决于人们想要运用占星术预测到何种程度。预测越具体，争议就越大，因为这种预测似乎最直接地挑战了上帝对人们生活掌控的权力。然而，人们渴望的正是这种具体的预测：没人关心天上星辰所暗示的笼统的好坏预兆；相反，他们想知道自己未来的命运。科赫尔写道，当一个女人敲响占星家的门，她

> 并不是来听星辰的普遍影响，而是要问自己的遭遇如何，无论是她能否从姑姑那里继承那件青铜器，还是能否找到她丢失的戒指，或者她是否会嫁给最近一直盯着她看的那个英俊的陌生人。贵族领主召唤占星家到他的城堡为他的新继承人占星，他并不对"如果""但是"和"可能"这些概率演算感兴趣，他要求获得的是关于男孩的教育、婚姻和事业方面的正面信息。

虽然当时出版的历书往往避免做出过于具体的预测，但个体占星家几乎都会走得更远——特别是如果可以通过告诉客户他想听的话而赚到钱。如果客户经历了不幸，那么知道了星辰对他不利会让他感到安慰：

并不是因为你愚蠢、懒惰或者判断力差，而是整个宇宙对你不利。

“世上精妙的自欺思想”

但总是会有怀疑者：看到占星家预测错误与预测正确的时候一样多这很容易；何况对恒星和行星位置的精确度所知有限。此外，还有多少其他因素会对一个人的命运产生同等或更大的影响？即使占星家的预测偶尔被证实，但这难道不可能是巧合吗？今天，统计学教授（和科学记者）经常警告说相关性并不意味着因果关系——而一位名叫威廉·珀金斯（William Perkins）的怀疑论者在1585年就提出了同样的观点，他写道：“对于那些同时发生的事情，其中一件并不是另一件发生的原因。”比他再早两个世纪，乔叟在《磨坊主的故事》（*The Miller's Tale*）中就嘲讽了占星术（或者也可以说是天文学），其中他写道，占星家走进田野凝视星辰，希望从中看到未来，但很快就掉入了井里：

> 另外有一个研究天文的教士也是如此；
>
> 他在野外走路只看星星，
>
> 想通过窥视星辰知晓未来，
>
> 结果掉进了一个泥坑里；
>
> 都没看见。

莎士比亚似乎也觉得占星术值得受到一定程度的嘲弄。至少，他笔下的人物怀有疑虑。值得关注的是《李尔王》这部剧，其中主角们自己就对占星思维的力量进行了辩论。关键的一个场景出现在第一幕第二场中。正如我们所知，葛罗斯特最近在关注观察到的日食月食的意义；他担心它们“不是好兆”。他继续列出这些事件可能意味着的所有灾难：“亲爱的人互相疏远，朋友变为陌路，兄弟化成仇雠；城市里有暴动，国家发生内乱，宫廷之内潜藏着逆谋；父不父，子不子，纲常伦纪完全破灭。”(1.2.94—96)对葛罗斯特而言，天空中不同寻常的景象不仅仅是巧合；它们必须被理解成与地面事件有关。它们意味着标志、预测或警告。天上的不和谐必然会导致地上的不和谐，就像夜晚跟随白天一样确定。当然，事实证明葛罗斯特更该担心的是他邪恶的儿子爱德蒙，而不是来自天体的运动。等他一离开房间，只面对观众的时候，爱德蒙做了一段精彩的演讲，摒弃了他父亲迷信的观念：

> 人们最爱用这一种糊涂思想来欺骗自己；往往当我们因为自己行为不慎而遭逢不幸的时候，我们就会把我们的灾祸归怨于日月星辰，好像我们做恶人也是命中注定，做傻瓜也是出于上天的旨意。做无赖、做盗贼、做叛徒，都是受到天体运行的影响，酗酒、造谣、奸淫，都有一颗什么星在那儿主持操纵，我们无论干什么罪恶的行为，全都是因为有一种超自然的力量在冥冥之中驱策着我们。明明自己跟人家通奸，却把他的好色的天性归咎到一颗星的身上，真是绝妙的推诿！我的父亲跟我的母亲在巨龙星的尾巴下交媾，我又是在大熊星底下出世，所以我就是个粗暴而好色的家伙。啊！即使当我的父母苟合成奸的时候，有一颗最贞洁的处女星在天空眨眼睛，我也决不会换个样子的。
>
> (1.2.104—116)

这是一个精彩的段落，而脚注帮我们理解了一些棘手的短语。例如，在新剑桥版中，我们了解到“上天的旨意”意味着“占星的影响”，而“天球的主宰”意味着“行星的影响”(想想天球包括了太阳、月亮和行星)。换句话说，爱德蒙是一个坚定的怀疑论者，他嘲弄父亲迷信的世界观可以让卡尔·萨根感到自豪[或者现在的理查德·道金斯

(Richard Dawkins)]。正如大卫·贝文顿所指出的那样,爱德蒙对占星术的蔑视"可能会让我们觉得具有现代吸引力":

> 他蔑视长辈没有根据的陈词滥调。在对接收到的观点进行质疑的意义上,他是一个真正的怀疑论者,在没有客观验证的情况下拒绝接受陈旧的观念。在他看来,这样的验证也是不可能的,因为旧的想法毫无价值。他认为它们只是人类社会发明出来保持永久特权和等级制度的神话。

我们发现《裘力斯·凯撒》中的凯歇斯更简洁地表达了相似的观点,他说:"亲爱的勃鲁托斯,那错处并不在我们的命运,而在我们自己。"(1.2.139—140)。《终成眷属》中的海丽娜也是如此:

> 一切办法都在我们自己,
> 虽然我们把它诿之天意;注定人类运命的上天,
> 给我们自由发展的机会,只有当我们自己冥顽不灵、
> 不能利用这种机会的时候,我们的计划才会遭遇挫折。
>
> (1.1.216—219)

莎士比亚笔下的人物懂得占星术的吸引力:它让人摆脱困境。但他们也看到占星家的预测往往明显是错误的。正如莎士比亚似乎在做的那样,任何认真研究占星家工作的人都会得出一个不可避免的结论:占星家是撒谎的家伙。如果占星家并无可靠的依据,那么魔术师、也许还有其他声称对超自然现象有所洞察的人,也是如此。

向我展示魔法

仔细考虑一下这样一个案例,有一位声称拥有神秘力量的伟大统治者,而且据说他的出生震撼了上天。我们回到《亨利四世·上篇》:当第

三幕开场时，亨利王面临各方的叛乱分子——主要是威尔士人和苏格兰人，但也有（因为情况复杂）少数有忠诚问题的英格兰人。叛军领导人奥温·葛兰道厄自称他在战场上的实力归功于他的魔法力量；事实上，大自然的力量在他出生的那一刻展示了奇观。但年轻的哈利·潘西，即霍茨波并没有相信他。这两个过度自我的人对此展开了相当详细的辩论：

葛兰道厄

在我诞生的时候，

天空中充满了一团团的火块，

像灯笼火把似的照耀得满天通红：

我一下母胎，

大地的庞大的基座就像懦夫似的战栗起来。

霍茨波

要是令堂的猫在那时候生产小猫，这现象也同样会发生的，

即使世上从来不曾有您这样一个人。

葛兰道厄

我说在我诞生的时候，大地都战栗了。

霍茨波

要是您以为大地是因为惧怕您而战栗的，

那么我就要说它的意见并不跟我一致。

葛兰道厄

满天烧着火，大地吓得发抖。

霍茨波

啊！那么大地是因为看见天上着了火而战栗的，

不是因为害怕您的诞生。
失去了常态的大自然，
往往会发生奇异的变化；
有时怀孕的大地因为顽劣的风儿在她的腹内作怪，
像疝痛一般转侧不宁；
那风儿只顾自己的解放，
把大地老母亲拼命摇撼，
尖塔和高楼都在它的威力之下纷纷倒塌。
在您诞生的时候，
我们的老祖母大地多半正在害着这种怪病，
所以痛苦得战栗起来。

葛兰道厄

贤侄，别人要是把我这样顶撞，
我是万万不能容忍的。
让我再告诉你一次，在我诞生的时候，
天空中充满了一团团的火块，
山羊从山上逃了下来，
牛群发出奇异的叫声，争先恐后地向田野奔窜。
这些异象都表明我是非常的人物；
我的一生的经历也可以显出我不是碌碌的庸才。

(3.1.12—41)

难怪葛兰道厄变得焦躁不安：为免你错过，概括一下就是，霍茨波刚刚将威尔士人的“神奇”诞生比成一个巨大的屁（“……有时怀孕的大地因为顽劣的风儿在她的腹内作怪，像疝痛一般转侧不宁……”）。但是，葛兰道厄不会让步，此时霍茨波承认道，“您的威尔士话讲得比谁都好”——这对对方是一种羞辱，基于威尔士人是自夸的骗子——而另一个叛军领导人摩提默则提醒霍茨波不要再进一步挑衅葛兰道厄以免“激得他发起疯来”。但是，当他们准备去吃饭时，葛兰道厄还是不能放下——霍茨波也不能：

葛兰道厄

我可以召唤地下的幽魂。

霍茨波

啊，这我也会，什么人都会；

可是您召唤它们的时候，它们果然会应召而来吗？

(3.1.51—53)

与爱德蒙一样，霍茨波也持怀疑态度。实际上，比起葛罗斯特的私生子，他可能更接近于一个21世纪风格的怀疑论者，类似于奈尔·德葛拉司·泰森（Neil deGrasse Tyson）或劳伦斯·克洛斯（Lawrence Krauss）：面对天上地下灾难性剧变的古怪故事，爱德蒙说[1]，实际上，**我不相信你。首先，你可能是夸大其词；但即使你出生时发生了一些古怪的事情，也只是巧合，可以通过自然的力量来解释，与你无关。就像我一样，你只是一个普通人。**当然，爱德蒙和霍茨波是“坏人”；他们通常是没有同情心的人物，当他们遭到报应时我们会欢呼。但这并不一定意味着莎士比亚同情占星术的支持者而不是批评者。其实我们可以明白为什么莎士比亚选择描写问题双方——包括那些接受人类社会受星辰影响的人物以及那些质疑的人物。正如托马斯·麦克林顿所说，

1 根据上文此处应该是霍茨波所说。——译者

莎士比亚赋予他的人物“宇宙想象力”;他们说的“内容关于元素、恒星、太阳、月亮和‘全世界’”。而这至少实现了两个目标:使他们的困境看起来更加激烈,也使它们看起来更具相关性。麦克林顿说:“这是莎士比亚写作探索的一部分,他将个人的悲惨命运与宇宙自然的结构和动力联系在一起。”换句话说,莎士比亚已经找到了一种讲述宏大故事并使其更加宏大的方法。他的戏剧从字面意义上讲就具有宇宙性。

消逝的星辰

即使没有几千年,至少也有几个世纪,占星术一直控制着人们的想象力——但这种控制不可避免地被削弱了,特别是在莎士比亚去世后的几十年里。1652 年 3 月 29 日的日食是一个值得研究的案例。日食的日期是事先知道的,但后果未知;所以随着日期临近,英格兰人几乎都在谈论此事。春季大约有四分之一的出版物专门用于介绍日食及其影响。事件前一天,伦敦市长和一群市议员还听了关于日食的讲座。但日记作者约翰·伊夫林(John Evelyn)对此持怀疑态度。他在首都观察到了普遍的恐慌情绪,指出人们是如此惊慌以至于“几乎没有任何人能够工作,没有人从他们的房子里出来,他们被狡诈和无知的观星者滥用,显得如此荒谬”。富人逃离;穷人放弃了他们微薄的财产,“仰面朝天,目光投向天空,最热忱地向基督祈祷让他们再次看到太阳并拯救他们”。然后日食来了——除了天空变暗了一小段时间,并没有任何事情发生。另一个日记作者指出,日食的最终效应是使人们怀疑占星家;他们彻底地丧失了声誉。当乔纳森·斯威夫特(Jonathan Swift)在 1708 年提出控诉时,占星术的掌控进一步减弱:

对于他们的观察和预测,适用于世界上任何时代或国家。“这

> 个月，某个伟大的人将受到死亡或疾病的威胁，"报纸将会这样告诉他们，因为我们在年底发现每个月都有一些名人死亡，相反的情况反而难得，因为在这个王国中至少有两千位著名人士，其中许多人已经老了，而且历书编写者可以自由选择最病弱的人以符合他的预测……然后，"在这样一个房子里这样一个行星显示出可能会被曝光的巨大阴谋诡计"，之后，如果我们听到任何重大发现，占星家就会获得荣誉；而如果没有，他的预测也仍然站得住脚。

斯威夫特的控诉触及了占星家技艺的核心：一个人的预测可能与事实不符却也不用承担责任。毕竟，没有科学是完美的；也几乎没有医生改善了人们生活的好的记录。确实，不同的占星家可能会提出截然不同的预测——但这也可能发生在医生、神学家和律师身上。"矛盾的是，"正如基思·托马斯所指出的那样，"总的来说任何一个占星家的错误只对支撑整个体系的地位有用，因为客户的反应是转向另一位从业者以获得更好的建议，而占星家只能回过头来计算他自己到底错在了哪里。"

有很多理论论述了占星术为何最终失去了吸引力。基思·托马斯在他的著作《宗教和魔法的衰落》(*Religion and the Decline of Magic*，1971)中探讨了各种论点，他认为显而易见的答案看似最为合理：随着科学发展进入繁盛期，占星术思想的劣势就暴露出来了。我们已经讨论过1572年第谷星的出现显示出天空的多变；如果星辰是不"完美的"，那它们的影响怎么可能被预测？1610年，这个问题变得更加复杂，因为当时伽利略公布了他的发现，其中包括成千上万的"新"星的存在。当大多数星辰显然是不可见的时候，怎么能有信心谈论星辰的影响呢？更明白地说，对宇宙的巨大浩瀚的认识开始渗透进人们的思想——而且星辰为人类提供特殊信息的观念似乎越来越不合理。正如托马斯所说:“人们不再设想世界是一个坚实紧密的有机体;它现在是一个拥有无限维度的机制,从地球到天堂这种旧的等级从属关系已经无可挽回地消失了。”占星术把自己想象成一门科学,但就实际确定宇宙如何运作而言,它已经被人们视作一个死胡同。占星术永远不会完全消失,但它已经失去了作为知识存储的功能。

哈雷彗星的例子可以说明这个问题。几千年来,这个天体流浪者接近地球,然后退去,然后再次接近——但没有人知道这是同一颗彗星。它的每一次出现都是一次可怕的事件。最终,在 18 世纪初期,天文学家爱德蒙·哈雷利用牛顿定律计算出了 1682 年出现的彗星的确切轨迹,并注意到其轨道与 1531 年和 1607 年所见的彗星具有相同的性质。他得出结论:这是同一个物体,一颗周期性地进入太阳系内部的彗星,其周期大约是七十五年。突然间,人们发现一颗曾经令人恐惧的彗星只不过是太阳系中的另一个流浪者,沿着可预测的路径前进。随着时间的推移,科学家将会证明彗星由岩石和冰组成——与地球上的岩石和冰没什么不同。自此,一个厄运的征兆沦为一团肮脏的雪球。

11. 莎士比亚时代的魔法

"美即丑恶丑即美……"

（雷电。三女巫上。）

《麦克白》一直是我最喜欢的莎士比亚戏剧——不仅因为它是我看过的第一部戏剧演出（在伦敦的巴比肯剧院，大约十岁时），还因为从第一个场景开始，它就会吸引住你，让你无法释怀。对A. C.布拉德利（A. C. Bradley）来说，这是一出"打斗场面突然变得狂野起来"的戏；A. R.布罗恩穆勒把它最初的时刻描述为"也许是莎士比亚戏剧中最引人注目的开场"。女巫们刚结束她们的舞蹈，说着"美即丑恶丑即美"，一个浑身是血的士兵就跌跌撞撞地走上舞台，几乎不能向国王和他的手下报告他在战场上看到的恐怖景象。正如一位18世纪的批评家所说的：

> 怪异的女巫们起来了，而秩序消失了。自然法则让步了，在我们的头脑中只留下了野性和恐惧。不允许稍作反思：……匕首、凶杀、鬼魂和迷惑，动摇并完全占据着我们……我们这些惊奇的傻瓜，对时间的流逝和地点的转移都是麻木的，直到帷幕落下，我们都不曾有一次意识到事物的真相，也没有认识到存在的法则。

我们被麦克白本人迷住了——"一个被一刻也不能停息的痛苦所折磨的灵魂，"正如布拉德利所言，"疯狂地奔向它的末日。"这部戏剧是迄今为止最短的莎士比亚悲剧，但正如布拉德利指出的，它留给我们的印象"不是简洁，而是速度"。他说，这是"最激烈、最集中，也许也是最巨大的悲剧”。换句话说，这出戏很震撼。而为开场带来生机的女巫们是其中的重要部分。正如特里·伊格尔顿（Terry Eagleton）所说，女巫们实际上是这部剧的女主角。[1]

在英格兰，从15世纪中叶到18世纪中叶的三百多年间，巫术几乎成为全民痴迷的东西。在那个时期，许多人，包括非常聪明和受过高等教育的人，都相信巫术的真实性，并经常采取措施——通常是在法律的支持下——迫害那些被认为是女巫的人，结果往往是悲剧性的。但这种信仰有着古老的根源。在整个中世纪，传统认为男人和女人都可以利用超自然的力量；他们可以实施或去除诅咒，进行占卜，寻找丢失的物品，或提供具有魔法属性的小饰品。我说的是“男人或女人”，但实际上绝大多数是女人。对此似乎有两种解释，一种是心理层面的，另一种是社会层面的。凯瑟琳·爱德华兹（Kathryn Edwards）写道：“中世纪晚期和早期现代社会长期以来的厌女传统将女性描绘成比男性更容易受到腐败、恶魔和其他因素的影响。”正如J. A.夏普所说，女性“对撒旦诱惑的抵抗力更低”。但也有经济和社会方面的因素；正如基思·托马斯所写的，“女性是社区中最依赖别人的成员，因此最容易受到指控”——应当指出的是，并不是说任何女性，但大部分尤其是老年和无助的女性最经常受到迫害。

认识你的女巫

小册子和手册提供了在人群中识别女巫的方法：其中一本告诫人

1 除了篇幅短之外，《麦克白》也是一部相当直白的戏剧；也许这就是为什么它经常在高中被教授。相反，一些莎士比亚迷认为这部戏剧太过简单，不值得我们赞赏。我曾听一位哈佛教授在课堂上介绍《麦克白》时，将其描述为——希望是半开玩笑地——“一部并非完全卑劣的戏剧……”

们要警惕“所有天生身体残缺的人，比如缺脚、手、眼睛或其他部位；残废的人；尤其是没有胡子的男人”；另一本提醒人们要提防“满脸皱纹、眉头紧锁、嘴唇多毛、长着一颗大牙齿、眼睛斜视、尖声喊叫或骂人的老太太”。莎士比亚毫不费力地利用了这些刻板印象：在《麦克白》中，面对女巫时，班柯思考着她们的外貌，甚至质疑她们的性别：

> 这些是什么人，
> 形容这样枯瘦，服装这样怪诞，
> 不像是地上的居民，
> 可是却在地上出现？你们是活人吗？
> 你们能不能回答我的问题？好像你们懂得我的话，
> 每个人都同时把她满是皱纹的手指
> 按在她的干枯的嘴唇上。你们应当是女人，
> 可是你们的胡须却使我不敢相信
> 你们是女人。
>
> (1.3.37—44)

有很多方法可以迫使女巫暴露身份。她可能会被审问，如果有必要，还会被折磨。人们也可以在她身上寻找“魔鬼的记号”；正如奥尔森指出的，人们还可以观察“被告是否能不结巴地念主祷文”。

我们通常认为，舒适地待在城堡里的麦克白夫人与荒原上的“古怪姐妹”没有多少共同之处。但随着剧情的发展，我们看到了麦克白妻子内心深处的不安和隐约的恶魔般的一面，正如布罗恩穆勒指出的，很可能早期的观众“把麦克白夫人理解为一个女巫，或者是被恶魔附身的人”——这是在她开始梦游和咕哝那些她知道自己要负部分责任的黑暗行为之前。布罗恩穆勒把我们的注意力引向麦克白夫人对“注视着人类

恶念的魔鬼们"的召唤(1.5.38—39),以及她对这些魔鬼们的请求:

进入我的妇人的胸中,

把我的乳水当作胆汁吧!你们这些杀人的助手,

你们无形的躯体散满在空间,

到处找寻为非作恶的机会。

(1.5.44—48)

麦克白夫人召唤了魔鬼;从事"为非作恶"的普通女巫也得到了帮助。一个女巫得到了她的"精灵"(familiar)——一个(据说)被女巫控制的动物伙伴,通常是一只猫、狗、蟾蜍或其他普通动物——的帮助。据说,这个女巫把她的灵魂交给了魔鬼,以换取这个动物帮手。

正如占星术预言一样,当女巫的预言与接受者的愿望重合时,会产生最强烈的共鸣:注意,班柯对怪异姐妹的预言持怀疑态度,但热切的麦克白却对其表示欢迎。然而,就像哈姆莱特一开始不确定鬼魂的身份一样,麦克白也在犹豫——既在他第一次遇到女巫的时候,也在他即将垮台时:

要是命运将会使我成为君王,那么也许命运会替我加上王冠,

用不着我自己费力……

(1.3.142—143)

愿这些欺人的魔鬼再也不要被人相信,

他们用模棱两可的话愚弄我们,

听起来好像大有希望,

结果却完全和我们原来的期望相反……

(5.8.19—22)

在舞台上,巫术具有高度的娱乐性;但在现实生活中,它是要被起

诉的一种犯罪行为，欧洲许多国家都颁布了相关的法律来抵制巫术。巫术相关案件的总数无法确定，但据估计，十万人被指控使用巫术，其中约四万人被处决，女性占所有案件的80%。在英格兰，记录显示，从16世纪中叶到18世纪初[1]，大约有两千人被审判，其中三百人被处决（在苏格兰，人均数字更高；尽管苏格兰的人口只有英格兰的四分之一，但大约有同样多的人被审判）。在英格兰，1542年通过了第一部反巫术法令，该法令于1563年和1604年被新法令取代。当然，也有人持怀疑态度：约克大主教萨缪尔·哈塞特（Samuel Harsnett）写道，只有那些没有"智慧、理解力或判断力"的人才会相信女巫所谓的力量；而雷金纳德·斯考特（Reginald Scot）的《发现巫术》（*The Discovery of Witchcraft*，1584）是第一部关于巫术的长篇论著，这本书从头到尾都充满了怀疑论。[2] 即便如此，迫害仍在继续，至1736年反巫法令最终被废除之前，在英格兰大约还判决了五百起绞刑。我们可能还注意到，巫术案件的数量在16世纪80年代到90年代达到顶峰——也就是年轻的莎士比亚开始其职业生涯的那几十年。

事后看来，所谓的女巫受到迫害的悲剧再清楚不过了。巫术案件通常始于邻居之间的纠纷，继而引发一个公民对另一个公民的投诉。典型的指控涉及私犯——造成伤害。1566年的"切姆斯福德

---

1 值得注意的是，对巫术最为关注的时期与现代历史学家称之为科学革命的时期几乎一致。其中的原因（如果不仅仅是巧合的话）还不清楚。

2 斯考特相信女巫的存在，但否认她们的"力量"是超自然的。然而，在现代读者看来，他试图为巫术找到一个"科学"的解释，这相当令人不安。他关注的是更年期，以及由此引发的极端心理变化。"一旦她们的忧郁情绪停止波动或爆发"，女巫们就会倾向于增加"忧郁的想象力"，而这些想象力依然存在，"即使她们的感官消失了"（转引自布罗恩穆勒，第34页）。

(Chelmsford)女巫案"就很典型。一位名叫艾格尼丝·布朗的妇女指控另一名妇女艾格尼丝·沃特豪斯让她的精灵——这个案件里是一只猫——来干扰自己在奶牛场的工作(实际上,据说那个精灵本是一只猫,但现在变成了"一只长着一张像猿一样的脸的黑狗,有一条短尾巴,一条链子和一个银色的哨子……挂在它的脖子上,它头上有一对角")。沃特豪斯被判有罪并处以绞刑——这是英格兰第一个因巫术而被处死的女人。十三年后,这个案子又夺去了另一个人的生命,一个叫伊丽莎白·弗朗西斯的女人也被绞死,据说是她把她的精灵给了沃特豪斯。

女巫是最终的替罪羊,正如兰开夏郡一个名叫爱德蒙·罗宾逊的十一岁男孩的例子所表明的。有一天,他在放牛的时候,很晚才回家,他说他被女巫绑架了;另外,他提到了一些当地妇女的名字。一名法官起了疑心,把案子上交到了威斯敏斯特,后者派了一名主教来调查;男孩和几名被指控的妇女被带到伦敦接受审问。最后,小爱德蒙承认,整件事都是他编造的,因为他把牛赶回家时晚了,担心母亲会惩罚他。[1]

上帝 VS.女巫

巫术与宗教之间的联系值得探讨。从心理学上来看,用巫术来解释不幸的吸引力显而易见。毕竟,声称这是上帝所为意味着宇宙的创造者特意来惩罚你——这不是一个吸引人的想法。最好是去责怪住在

---

1 人们不禁会想,"指责女巫"之于16世纪的英格兰,就像"指责犹太人"之于20世纪中叶的欧洲、"指责黑人"之于20世纪末21世纪初的美国(也许现在也是如此)。近年来最著名的此类事件是1994年的苏珊·史密斯一案。这名南卡罗来纳州的女子告诉警方,她被一名黑人劫车,那名黑人开车带走了她还在车里的孩子,这引发了全国范围的搜捕;事实上,正如她后来承认的那样,她故意让汽车开入湖中,淹死了她两个年幼的儿子[参见,例如,凯瑟琳·罗素-布朗(Katheryn Russell-Brown),《犯罪的颜色》(*The Color of Crime*,1998)]。

路那头的那个孤独的老妇人。然而，对于神学家来说，巫术的存在本身就令人不安。为什么上帝一开始会允许女巫蓬勃发展呢？一位当代作家试图给出答案。上帝允许使用巫术来“惩罚罪恶的人类；直接惩罚罪恶；惩罚人类的忘恩负义和不接受已揭示的真理；撼动那些渐渐犯罪的虔诚之人；[并]考验基督徒，看他们在逆境中是忠于神，还是因魔鬼而离弃神”。巫术的概念，在某种意义上，是有组织的宗教的产物。正如苏珊·布里格登(Susan Brigden)所说：“这只是上帝与撒旦、善与恶、救赎与诅咒之间永恒的宇宙斗争的一部分。”

当然，神职人员是巫术最强烈的反对者，考虑到当时的宗教动荡，天主教徒和新教徒对巫术现象的态度大不相同也就不足为奇了。正如詹姆斯·夏普所说，旧宗教可能要求驱魔，而新宗教则反对这种做法，认为这是“毫无意义的教皇式迷信”；相反，祈祷和禁食是第一道防线。关于巫术(以及一般的恶魔学)，最著名的作者不是别人，正是苏格兰国王詹姆士六世(后来成为英格兰国王詹姆士一世)；他的专著《恶魔学》(*Daemonologie*)发表于1597年。距此六年前，据说数名所谓的女巫遭受酷刑后揭露了一场针对国王的阴谋。[1] 人们一直怀疑，1606年首演的《麦克白》是专为取悦国王而写的。这是一部“苏格兰剧”，纪念了英格兰的第一位苏格兰国王(也是剧作家剧团的赞助人)——但莎士比亚肯定知道詹姆士对超自然的痴迷。

几十年过去了，巫术案件被视为奇闻逸事。记录最新病例的小册子广为流传，还有关于畸形婴儿、地震、火灾、鲸被冲上海滩等的报道。

1　克里斯汀·奥尔森总结了针对国王的阴谋：“它主要涉及试图用人体器官和一只受过洗礼的猫来施咒，从而使载着詹姆士和他的丹麦新娘的船沉没。”多达一百人因涉嫌犯罪而受到审判，詹姆士亲自监督了一些酷刑行刑(奥尔森，第一卷，第676页)。

最终，巫术的观念开始从国民意识中消失。最后一次绞刑发生在1685年；最后一次定罪在1712年。它为何衰落，或许比它为何在这么多世纪里如此突出更容易理解。正如凯瑟琳·爱德华兹所写的那样："人们对巫术的不断关注以及它在这一时期所带来的危险，都没有得到最终的解释。"

自然和非自然魔法

巫术只是早期现代欧洲人民面对的一种魔法。几乎每个人，从受过大学教育的人到农村的穷人，都认为女巫属于超自然的范围，与之并列的还有"狡猾"或"聪明"的男男女女、算命先生、魔法师和各种各样的巫师。（值得注意的是，莎士比亚尤其倾向于在他以古代世界为背景的戏剧中加入占卜师和算命师：《裘力斯·凯撒》《安东尼与克莉奥佩特拉》《辛白林》。）直到1621年，罗伯特·伯顿（Robert Burton）还在《忧郁的剖析》（*The Anatomy of Melancholy*）一书中写道："巫师太普遍了；在每一个村子里，都有所谓狡诈的男人、男巫和白女巫，只要有人去找他们，他们几乎可以帮助你克服身体和精神上的一切障碍。"这句话的意思是，这些巫师和魔法师与医生展开了激烈的竞争——这也许并不奇怪，因为医生本身在帮助病人方面的能力有限。然而，正如凯斯·托马斯所指出的，即便是一位擅长"医学"的文艺复兴时期的魔法师，通常也只是"非常多样化的技能中的一个分支"。魔法师通常是在有特定问题的客户的要求下施展魔法。当然，有值得信赖的魔法师，也有江湖骗子，所以可以理解公众的小心谨慎。

据说有些魔法很容易学会，任何掌握了必备技能的人都可以使用——例如，找回丢失或被盗财物的技能。在盗窃案中，"筛子-剪刀"

法是找出罪犯的一种方法。尽管这个“测试”的机制似乎已经在时间的迷雾中消失了，但它可能是这样的：所有参与测试的人坐成一个圈，筛子和剪刀（大概是连在一起的）悬挂在小组的中央；人们可能会唱诵《圣经》中的一节经文。最后，筛子会指向那个有罪的人。另一种奇特的迷信与谋杀有关，这是所有罪行中最严重的一种。如果凶手的罪行有疑义，他可能会被要求触摸受害者的身体；理论上，死者的伤口会再次流血（托马斯指出，这种做法直到17世纪还得到科学家和法官的认可）。

当然，江湖骗子比比皆是。这些人经常被曝光，偶尔也会被逮捕。正如托马斯指出的那样，当这种情况发生时，市民急于自卫是很正常的——毕竟，在危急时刻他们还能向谁求助呢？狡猾的男人和女人的做法有时有利可图；但如果它能带来声望，那可能也足够了。他们繁荣是因为满足了一种需求。一位名叫威廉·珀金斯的作家总结了这种情况：

> 如果一个人的孩子、朋友或牲畜得了某种严重的疾病，或者得了某种罕见不知名的疾病，感到莫名其妙的痛苦，他所做的第一件事就是想一想，寻找有智慧的男人或女人，然后派人去寻求帮助。

珀金斯指出，如果病人康复了，则“所有结论都是一种惯常的反应：‘噢，我曾遇到这样一个男人或女人来帮助我，这是多么幸福的一天啊！’”

不用说，教会反对一切世俗的魔法；官方的立场是，只有上帝，也许还有魔鬼，拥有操纵自然和驾驭超自然力量的权力。詹姆士自己断言，魔法师和女巫都为“同一个主人服务，尽管方式不同”，都应该被处以死刑。的确，在莎士比亚笔下的英格兰，宗教和政治之间的联系天衣无缝；毕竟，国王们声称自己是靠神权统治的，《圣经》中明确指出，叛乱和巫术同样有罪。魔法也被认为与异教有关；毕竟，这些传统无疑可以追溯到许多世纪以前，而且许多信仰和仪式都起源于基督教之前。1554年，伦敦的一位主教宣称“女巫、魔法师、巫师以及诸如此类的人，都是靠魔鬼的操纵和帮助来工作的”，而且“所有这些人都对上帝犯下如此严重的冒犯和背叛，再没有比这更严重的了”。当然，教会自己的魔法，比如与弥撒有关的，或与圣人的传统治愈力量有关的，是完全合法的。魔法的来源至关重要：如果来自上帝，魔法是可以接受的；如果魔法来自自然，也可以接受，这需要通过仔细的研究和调查来发现——这就是“自然魔法”，至少在某种程度上，这是一种与我们现在所说的“科学”相结合的追求（“自然魔法”与“自然占星术”大致相当，如前所述，后者被视为一种无害的追求，类似于天文学）。这个问题在《冬天的故事》戏剧性的最后一幕中若隐若现，在这一幕中，已经死去十六年的女王赫米温妮的雕像复活了。就像《哈姆莱特》中鬼魂的出现一样，最直接的问题是我们所看到的景象到底是神圣的还是邪恶的。宝丽娜（Paulina）监察这个看似奇迹的死而复生，坚持认为她不是“有妖法相助”（5.3.90—91），这与国王里昂提斯的情绪相呼应：“假如这是魔术，”他说，“那么让它是一种和吃饭一样合法的技术吧。”（5.3.110—111）

莎士比亚戏剧中最伟大的魔法师当然是《暴风雨》的主角普洛斯彼罗。我们必须假定普洛斯彼罗的魔法是合法的；一个原因是，他谈到他的“艺术”与他的宿敌——女巫西考拉克斯（Sycorax）的恶魔力量形成对比。西考拉克斯用她的力量把精灵爱丽儿（Ariel）困在树上十二年；只有普洛斯彼罗的魔法强大到足以打破咒语，才能确保他获得释放。普洛斯彼罗似乎使用他的力量行善而不是作恶——然而有一些更黑暗的暗示。正如他向米兰达解释的，这是一门需要一段紧张而专注的时间来学习的技艺；他最终只管“沉溺在魔法的研究中”（1.2.77）。即便如此，在许多读者看来，他更像是一位科学家，而非炼金术士。正如伊丽莎白·斯皮勒(Elizabeth Spiller)所指出的，普洛斯彼罗的艺术“只能被认为如吉尔伯特和培根等自然哲学家理解科学那样，出于同样的原因而发挥作用”。他给了我们“从亚里士多德哲学到培根科学这一大文化转型中的一小段历史”。虽然普洛斯彼罗展现了一些相当令人印象深刻的伟绩——例如，创造和指挥赋予这部剧标题的暴风雨——但在他的技艺中也有一些街头魔法师的东西，甚至是骗子的。这样的表演者在詹姆士一世时期的伦敦很常见，莎士比亚的观众会立刻认出舞台上的这样一个角色。正如维吉尼亚·梅森·沃恩(Virginia Mason Vaughan)和奥尔登·T.沃恩(Alden T. Vaughan)在雅顿版《暴风雨》中所说，该剧的主角是“严肃魔法师和狂欢节魔术师的结合体”。我们也可以注意到普洛斯彼罗的魔法与占星术之间的联系：“我借着预知术料知福星正在临近我运命的顶点……”(1.2.181—182)当然，剧作家运用了自己独特的魔法：毕竟，出席观看一场戏剧表演就是要接受(善意的)欺骗。难怪在莎士比亚的所有作品中，普洛斯彼罗这个角色被视为是作者本人的合理反映。

“告诉我是谁创造了世界”

另一个准合法的“魔法”是炼金术，即把一种物质变成另一种物质(尤其是把铅等廉价金属变成黄金)的探索。又一次，四元素说成为关键；炼金术士相信，通过改变这些元素之间的平衡，他们可以把一种物质变成另一种物质。这可以通过燃烧、蒸馏、溶解、升华和融化来实现，通常是为了净化其中的一种成分。(法律禁止金属的嬗变，这一事实表明许多人相信这是可以做到的。)就像其他种类的魔法，包括占星术，炼金术士中也有无数的江湖骗子。本·琼森的讽刺剧《炼金术士》(1610)就是对炼金术及其实践者的一种戏剧性揭露。琼森对主要人物——一个名叫“萨特尔”(Subtle)的骗子和他的伙伴“菲斯”(Face)——进行了无休止的嘲笑，还有那些容易上当受骗的人。

The Tragicall Histoy of
the Life and Death
of Doctor Faustus.
With new Additions.
Written by Ch. Mar.

LONDON,
Printed for Iohn Wright, and are to be sold at his shop without
Newgate, at the signe of the Bible. 1620.

图 11.1 “告诉我是谁创造了世界……亲爱的靡菲斯特，告诉我。”克里斯托弗·马洛的《浮士德博士的悲剧》的主人公既是学者又是魔法师，他渴望了解宇宙的运行方式。这幅插图出自 1631 年版的剧本扉页。© 大英图书馆委员会/罗巴纳艺术资源，纽约

谁是琼森在《炼金术士》中塑造的主角“萨特尔”的原型？正如我们在第 4 章中看到的，他可能受到了约翰·迪伊——伊丽莎白时代的科学家和魔法师（迪伊的名字在剧中被提到了）的影响；但另一条推理线索将该剧与乔尔丹诺·布鲁诺于1582年出版的喜剧《烛台》相联系。在权衡了琼森与布鲁诺有关联的证据后（包括谁可能认识谁的记录），希拉里·加蒂总结道："即使可能性不高，琼森至少也有可能对布鲁诺有所了解，甚至知道一点他的作品，即使只是通过与那些在伦敦认识他的人交谈。"

与占星术一样，有相信炼金术力量的人，就会有怀疑的人——也有些人会同时持有两种观点，就像今天有些人可能会声称不相信占星术，但他可能会在报纸上查看自己的星座，即使只是为了娱乐。正如戈登·坎贝尔（Gordon Campbell）所说，琼森和他的观众都认为炼金术是"科学和欺骗的结合"。对琼森来说，这种二元性创造了完美的戏剧和喜剧的载体。

莎士比亚对炼金术的使用似乎比琼森少，尽管他在少数场合提到过。这在《雅典的泰门》（*Timon of Athens*）中得到了隐喻性的体现[例如，"你有炼金的本领，去把这些泥块炼成黄金吧"（5.1.114）]；而在《约翰王》（*King John*）中，法国国王菲利普（Philip）说：

> 为了庆祝今天的喜事，光明的太阳
> 也停留在半空之中，做起炼金的术士来，
> 用他宝眼的灵光，
> 把寒伧的土壤变成灿烂的黄金……
>
> （3.1.3—6）

但伦敦舞台上最伟大的魔法师不是莎士比亚剧中的人物，也不是来自琼森的作品。在普洛斯彼罗施展第一个咒语的二十年前，观众看到了克里斯托弗·马洛的精湛戏剧《浮士德博士的悲剧》（大约1592

年)。马洛并不是凭空捏造出他的博士：他的剧本改编自一系列古老的故事，故事中有学问的人为了获得知识而把灵魂出卖给魔鬼。到了16世纪，这些故事已经与真实生活在那个世纪早期的德国占星家约翰内斯·浮士德(Johannes Faustus)联系了起来。1587年，一位匿名的德国作家写下了一个虚构故事，然后1592年出现了这个故事的一个英文译本，这就是马洛的第一手资料来源。

马洛笔下的浮士德是一位魔法师，同时也是一名学者；他在威登堡学习，就像哈姆莱特和他的朋友霍拉旭一样。浮士德渴望知道宇宙的秘密；按照传统的故事，他承诺将他不朽的灵魂卖给魔鬼以换取世俗的知识。他放弃了传统的学术研究领域，选择了黑魔法["是魔法，让我着迷的魔法"(1.112)]。正如我们在第1章中所看到的，浮士德最先问靡菲斯特的问题之一是关于宇宙学的：他询问天球的结构。"现在我想要一本书，在上面我可以看到天上所有的人物和行星，这样我就可以知道他们的运动和性情。"(7.171—173)他的问题变得越来越危险——"告诉我是谁创造了世界……亲爱的靡菲斯特，告诉我吧。"(7.66—68)

浮士德逐渐获得了知识和权力。他周游欧洲，施咒，在宫廷里大搞破坏，还捉弄教皇。当末日临近，魔鬼来兑现这笔交易。浮士德现在充满了悔恨——和恐惧——恳求怜悯。他哀叹所有这些知识都是一个可怕的错误："啊，要是我从来没有见过威登堡，从来没有读过一本书就好了！"(14.19—20)这没有用(剧透警告！)：魔鬼把浮士德的灵魂带到地狱去了。

占星术、巫术、炼金术、魔法……和科学，都是一个整体的一部分；所有这些在16世纪都交织在一起，甚至一直持续到17世纪早期。人们普遍相信仙女、恶魔、鬼魂和女巫的存在；像宗教一样，这些幽灵只是日常生活的一部分。我们现在所认为的“科学”才刚刚开始摆脱魔法思维。我们听说过约翰·迪伊和他的魔法水晶，还有布鲁诺和吉尔伯特等思想家的作品中弥漫着科学与魔法的微妙结合。事实上，吉尔伯特的磁学似乎是为解释神秘量身定做的。正如基思·托马斯指出的，磁力的概念本身“似乎开启了心灵感应、魔法治疗和远距离行动的可能性”（例如，如果有人因使用武器而受伤，则不仅要在伤口上涂上治疗膏，而且还要涂在武器上，这是有道理的；毕竟，如果磁力可以影响行星的轨道，那么生命精气难道不能轻易地穿越武器和伤口之间的简短距离吗？就连英格兰皇家学会在成立之初也对这类事情感兴趣）。

另一位代表神秘主义和新兴科学世界观的关键人物是德国天文学家和数学家约翰内斯·开普勒（1571—1630）。今天，我们记得开普勒是完成由哥白尼开创的事业的人——最终得出控制行星运动的精确数学定律的科学家。但这位文艺复兴时期的天才还有另外一面，那就是他与过去年代的思想有着根深蒂固的联系。

开普勒出生于斯图加特附近，在图宾根接受教育；他研究神学，期望成为一名路德教牧师。然而，他后来在一所省立学校教数学，在那里他读到了《天体运行论》，对天文学的数学基础产生了兴趣。后来他将到布拉格担任第谷·布拉赫的助手，并最终成为鲁道夫二世及其继任者的宫廷数学家。

天乐

但开普勒不仅仅是一位数学家，就像古代的毕达哥拉斯一样，他痴迷于数字命理学；他确信某些数字具有特殊性质。[1] 例如，为什么是六颗行星（包括地球），而不是五颗、七颗或其他数目？造物主这样安排一定有一个原因，而命理学大概可以回答。当他在研发太阳系模型时，开普勒小心仔细地使之符合他的数学美的概念。他醉心于数学和音乐之间的相似之处，梦想着将天体的位置和运动转化为乐谱。这就是"天乐"，即另一个可以追溯到毕达哥拉斯的思想。莎士比亚曾多次提及这一古老的概念——例如，在《第十二夜》中，奥莉维娅说道：

啊！对不起，
请你不要再提起他了。
可是如果你肯为另一个人求爱，
我愿意听你的请求，
胜过于听天乐。

(3.1.107—111)

开普勒特别着迷于古希腊人的另一项数学发现——欧几里得几何学的五个"多面体"（这些三维模型的每一面都是相同的多边形形状。它们是：四面体，有四个面，每一面都是三角形；立方体，有六个面，每一面为正方形；八面体，有八个面，每一面为三角形；十二面体，有十二个面，每一面为五边形；二十面体，有二十个面，每一面为三角形）。在他于 1596 年出版的《宇宙之谜》一书中，开普勒首次为哥白尼模型进行了全面的辩护。但他也提出了一个关于行星轨道相对大

1 我们喜欢认为自己生活在一个更加复杂的时代——但事实又一次更加混乱。就在我写这一章的时候，报纸报道了安大略省列治文山议会已经同意不再在街道地址中使用数字"4"。居民们一直在抱怨，单是在一所房子的地址上出现"4"，就会使它的转售价值降低数万美元。列治文山是大量亚洲移民的家园，其中许多人认为"4"是不吉利的，因为它在粤语和普通话中听起来像"死"（现在你可以推断出"恐四症"这个词的意思了）。

小的非凡理论。据说这是他在奥地利格拉茨教书的时候想到的。当时他在思考太阳系和柏拉图多面体，然后想出了这样的概念，那就是已知的五颗行星的轨道必须与这五个完美的几何图形具有相同的比例（见图 11.2）。

这是一个大胆巧妙的想法；不幸的是，这是错误的——当开普勒将他的理论与现有的关于行星轨道大小的最佳数据进行核对时，他发现这个理论并不十分符合（尽管很接近）。《宇宙之谜》的初稿既是一部科学著作，也是一部神学著作，因为开普勒试图将日心说与《圣经》的不同章节进行调和。他把宇宙本身想象成类似于上帝，太阳对应于圣父，恒星天球对应于圣子；它们之间的空间被他想象成圣灵[这本书是在他的导师迈克尔·马伊斯特林（Michael Maestlin）敦促他简化论证并在神学问题上从轻处理之后才出版的]。

如今，开普勒神秘的一面往往被淡化了，我们反而因为他发展了行星运动定律并推导出真实的行星轨道（它们不是哲学家们数千年来想象的圆形，而是椭圆形）而向他致敬。这些突破是在他搬到布拉格之后才出现的；事实上，大的飞跃要在开普勒获得第谷多年收集的关于行星（尤其是火星）位置的精确数据之后才出现（第谷和开普勒在许多事情上意见不一致——回想一下第谷曾拒绝哥白尼的观点，支持自己的混合模型——开普勒在第谷死后，与他的继承人争吵了很久，才得到重要的数据）。

突破的结果是出版于 1609 年的《新天文学》（*Astronomia Nova*）。这个标题暗示了某种程度的虚张声势，或许也是合理的。如前所述，开普勒还没有现代意义上的重力概念——但是他意识到，无论是什么力

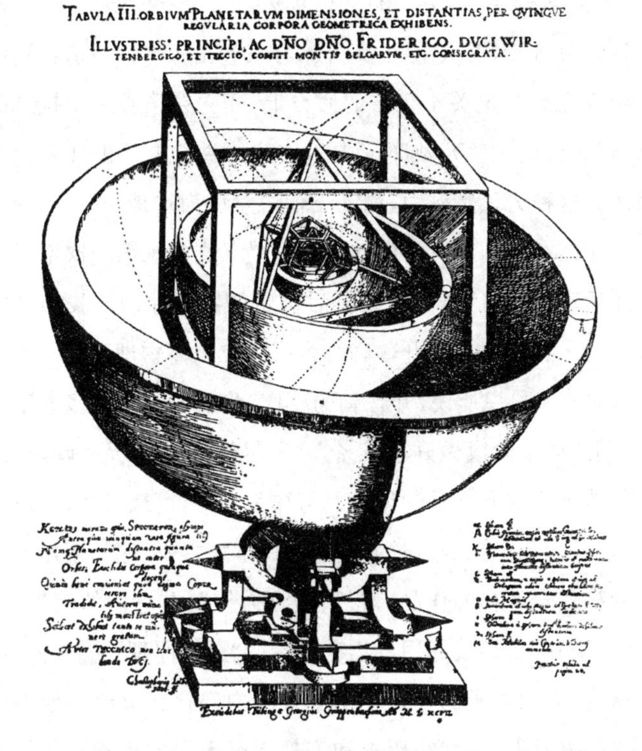

图 11.2　约翰内斯·开普勒在 1596 年出版的《宇宙之谜》一书中，把行星轨道的大小想象成与欧几里得几何学中的五个“柏拉图多面体”具有相同的相对比例。BPK，柏林/艺术资源，纽约

量使行星保持在各自的轨道上，其力量大小与距离成反比。[1] 受到吉尔伯特关于磁力的研究的启发，开普勒愿意接受这样的观点，确实是一种磁力使行星保持在它们的轨道上。他在后来出版的天文学教科书

1　他几乎成功了：就如牛顿将会证明的那样，力的强度与距离的平方成反比（距离增加两倍，力的强度减小四倍）。不过，正如 I.伯纳德·科恩所指出的，重要的不是他把确切的公式弄错了，“而是他一开始就设想出一种天体的力量”，并认识到它肯定随着距离的增加而减少[科恩，《科学革命》(*Revolution in Science*)，第 130 页]。

《哥白尼天文学概要》(*Epitome astronomiae Copernicanae*)中向吉尔伯特和第谷致敬，这本书从1615年开始分三卷出版。他写道："我把全部天文学建立在哥白尼关于宇宙的假设上，建立在第谷·布拉赫的观测上，最后建立在英格兰人威廉·吉尔伯特的磁学上。"也许关键不在于开普勒认为这种力量是磁力，而在于他愿意认为这是一种力，即一种纯粹的物理实体在控制着行星的运动。这是天文学家第一次不仅研究天体的表面运动，而且还研究运动背后假定的物理原因。我们可以看到为什么欧文·金格里奇把开普勒称为第一位天体物理学家。正如历史学家I.伯纳德·科恩所说，开普勒的著作"暗示了亚里士多德宇宙的终结，为牛顿的科学阶段做好了准备"——尽管如科恩所强调的，许多天文学家仍然不相信开普勒的理论。与往常一样，范式只能缓慢地改变。

然而，尽管开普勒是当时最伟大的科学家之一，他却创作了一系列物理和神秘完全融合的作品。行星被磁力控制在它们的轨道上，但地球(以及太阳)的自转最好用万物有灵论或"灵魂原理"来解释。(例如，开普勒认为，太阳黑子的存在证明了太阳内部存在灵魂。)他的科学著作中还夹杂着对形而上学、历史和宗教无穷无尽的思索。艾伦·德布斯(Allen Debus)非常正确地将开普勒描述为"一个文艺复兴时期的科学悖论——一位杰出的数学家，其灵感来源于他对宇宙神秘和谐的信仰"。他将数学和神秘主义巧妙地融合在一起，"与现代科学相去甚远"，德布斯说，"但这是现代科学诞生的基本要素"。科恩则补充说，尽管开普勒是科学天才，但"我们可以很容易地汇集一卷他的著作，从而显示他的思想和科学是多么的不科学"。

我们可能会注意到，开普勒是一位实践占星家，他为德国贵族占卜。然而，尚不清楚他在多大程度上相信星星的力量会影响我们的生活。他曾把占星术称为“受人尊敬、通情达理的天文学母亲的愚蠢小女儿”；另一方面，他出版了一本名为《占星术的可靠原理》（*The Sure Fundamentals of Astrology*）的小册子。科恩写道，开普勒是“最后一位重要的天文学家……在任何程度上都是一位坚定的占星家”。

开普勒至少部分地生活在中世纪，证据可以从他母亲凯瑟琳娜的不幸遭遇中看出来。一个女人说凯瑟琳娜给了她一种魔药，使她生病了；很快就有传言说凯瑟琳娜在家里开了一家药店，她的特色药就是能改变人心意的调制药酒。凯瑟琳娜因涉嫌巫术于1615年被捕。开普勒尽其所能帮助她，为她写了无数封信；但她被判有罪并被送进了监狱。开普勒最终离开布拉格的家，前往符腾堡与母亲团聚。他花了近一年的时间陪伴在母亲身边，或许是为了让她免于酷刑和处决。她始终坚称自己是无辜的，说她宁死也不愿提供虚假的供词。她最终被释放了——很可能是由于技术上的问题（检察官未能通过法律要求的所有程序）。如果没有她有名的儿子出面调解，人们可以很容易地想象到凯瑟琳娜的命运。

在人类历史的大部分时间里，魔法随处可见。正如J. A.夏普所言：“令人印象异常深刻的是，大多数人，当然是在1700年之前，或多或少是接受魔法信仰作为其世界观的一部分的。”为什么在这么多个世纪里，它能如此影响人们的生活和思想？部分原因在于它的务实：在一个几乎没有其他解决办法的时代，它提供了，或者至少看起来提供了解决实际问题的办法，这些问题通常涉及健康或繁荣。像浮士德这样的魔法师兼学者，因为他们过分好奇的天性而受到谴责——但今天的科学家也是不知疲倦的提问者，而且有时似乎马洛的博士不像普洛斯彼罗，而更像一个好奇的天体物理学或宇宙学专业的研究生。随着自然哲学的发展，某些神奇的思想——"有用的部分"——被吸收进了后来的"科学"中。事实上，正如科学史学家约翰·亨利(John Henry)所说的，自莎士比亚时代以来，我们对魔法的看法发生了变化，这"正是因为这种传统的最基本的方面现在已经被科学世界观所吸收"。炼金术就是一个明显的例子：尽管把铅变成黄金的尝试可能是执迷不悟的——至少事后看来是这样——但毫无疑问，炼金术是现代化学的先驱(至少，它提供了化学家将要依赖的工具，从天平、烧杯到过滤器和热源都有)。

正如我们所看到的，魔法和科学紧密地交织在一起，化学和炼金术要一个多世纪后才能永久分离。尽管如此，当自然哲学在17世纪中叶得到发展时，它还是欠早期自然魔法一笔巨债。和开普勒一样，弗朗西斯·培根也是一位介于魔法时代和科学时代之间的人物。他显然受到了魔法传统的影响，但他很巧妙地尽力把知识的精华与伪科学的糟粕区分开。这不是一件容易的事。"我们的基本原理的终点，"他写道，"是对原因和事物秘密运动的认识，是扩大人类帝国的疆界，使之影响遍及一切可能的事物。"这些话是出自一位科学家还是一位魔法师之口——抑或二者兼之？

12. 莎士比亚与医学

“紊乱的身体……”

世上有普通的博物馆，还有一些建在老教堂阁楼里的博物馆。我喜欢后者。

从街道层面看，这座有着棕色砖墙、雷恩风格的圣托马斯教堂看起来和伦敦其他一百多座教堂中的任何一座一样，坐落在现代写字楼和公寓之中，就在南华克区伦敦桥地铁站的拐角处。要发现这座建筑的重要意义，人们必须爬上位于教堂塔楼内的狭窄的螺旋楼梯。游客在一根绳索扶手帮助下爬上三十二级的台阶，最终从昏暗的楼梯中出来，进入博物馆灯火通明的大厅。很快，人们就会明白，圣托马斯教堂并不是一座普通的老教堂。它不是为周围社区的居民服务，而是为那些与曾经坐落在这里的医院有联系的人服务。虽然教堂目前的结构只能追溯到17世纪晚期，但圣托马斯医院的历史要久远得多。它以1170年被谋杀的托马斯·贝克特(Thomas Becket)的名字命名，可以追溯到他死后“仅仅”几年；但历史学家怀疑，它的历史可以追溯到1100年左右，这会使它成为伦敦城中最古老的医院，也许也是全英格兰最古老的医院。

早在1215年，人们就已经把这家医院描述为“古老的”，当时伦敦桥上的一场大火席卷了附近的街区。(当火势最终平息时，温切斯特主教评述道：“看一看位于南华克的一座古老医院，它为贫穷的病人而造，现在已经完全变成了炭屑与灰烬。”）医院在火灾后重建，并在后来的六个半世纪里蓬勃发展。这家医院最终于 1862 年关闭，当时在上游几英里处的朗伯斯区新开了一家医院。旧建筑的大部分都被拆除了，剩下的也几乎被遗忘了——尽管做礼拜的人还在继续使用教堂本身，这是原建筑群中仅存的一部分。1956 年，教堂的阁楼被重新发现，其历史价值终于得到认可。“你通常进不了教堂的顶层，”旧手术室博物馆和草药阁博物馆的负责人凯文·弗鲁德说道，此时我们正抬头凝视着饱经风霜的木质横梁，“这真是一座非同寻常的建筑。”

20 世纪 50 年代，当历史学家们在阁楼里四处搜寻时，他们在椽子上发现了干鸦片的蒴果，暗示了这座建筑的非凡历史。这座阁楼曾经用来储存，也许还用来种植草药和植物；阁楼内会相对干燥，因此比教堂或邻近医院的其他房间更适合这个用途。最幸运的是重新发现了曾经的外科手术室[1]。它位于阁楼的另一端，始建于 1822 年，现在已被精心翻新过。“手术室”这个词用得很恰当：这是一个学习的地方，一排同心圆的木制隔间俯视着手术台，学生们可以从这里俯瞰手术现场。房间前面的一个牌子上写着“出于同情，不为利益”（MISERATIONE NON MERCEDE）。但同情只能让病人走到做手术这一步，而只要看一眼外科手术器械，包括一把截肢锯，就足以使任何 21 世纪的参观者非常庆幸没有生活在以前的时代。让人害怕的不是这些器械本身，而是在 19 世纪 40 年代麻醉药发明之前，任何一种手术都近似于折磨：你得清醒地面对一切。酒精可以稍微缓解疼痛，但仅此而已。因此，手术是最后的手段，许多病人选择死亡，而不是那不可避免且极度痛苦的开刀手术。

1 英文为“theater”，除了“手术室”的意思，更常见的含义为“剧院”，一语双关。——译者博物馆里的其他陈列柜就没那么恐怖了。有人类的骨骼和石膏头骨；一排排的玻璃瓶和金属罐头盒，里面曾经装着各种各样的药品；一碗碗的草药、植物的根和种子；还有一列列的玻璃烧杯、吸量管和注射器。一套翠绿色的瓶子在白炽灯下闪闪发光；它们贴有神秘的标签，比如“TR. HYOSCY”“EXT. ERGOT. LIQ.”以及“TINCT：HAMAMEI”。虽然展出的物品都来自莎士比亚时代之后，但是这家医院的确是莎士比亚时代的街区固定设施的真实写照。事实上，圣托马斯教堂离环球剧院或熊厅都不远，位于其往东只有几百码的地方，离南华克大教堂近在咫尺。这并不是说剧作家曾涉足这里或是其他任何一家医院：这些医院一般都是为穷人和受压迫者服务的，而莎士比亚作为有经济收入的人，如果有需要的话，很可能会请医生上门为他诊治。“中产阶级倾向于在自己家里接受治疗，”弗鲁德解释道，“他们肯定不会来这家医院。”

内科医生、外科医生、药剂师和助产士

如今，“医生”（doctor）这个词已经很少有歧义了，除了要把医学博士（有医学博士学位，MD）和研究人员或科学家（有博士学位，PhD）区分开来——而后者通常不会自称为“doctor”，这有助于减少混淆。在莎士比亚时代，情况要复杂一些。至少有三种不同的医疗从业者，内科医生位于最上层，外科医生在中间，药剂师和助产士在最底层。内科医生有执照，被称为“医生”，因为他们在牛津大学或剑桥大学学习过。他们在学校学了多年盖伦（Galen）和希波克拉底（Hippocrates）的拉丁文著作。内科医生可以诊断疾病，开治疗处方，但他们不做手术。从中世纪开始，医学就与天主教联系在一起，因此医生被禁止放血。所以任何涉及切割病人的事情都留给了另一群医生，也就是外科医生。内科医生可以上门诊治，但他们的服务很昂贵；大多数普通人从来都不会去咨询他们。然而，对于那些资金紧张的人来说，还是有捷径可走。人们总是可以把自己的尿液送到医生那里检查，而不是要求私人咨询。据推测，从尿液的颜色和质地中（如果需要，也可以从粪便中）可以收集到很多信息。在《亨利四世·下篇》中，以福斯塔夫为代价，莎士比亚从这种做法中得到了一些乐趣：

福斯塔夫

喂，你这大汉，医生看了我的尿怎么说？[1]

侍童

他说，爵爷，这尿的本身是很好很健康的尿；可是撒这样尿的人，也许有比他所知道的更多的病症。

(1.2.1—5)

马洛的《帖木儿大帝·下篇》中也提及了类似情况，帖木儿问他的医生："告诉我，你对我现在的病怎么看？"医生回答说：

我看过了你的尿，尿本身又稠又糊，这说明你处于很大的危险中；你的血管里充满了意外的热量，从而使你血液中的水分变少了。

(5.3.82—85)

医生以这种风格继续说了十四行台词，都多少带点盖伦的味道。顺便说一句，虽然没有理由认为福斯塔夫上过大学，但他肯定很熟悉盖伦，他后来在同一场景中又提到了盖伦（这是莎士比亚作品中五次提到盖

1 为什么福斯塔夫称侍童为"大汉"？学术版的脚注解释说，他是在取笑实际上身高矮的侍童。

伦中的一次)。然而,即使进行个人会诊,医生也只能做这么多了。没有X光等诊断工具和抗生素等治疗手段的帮助——甚至没有对身体循环系统的了解——内科医生只能局限于有根据的猜测。

外科医生被认为比内科医生地位低。他们没有上过大学;更确切地说,他们像画家和工匠一样,在师傅的指导下作为学徒接受训练。作为一种职业,外科手术与理发密不可分,因为二者都涉及切割和使用锋利的金属工具;他们获得同一机构的许可,即理发外科公司(Barber-Surgeons Company)[当莎士比亚居住在伦敦跛子门社区时,他距离蒙克韦尔街的理发外科大厅只有几个街区,这里是理发师和外科医生公司(Company of Barbers and Surgeons)的总部[1]]。外科医生可以缝合伤口,去除内脏里的"结石",以及在人头部受伤的情况下,为减轻压力而钻入头骨(这个过程被称为穿孔)。但以这种方式打开身体总是最后的手段。当然,患病的肢体可能会被截掉——但如果没有麻醉剂,这对病人来说将是一场可怕的经历(而且对听到的其他人来说很可能也没什么乐趣)。

最后还有药剂师和助产士,其社会地位比内科医生和外科医生都还要低。和外科医生一样,药剂师也是通过学徒制学习技艺。他们可以按内科医生开的处方配药;而且由于他们的收费比内科医生或外科医生都低,所以对普通民众来说找他们更为便利。

莎士比亚在《罗密欧与朱丽叶》中对一位乡村药剂师的运用是出了

---

1 大厅本身在1666年的大火中幸存下来,但在第二次世界大战期间被德国的炸弹摧毁。在蒙克韦尔广场,大厅在战后重建,尽管理发师和外科医生在18世纪中期已经分道扬镳,但旧的名字仍然保留着,一个写着"理发师-外科医生大厅"的牌子仍然挂在前门上。

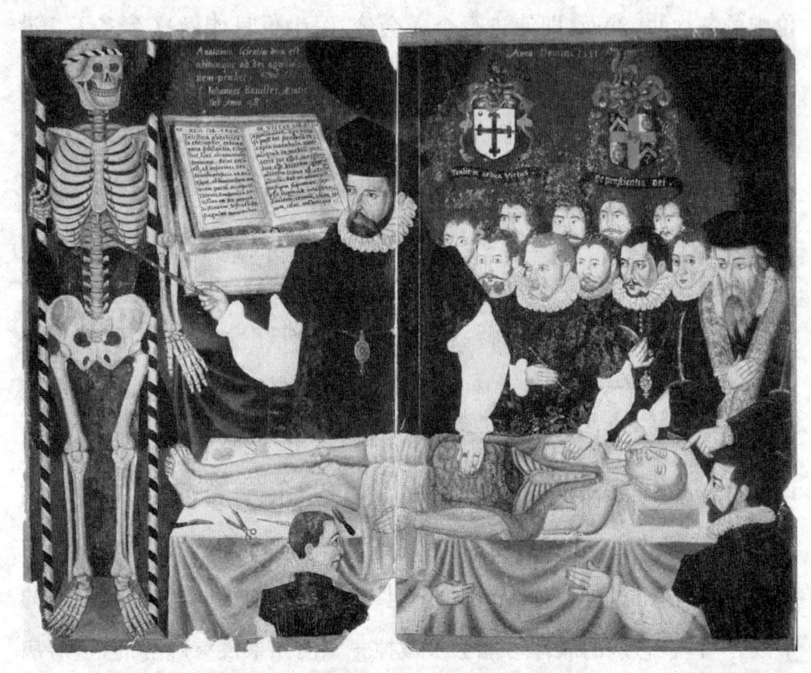

图 12.1　图中对解剖学讲座的描述，涉及对一具人类尸体的解剖，被认为可以追溯到 16 世纪 80 年代。（注意图中那本书，它很可能是公元 2 世纪希腊医生盖伦的著作。）布里奇曼艺术图书馆，伦敦

名的，他是一个隐居的人。尽管作为一个隐士般的人物——他的小屋里仍散落着空盒子——他仍设法储存了各种各样的滋补品和药剂：

> 我想起了一个卖药的人，
> 他的铺子就开设在附近，
> 我曾经看见他穿着一身破烂的衣服，
> 皱着眉头在那儿拣药草；
> 他的形状十分消瘦，
> 贫苦把他熬煎得只剩一把骨头；

他的寒碜的铺子里挂着一只乌龟，
一头剥制的鳄鱼，还有几张形状丑陋的鱼皮；
他的架子上稀疏地散放着几只空匣子、
绿色的瓦罐、一些胞囊和发霉的种子、
几段包扎的麻绳，还有几块陈年的干玫瑰花，
作为聊胜于无的点缀。

(5.1.37—48)

助产士也许比药剂师更受人尊敬。人们可以依靠她来检查可疑的女巫、强奸受害者和女囚犯。然而，正如克里斯汀・奥尔森所指出的，如果在分娩过程中出现了问题，这很可能是助产士发起的"畸形分娩"的谣言。除了药剂师和助产士之外，还有无执照的"经验主义者"和酒馆老板娘们，以及一大批各式各样的业余治疗师，他们承诺提供各种各样的治疗方法。庸医的骗术猖獗。总的来说，这些无证行医的人无疑大大超过了有证行医者。

盖伦的体液说

已经去世十四个世纪，被称为"帕加玛的盖伦"(Galen of Pergamon，129—199)的希腊医生和哲学家盖伦，是莎士比亚时代英格兰的主要医学权威。他的作品一直受到追捧；据估计，在1490年到1598年间，他的作品出版了六百多个版本。盖伦的理论关注于控制身体的四种"体液"：血液、黏液、黑胆汁和黄胆汁。通过共有的属性，它们反映了地球自身的组成元素，即土、水、气和火。每一种体液和每一种元素，都与热、冷、湿、干进行特别的组合。因此，血液又热又湿；黏液又冷又湿；黑胆汁又冷又干；黄胆汁又热又干。健康的关键是在四种

体液之间保持适当的平衡或“温度”。“体温过高或过低”——身体的或国家的——肯定预示着更严重的疾病即将到来。在《亨利四世·下篇》中，国王抱怨说“这一个王国正在害着多么危险的疾病，那毒气已经逼近它的心脏了”；华列克（Warwick）再次向他保证：

> 它正像一个有病之身，
> 只要遵从医生的劝告，调养得宜，略进药饵，
> 就可以恢复原来的康健。
>
> （3.1.40—42）

盖伦还提出有三种“灵魂”：理性灵魂，受大脑支配；感性灵魂，由心脏控制；以及由肝脏控制的植物灵魂。事实证明，盖伦大大高估了肝脏的重要性。他认为肝是胎儿形成的第一个器官，并认为它支配着身体的整个循环系统。他还认为，肝包裹着胃，给它加热来帮助消化。事实上，尽管某些动物的肝脏是这种形状，但人类的肝脏却并非如此；正如奥尔森所指出的，这是其中的一个错误，它可以表明盖伦只检查过动物，而不是真正的人类尸体。

几个世纪以来，盖伦的错误一直被忽视了（或者至少没有被纠正）。记录中第一个批评盖伦的人是佛兰德医生安德烈·维萨里（Andreas Vesalius，1514—1564）。维萨里出生在布鲁塞尔，曾先后在法国和意大利学习，他既从接受过古典教育的教授那里学习，也从自己的调查中学习。他在帕多瓦大学解剖人类尸体的结果显示，不论其他方面，盖伦对肝脏的形状和功能的认识是错误的。（维萨里也是一个善于表演的人：他的解剖对公众开放，吸引了很多好奇的旁观者。）他在一本开创性的书中发表了自己的发现，名为《人体的构造》（*De humani corporis fabrica*），这是第一本现代解剖学教科书，书中有根据作者自己的工作

绘制的详细图示。(正如历史学家喜欢指出的那样,维萨里的书出版于1543年,正是哥白尼出版《天体运行论》的同一年——这确实是科学出版的好年份!)尽管如此,盖伦还是很受尊敬,他的错误只是慢慢地暴露出来。

盖伦最大的错误在生理学上,而不是解剖学。首先,他没能推断出血液循环,这要等到1628年(莎士比亚死后十二年)通过威廉·哈维的研究才为人所知。给所有形式的物质都赋予生命的倾向没有什么帮助。我们已经在天文学中注意到了这种倾向——例如,开普勒坚持行星有"灵魂"。人体也同样容易受到这种理论的影响,正如奥尔森所指出的,到16世纪,盖伦的追随者们认为每个器官不仅具有生理功能,而且具有某种人格。例如,脾脏被认为充满了黑色的胆汁,又冷又干;因此,这个器官被认为是易怒、冲动和情绪多变的中心。莎士比亚多次在这个意义上提到脾脏——例如,在《亨利四世·上篇》中,潘西夫人对霍茨波的反驳:

> 啐,你这疯猴子!
> 谁也不像你这样刚愎任性。[1]
>
> (2.3.74—76)

这也导致了一些令人相当困惑的段落;正如奥尔森所指出的,现代读者可能会对莎士比亚在《维纳斯与阿多尼斯》中描写维纳斯的那句"一千个脾脏承载着她的一千面"(第907行)感到困惑。这只是意味着女神的情绪极其多变——但正如奥尔森开玩笑说的那样,这句话让人想到

---

1 这句话原文为"A weasel hath not such a deal of spleen/As you are tossed with"。其中用到了"spleen"这个词,意为"脾脏",中文采用了意译,把脾脏所代表的意思翻译出来了。——译者

“一群愤怒的小脏器，背着一名不知所措的女神四处游荡”。

黄胆汁，被认为是炎热和干燥的，也被称为胆汁。人们认为，太多的胆汁会让人失去耐心，变得好争辩，而莎士比亚正是在这个意义上使用了这个词——例如，在《亨利五世》中，国王将威尔士上尉弗鲁爱林描述为“生性暴躁，像火药一样一触即发”[1]（4.7.175）。类似地，“黏液质”（黏液多）、“忧郁质”（黑胆汁多）和“多血质”（血液多）等词在作品集中频频出现，它们不仅描述了人物的身体状况，还描述了其性格的各个方面。

放血

在伊丽莎白时代的英格兰，医生的座右铭很可能是“心存疑虑时，放血”。小病是由体液不平衡引起的，而如果问题看起来是血液过多，那么答案很明显——让一部分血流出来。医生们甚至建议健康的人也要定期放血，以保持体液平衡。一封1578年一个德国学生寄给他母亲的信很有启发性，“我叫你给我寄放血用的小刀”，他写道，并指出“其他学生有自己的特殊的柳叶刀”，这样的话他们不需要去澡堂屈从于使用“农民和其他人用来放血”的工具。

除了想象中的医疗福利，放血还有一种宗教动机：一些教会人士相信，通过清除多余的血液，人们可以摆脱罪恶。此外，还有一个占星术上的动机：当地球本身在“生长”时，建议放血，也就是在春天的时候（与“冷”和“湿”的天气有关的季节），而在炎热的天气，放血则不被鼓励。今天仍然可以经常看到这段嗜血时期的遗迹，那就是理发

1 该句台词为译者译，原文为“touched with choler, hot as gunpowder”，其中“choler”意为“胆汁”。——译者

店的杆子上红白相间的条纹：白色代表泡沫状的剃须膏；红色象征放血。

今天，故意让病人流血的想法似乎很荒谬，但在莎士比亚时代，这是有一定逻辑的。当时，血液被认为是食物和饮料的最精制的形式，它们通过血管被输送到身体的各个部位。但是，可以这么说，一路下来它必须被“用完”——这就是为什么在《科利奥兰纳斯》中，我们听说“大拇脚指头”是“最低微最卑鄙的”（1.1.153）。过多的血液可能会导致起丘疹或疖子，还会引起发烧。一种解决办法是停止进食（因此有了“发烧多饿会儿”这个说法）；而另一个能更快地降低病人体温的方法，是抽血。相反，那些看起来苍白或摸起来很冷的人，可能会被告知要多吃些食物（这就会产生更多的血液）；红肉可能会被特别推荐。

“他们没有我们今天所拥有的对疾病的洞察力，”弗鲁德说，此时我们坐在一张桌子旁，周围放满了博物馆的展品，“他们往往混淆症状和原因。所以，如果你发烧时脸变红，他们会认为那是由血液导致的。血液确实会导致红脸。所以他们认为那是发烧的原因。”不是病人的血不好，就是血太多了；不论哪种情况，解决办法就是去掉一些（他们明白身体可以重新产生血液）。“所以在他们看来，这是一个非常简单的因果关系，”弗鲁德说，“而且这有点效果：有些发烧的人放血后，可能会变得脸色苍白，从而症状得到缓解。这有点道理。现在我们知道这说不通，但在当时人们觉得这言之有理。”

伊丽莎白时代英格兰的医生们尽其所能为病人治疗，但他们缺乏真正的医学知识：他们几乎没有机会推断出是什么真正使人生病。几乎可以肯定，运气和内科医生的作用同样重要。一些患者接受了治疗，病情有所好转——但如果不进行治疗，他们或许也会恢复得同样快（甚至更快）。出于同样的原因，一些病人的病情不断恶化，尽管接受了治疗，他们最终还是死了——但即使没有接受治疗，他们也极有可能会死（而接受一些治疗很可能会带来安慰）。疾病没有严格的分类，更糟糕的是，症状本身常常被与疾病混为一谈。例如，今天发烧被认为是许多疾病的共同症状；但在莎士比亚时代，它本身就被视为一种疾病。正如奥尔森所指出的那样："难怪任何一种治疗方法，当用于治疗不论何种原因引起的发烧时，通常都不起作用。"像肺结核、流感、痢疾、天花、疟疾和梅毒这类疾病都是杀手，而坏血病在水手中尤为常见（1562 年，女王本人差点死于天花，这发生在莎士比亚出生前两年）。当然还有鼠疫；因为它的不可预测性，它甚至比其他疾病更可怕。

鼠疫正是问题

尽管莎士比亚本人很幸运，没有受到鼠疫的可怕影响，但这种可怕的疾病已经成为日常生活中不可分割的一部分，就像天气一样为人所熟悉。如前所述，在莎士比亚的一生中至少暴发过五次鼠疫。事实上，欧洲曾遭受过两种截然不同的鼠疫，一种是腺鼠疫，另一种是肺鼠疫（我们不能确定当时的记录中提到的是哪一种，它们通常都用"鼠疫"来指代）。腺鼠疫是更常见的形式；潜伏期约为六天，会导致恶心、发烧、腹股沟或腋窝肿胀，被称为"腹股沟淋巴结炎"。一旦染上鼠疫，前景就不妙了；这种疾病杀死了大约十分之六的受害者。肺鼠疫侵袭肺部，且更为致命，几乎杀死了所有感染者。

这种疾病如何传播只能靠猜测。人们谴责一切，从糟糕的空气到不吉利的行星排列，再到（毫不奇怪）外国人；许多人还把这种疾病归咎于上帝的愤怒。[1] 我们现在知道鼠疫是由跳蚤传播的，而跳蚤反过来又咬了受感染的老鼠。当时，没有人认为这是老鼠或昆虫的过错，也许是因为它们在伊丽莎白时代英格兰的城镇里无处不在。[2] 正如克里斯汀·奥尔森所指出的，当医生们责怪动物时，他们在正确的方向上，但他们指责错了动物，他们指责狗和猫，而不是老鼠和跳蚤。其结果是政府下令扑杀流浪狗和流浪猫——这反过来又导致了老鼠数量的增加和鼠疫的进一步暴发。卫生条件的普遍缺乏是另一个主要原因。在城镇里，垃圾直接被倾倒在街道上或附近的水沟里。

至少这种疾病的传染性得到了承认。它被认为是——不知怎么的——通过空气传播的，人们从其他感染者那里感染了它。在疫情暴发期间，外国船只只能停泊在港口，徒步旅行者要么被部署在城镇边界处的警卫拦住，要么被迫在临时医院里待上四十天——用拉丁语说就是"隔离"(*quarantina*)——直到确认他们不会构成危险。(当然，"隔离"这个词就是从这种做法中来的。)

感染者的房子被封锁，家庭成员被困在里面与感染者待在一起(希望能帮助病人康复，而不是自己感染上这种疾病)。人们认为过度拥挤是一个问题，那些有能力的人会在每次疫情暴发时逃到农村。当然，没有什么比剧院更能吸引人群的了，正如前面提到的，每次演出可以吸引到三千人。当鼠疫死亡人数超过每周三十人时，伦敦官方关闭了剧院

---

1 将疾病归咎于外国人的倾向也可以从梅毒的例子中看到，这是另一种鲜为人知的疾病。正如约翰·黑尔(John Hale)所指出的："责任被大量转移：对意大利人来说，这是一种西班牙病，或者——更通俗地说——是一种法国病，对法国人来说，这是一种那不勒斯水痘，对土耳其人来说，这是一种基督教病。"(黑尔，第556页)

2 此外，只有当附近没有老鼠时，跳蚤才会叮咬人类——这意味着当疫情开始暴发时，老鼠可能不会特别引人注意，因此很难推断它们在其中的作用。

以减缓疾病的传播。这当然对莎士比亚和他剧团的演员们产生了巨大影响，他们将被迫到乡下寻找工作。记录显示，在1603年到1613年之间，剧院关闭了大约七十八个月——换句话说，关闭时间超过这段时间的一半。在1609年的一次鼠疫暴发中，托马斯·德克尔(Thomas Dekker)注意到，剧院的“门都锁上了，旗子……撤下了”；在附近的社区，人们看到“最近受感染房屋中的惊慌失措的居民纷纷逃离，希望在乡下生活得更好”。

莎士比亚只直接提到了一小部分关于鼠疫的内容，而且通常至少有一点隐喻性——例如，在《雅典的泰门》中，当泰门听到雅典大使们就在他家门口时，他一点也不激动：“我谢谢他们，要是我能够替他们把瘟疫招来，我愿意把它送给他们。”(5.1.137—138)莎士比亚笔下的人物无一死于瘟疫；事实上，他们中甚至没有一个人被感染过。也许只是这个话题“太普遍了”。尽管如此，作品集中对疾病、感染和发烧的一般性描述比比皆是，这无疑反映了普通人对自身健康和幸福的担忧——这二者都不能保证你能撑到下周二。“死亡和焦虑，”彼得·阿克罗伊德说，“是市民所呼吸的空气的一部分。”

“那样想下去是要发疯的”

当然，除了身体上的疾病，还有精神上的疾病，它们导致的后果同样可怕。造成精神疾病的原因没有得到很好的理解。人们认为，精神创伤、严重的焦虑甚至是单相思都可能引发疯狂；也可能是身体原因，如发烧或被疯狗咬伤；或者，正如莎士比亚在《麦克白》中提到的，可能是由于食用了“令人疯狂的草根”(1.3.82)——这也许指的是曼德拉草的根，与茄属植物相似，也被认为有致幻性。人们甚至认为月亮也有这一作用，或者因为它的相位，或者（更罕见的情况下）由于它与地球的距离（因此“lunacy”一词来自拉丁语“*luna*”（月亮）一词）。莎士比亚经常暗示月亮对人间事物的影响。例如，在《奥瑟罗》中，标题主人公对“谋杀”消息做出的反应：

> 那都是因为月亮走错了轨道，
> 比平常更接近地球，
> 所以人们都发起疯来了。[1]
>
> （5.2.111—113）

（奥瑟罗不是一个会说话的人；就在十几行台词之前，他谋杀了苔丝狄蒙娜。）

对于这种精神疾病几乎没有什么治疗方法。有些“疯子”由家人照顾；另一些人，正如奥尔森所指出的，“只是从一个城镇流浪到另一个城镇，被认为是当地犯罪率上升的原因”。有针对精神病人的医院，但护理水平骇人听闻；病人可能被殴打，甚至被作为公共娱乐展示。最著名的精神病院是伦敦的伯利恒医院，以绰号“疯人院”为人所知。在《李尔王》中，爱德伽（Edgar）试图在脸上涂上灰尘，把头发弄乱，用谜语和毫无意义的押韵语言说话，以此让人觉得他是一个“疯人院的乞丐”。爱德伽假装成“乞丐”的时候，国王害怕他真的发疯了，“啊！不要让我发疯！”他呻吟道，“天哪，抑制住我的怒气，不要让我发疯！我不想发

1　奥瑟罗似乎是指月球的距离，而不是它的相位。月球围绕地球转的轨道是椭圆形的，因此在一个月中，月球与地球的距离会有所改变（大约12%）。这种变化很久前就已经被观察到了，早在其轨道的真实形状被推断出来之前。其大小的变化可以——尽管不是很准确——通过托勒密体系中的本轮和均轮解释（见第1章）。开普勒发现行星（他并没有提到月亮）实际上确实沿着椭圆形轨道运行，这开始于1609年他在《新天文学》中对火星运动的描述（莎士比亚创作完《奥瑟罗》后不到六年）。

疯！”（《李尔王》1.5.37）雪上加霜的是，疯狂不仅被视为一种疾病，还被视为一种性格缺陷。哈姆莱特的疯狂到底是真是假（或者二者都是）是一个无休止的争论，但是无论如何，他的叔叔对于王子的行为感到羞耻，斥责他表现出“不是堂堂男子所应有的举动”；他告诉哈姆莱特，他的性格反映了“一个不肯安于天命的意志”（1.2.94—95）。

《麦克白》第五幕中，麦克白夫人的病情不断恶化，疯癫得不到有效的治疗。在第一场中，医生已经宣称“这种病我没有法子医治”（5.1.49），“她需要教士的训诲甚于医生的诊视”（第64行）。到第三场，结局即将来临，而麦克白的沮丧显而易见：

麦克白

替她医好这一种病。
你难道不能诊治那种病态的心理，
从记忆中拔去一桩根深蒂固的忧郁，
拭掉那写在脑筋上的烦恼，
用一种使人忘却一切的甘美的药剂，
把那堆满在胸间、重压在心头的积毒扫除干净吗？

医生

那还是要仗病人自己设法的。

麦克白

那么把医药丢给狗子吧；我不要仰仗它。

（5.3.41—48）

麦克白的医生只是我们在莎士比亚戏剧中遇到的医生之一。各种各样的医务人员经常出现在作品集里——事实上，比任何其他职业的人都要多。我们经常听到他们的诊断和治疗；他们不仅出现在《麦克白》的舞台上，还出现在《李尔王》和《两贵亲》(*Two Noble Kinsmen*)中。我们可以特别注意《终成眷属》，剧中女主人公海丽娜是一位著名医生的女儿；她从父亲那里学到了很多技能，并利用自己的知识救了国王的命。但在任何一部剧中，医疗谈话听起来都没有不自然；更确切地说，它是在角色们忙着自己的事情时自然出现的。正如莫里斯·波普(Maurice Pope)所说，医疗谈话并"不唐突"。

莎士比亚的医学知识是从哪里获得的？偶尔会有人提出这个问题——尤其是那些质疑剧本作者的人，他们认为只有受过医学训练的人才能如此渊博地写作医学。但这太过分了：莎士比亚不需要成为医生就能写疾病和治疗，就像他不需要成为贵族就能写宫廷阴谋，也不需要去过意大利就能写意大利的城市和风俗一样。他所需要做的只是注意观察和倾听。正如约翰·安德鲁斯(John Andrews)所指出的那样，莎士比亚对医学的了解虽然看似透彻，但在当时并不罕见。"莎士比亚戏剧中对医学提及的次数……并不一定意味着莎士比亚比同时代的人更懂医学，"安德鲁斯写道，"大多数伊丽莎白时代的人非常关心自己的健康，对基本的医学理论非常熟悉。"

家庭里的一位医生

在他职业生涯的后半段，莎士比亚有了另一条获得医学知识的途径：他的大女儿苏珊娜在1607年嫁给了约翰·霍尔(John Hall)，一名成功的医生。也许这解释了莎士比亚对于医生的尊敬，尤其是在他后期的戏剧中。可以肯定的是，书中有无数的嘲讽——如在《雅典的泰门》中，泰门警告说“不要相信医生的话，他的药方上都是毒药”(4.3.433—434)；还有李尔的建议[1]：“杀了你的医生，把你的恶病养得一天比一天厉害吧”(《李尔王》1.1.157—158)。但总的来说，莎士比亚剧作中的医生，以及整个医学行业，都是正面的。正如乔纳森·贝特指出的，莎士比亚在女儿结婚后对医生的刻画似乎变得越来越积极。在早期的剧作中，我们会发现一些滑稽的人物，比如《错误的喜剧》中的品契和《温莎的风流娘儿们》中的卡厄斯(Caius)——但在后期的剧作中，我们看到了“一些有尊严的、富有同情心的医生形象”。

霍尔曾在剑桥大学女王学院学习，1600年左右他开始在斯特拉福德行医。我们不知道莎士比亚和他的女婿多久说一次话；据我们所知，霍尔一家住在斯特拉福德，而莎士比亚大部分时间都在伦敦。尽管如此，很难想象霍尔的工作多年来从未在两人谈话的那些场合出现过。碰巧的是，我们对约翰·霍尔的了解比对那个时期的大多数内科医生都要多，因为他留下了关于病例的详细笔记[后来以《关于英格兰知名人士在恶病中的精选观察》(*Select Observations on English Bodies of Eminent Persons in Desperate Diseases*)为名出版]。

值得注意的是，霍尔甚至还给我们留下了他对苏珊娜本人的治疗细节：

> 我的妻子，斯特拉福德的霍尔太太，在经历了痛苦的绞痛之后，被以下方式治愈了。取消毒液、泻汁3单位剂量各一份，猪胆汁3单位剂量两份，荆条精油3单位剂量一份以及足量的淡盐液进行灌肠。注射之后她大便两次，但疼痛还在继续，几乎没有减

1 此处应为肯特的建议。——译者

> 轻;因此,我又给她注射了一品脱热的干白葡萄酒。不久,这就让她放了一堆屁,把她从痛苦中解脱了出来。然后我在她的肚子上敷了一块包含马齿苋、山楂、卡兰和肉豆蔻精油的膏药。我用这样一种灌肠剂把北安普敦伯爵从严重的腹痛中解救出来。

霍尔医生描述了一种灌肠剂("灌肠法"),即使普通读者不太确定这些成分是什么,这也能让我们一窥莎士比亚的女儿和她的医生丈夫的生活。正如贝特所言,霍尔医生的各种药材可能都是从菲利普·罗杰斯(Philip Rogers)那里获得的,罗杰斯是一名药剂师,在斯特拉福德的高街上开了一家商店(他曾因未偿还债务被莎士比亚起诉);其他药用植物和草药可能来自他自己在新居(New Place)的花园。到霍尔家的游客仍然可以看到这个花园——现在纯粹是装饰功能。正如贝特指出的,"在莎士比亚时代,植物和药物之间的亲密关系"已经变得难以理解。

霍尔的笔记还揭示了他与圣托马斯医院在治疗记录上的有趣相关性。例如,凯文·弗鲁德指出,在1612年,医院花了九便士买了一只鸽子"摊在病人的脚上"。这听起来像是直截了当的庸医把戏,但1632年霍尔医生本人也为自己开了同样的药方:"然后,一只活鸽子被剖开后敷在我的脚上,吸干水汽;因为我常患轻微的谵妄。"把鸽子放在脚上的治疗"似乎相当怪异",弗鲁德承认道,"然而,这是一位受过良好教育的主流医生——约翰·霍尔医生——开的处方。所以在这个特殊的时期,很难区分一个江湖郎中和一名真正的医生"。

弗鲁德发现,在其他情况中,霍尔开的处方里包括鹿角、象牙屑、蜘蛛网、干燥的公鸡气管和一种叫作白乳的化妆品[1]。更温和的草药疗

1 《韦氏词典》上说,它是由"安息香酊或一些香脂,或由加水沉淀的次醋酸铅组成的"。

法更具有代表性，一些更常见的“疗法”——比如艾草、芭蕉和蛋清——可以在圣托马斯医院的处方和莎士比亚的戏剧中找到。《麦克白》中女巫们煮的汤，含有诸如“蝾螈之目青蛙趾，蝙蝠之毛犬之齿”等令人垂涎的成分（4.1.13—14），这在今天听起来相当令人担忧；但弗鲁德指出，在莎士比亚时代，这“离现实并不遥远”。

13. 生活在物质世界

“几匹蚂蚁大小的细马替她拖着车子……”[1]

“啊，该死的、该死的奴才！”奥瑟罗悲叹道，此时他开始意识到他刚刚谋杀了他的妻子：

> 魔鬼啊，
> 把我从这天仙一样的美人的面前鞭逐出去吧！
> 让狂风把我吹卷、硫磺把我熏烤、
> 沸汤的深渊把我沉浸吧！
>
> (5.2.275—279)

在莎士比亚的作品中，很少出现天堂的奖赏和地狱的惩罚——但在这里，我们至少有了一幅描述罪人死后命运的生动场景(虽然这种待遇通常是一件令人害怕的事情，但在这种情况下，奥瑟罗在他犯下罪行之后，渴望得到这种惩罚)。但如果没有天使和竖琴来奖励善良的人，也没有硫磺池来折磨邪恶的人，那将会怎样？事实上，早在十六个世纪之前，一位有先见之明的希腊哲学家就曾设想过这种情形。在莎士比亚的时代，这位哲学家的思想——遗失了一千多年——正慢慢地回到文艺复兴时期欧洲的文化生活中。

罗马诗人卢克莱修(前99—前55)只给我们留下了一部现存的作

---

1 原文为“Drawn with a team of little atomi ...”其中“atomi”即“原子”，这句话按字面意思可译成“由一队小原子拉的马车”。——译者

品——但那是一部多么伟大的作品啊。他的《物性论》是一部长约7400行的押韵的拉丁六步格诗，对自然世界进行了激进的描述。他是还原主义者、唯物主义者，认为神实际上不存在。对于卢克莱修来说，宇宙和其中所有奇妙的多样性的产生并不是因为上帝（或诸神），而是因为不假思索的、随机的原子碰撞，这些微小的粒子"以无数种不同的方式到处飞行……永远被一种永恒的运动所驱使"。卢克莱修并没有发明原子论，这一理论事实上已经流传了大约五百年。一般认为，这是由希腊思想家留基伯（Leucippus）和他的学生德谟克利特（Democritus）所创，后来由哲学家伊壁鸠鲁（Epicurus）阐述，他吸引了许多追随者。[1] 伊壁鸠鲁提出了一种思想流派，建立在唯物主义和以快乐为目的的合理性基础上，这种学派被称为伊壁鸠鲁主义（Epicureanism）——我们可以注意到，"享乐主义者"（epicure）这个词在莎士比亚的戏剧中至少出其不意地出现了四次。伊壁鸠鲁主义，虽然不是无神论的同义词，但却是第二糟糕的事情；正如本杰明·伯特伦（Benjamin Bertram）所写的，它的实践者并不一定完全拒绝上帝，但"他们危险地几乎这样做了，冒着永远被诅咒的风险"（虽然许多写作者都注意到了原子论，但与任何其他古代思想家相比，卢克莱修更深入地探讨了原子论的哲学含义——使这一理论得到了最雄辩的表述）。卢克莱修说，世界是自创的，是由大自然自己产生的：

偶然间，由于原子的冲击和碰撞，
在黑暗中，混乱于任何方向，没有结果，
但最后被丢入组合，

---

1 想了解原子论的简史，我（谦恭地）向读者推荐我的第一本书《T恤上的宇宙：对万物理论的探索》（*Universe on a T-Shirt: the Quest for the Theory of Everything*）。

成为伟大事物的起源，

包括大地、海洋、天空和一切生物。

卢克莱修接着描述了原子的物理性质，以及这些原子的运动如何能够解释我们在自然界中看到的大量现象。他断言，地震、火山喷发和闪电——这些曾使许多人感到恐惧，而且常常被认为需要超自然解释的现象——是有其物理原因的。可以肯定，某些核心理念是缺失的；例如，他并不完全了解进化和自然选择的概念——尽管像其他古代作家一样，卢克莱修确实怀疑过曾经繁盛一时的物种已经自此灭绝了。尽管如此，《物性论》还是有一种强烈的现代感。

最好的自然诗歌

卢克莱修的最新拥护者是哈佛学者斯蒂芬·格林布拉特，他在普利策奖获奖作品《大转向》(*Swerve*，2011)中探讨了卢克莱修的影响力。当格林布拉特读到《物性论》时，他不禁想起了三位[1]更近代的思想家："爱因斯坦、弗洛伊德、达尔文或马克思的许多思想都在那里"，他在接受《哈佛杂志》(*Harvard Magazine*)采访时表示，"我当时惊呆了"。在《大转向》中，他描述了这位古代诗人的世界观：

没有高超的规划，没有神圣的建筑师，没有智慧的设计。所有事物，包括你所属的物种，都是在漫长的时间里进化而来的。进化是随机的，尽管在生物体中它涉及自然选择的原则。也就是说，适合生存和成功繁殖的物种会延续下去，至少能存活一段时间；那些不太适应的生物很快会死去。但是，没有事物——从我们自己的

1 从后文可知这里应该是四位思想家。——译者

物种到我们居住的星球，再到照亮我们生活的太阳——是永恒的。

只有原子不朽。

这是一种非常现代的看待事物的方式（尽管，正如格林布拉特所强调的，从卢克莱修到我们自己文化的这条道路既不笔直也不平坦）。尽管如此，在卢克莱修的史诗中，至少有一种21世纪怀疑论的暗示，在这首诗中，我们面对的宇宙既不是为了人类，也不是关于人类。例如，下面是卢克莱修对“智慧设计”的看法：

必然不是因为设计或头脑的敏锐把握
才使原始原子按顺序排列，
你或许可以肯定，它们也没有签订合同，
关于每颗原子应该做什么动作。
但是很多原始原子在很多方面，
从整个宇宙到无限，
已经改变了位置，互相碰撞，
尝试了每一个动作，每一种组合，
所以最终它们落入这种模式，
我们的世界就在上面创造出来。

除此之外，卢克莱修的观点提供了一种新颖而又不那么可怕的死亡观。他认为，因为灵魂会死，所以不可能有天堂或地狱。他和他的追随者认为死亡是生命的一部分；他们把来生的概念视为迷信而不予考虑。他甚至敦促他的读者让他们的思想“远离邪恶宗教的污点”。即便如此，卢克莱修和他的追随者们并不是现代意义上的无神论者：事实上，他们有一大堆神。正如加文·海曼（Gavin Hyman）所写的那样：“现代的对无神论和内在世界理解中的固有概念——这个世界完全不存在任何超越的领域——对他们来说几乎是不可理解的。”但是，他们所信仰的神却不干涉人类和人类事务。即使不是完全缺席，诸神至少对此漠不关心。

没有必要去讲述在中世纪晚期和文艺复兴时期卢克莱修逐渐被重新发现的故事，格林布拉特在《大转向》中对此进行了详尽的叙述。值得注意的是，卢克莱修在诗中倾注如此多精力去探索的思想，在莎士比亚时代才刚刚开始重新出现。这首诗所传达的信息仍然过于激进，不能被公开接受——它太接近彻底的无神论了——但尽管如此，正如格林布拉特所指出的那样：“文艺复兴的想象在哪里最活跃、最激烈，卢克莱修的思想就会在哪里渗透并浮现出来。”

从 1473 年到 1600 年，《物性论》大约出版了三十个拉丁文版本，从厚重的学术版到便宜的袖珍版不等。我们不知道莎士比亚是否得到了其中的一个版本，尽管我们确实知道本·琼森有一本；在哈佛的霍顿图书馆里，可以看到他拥有的那本袖珍书，书页上留有斑斑墨迹和锈迹，而且易碎（真的已经散架了）。但是我们将会看到，莎士比亚至少听说过卢克莱修，这要感谢蒙田，我们将马上探究他的作品。

不死的理论

那么卢克莱修关于原子运动的大胆理论是怎么样的呢？一直到 16 世纪中叶，在英语写作中都很少提及原子论，但后来，正如艾达·帕尔默（Ada Palmer）所指出的，原子论变得越来越普遍——大概是受到了对卢克莱修诗歌的重新认识的启发——从 16 世纪 60 年代开始（而这正是莎士比亚诞生的年代）。我们至少可以说，莎士比亚对卢克莱修的原子有一些了解。在《罗密欧与朱丽叶》的第一幕中，这位恋爱中的年轻人正在和朋友茂丘西奥谈论他做的梦。茂丘西奥回答说罗密欧一定是被春梦婆探望过了，春梦婆指的是一种可能起源于凯尔特神话的小仙女。她在人们睡觉的时候通过他们的鼻子进入大脑，让她的"受害者"做梦：

> 她是精灵们的稳婆；她的身体
> 只有郡吏手指上一颗玛瑙那么大；
> 几匹蚂蚁大小的细马替她拖着车子，
> 越过酣睡的人们的鼻梁。
>
> （1.4.55—59）

这段简短的话非常生动，我们不禁要问，春梦婆到底有多小？还有她的小马车以及拉着它的更小的"原子"有多小啊？莎士比亚在其他几个场合也提到过"原子"，比如西莉娅在《皆大欢喜》中宣称："回答情人的问题，就像数微尘的粒数一般为难。"（3.2.229—230）这当然是诗歌，不是物理——但是，我们也可以用同样的话来形容卢克莱修的《物性论》。当然，人们不需要假设一个原子随机运动的理论来承认生命旅程的随意性。正如弗罗利泽（Florizel）在《冬天的故事》中所承认的那样："……我们只好听从命运的支配"，总是"随着风把我们吹到什么方向"。（4.4.536—537）

"我知道什么？"

如果说卢克莱修是公元前1世纪伟大的怀疑论思想家，那么蒙田填补了16世纪的这一角色。米歇尔·德·蒙田（1533—1592）有足够的勇气去质疑他那个时代公认的教条。他质疑宗教和政治领袖的权威;他质疑古代哲学家的智慧;他质疑人类在宇宙等级制度中的特权地位;他甚至质疑理性对理解世界的作用。在他的私人书房里,他在一根木梁上用颜料涂写了怀疑论哲学家塞克斯都·恩披里科(Sextus Empiricus)的一句话:"唯一确定的是没有什么是确定的。"另一根上面写着:"我暂时不作判断。"另外,他有一枚奖章,上面刻着一句话,人们后来认为这句话就是他的座右铭:*Que sais-je?*——"我知道什么?"对于蒙田来说,没有什么是理所当然的。

我们在引言中短暂地提过蒙田,他出生于一个富裕的家庭,在法国西南部离波尔多不远的地方拥有房产。他可以说是一个神童,他的父亲认识到他儿子的才能,安排别人跟他只说拉丁语。这似乎起了作用,因为据说这个男孩在能说流利的法语之前就已经掌握了拉丁语。他学习法律,为国王和王子出谋献策,还担任过两届波尔多市长——但我们记住他是因为他是一个文人。

在他生命最后二十年的大部分时间里,蒙田基本上是在他城堡的塔楼里自我放逐的,在这里他建立了一个私人图书馆,积聚的藏书超过一千本。对他影响最大的是古代世界的怀疑论哲学家;和塞克斯都·恩披里科一样,他也被希腊思想家伊利斯的皮罗(Pyrrho of Elis)(约前 360—前 275)的思想所吸引。皮罗和他的追随者认为,人类没有资格去评判那些没有明确答案的问题。事实上,他们不确定是否有任何事情是可以确定的。皮罗自己的著作已经失传,但是塞克斯都在将近五个世纪之后为其所写的一篇阐释留存了下来。在蒙田的时代,这篇阐释的新版本开始在欧洲流传,蒙田如饥似渴地阅读它的内容。有时他同意古代作家的结论,有时他不同意——他带着批判的眼光阅读一切。然后,他开始写作。还是写作。继续写作。写作的结果是他洋洋洒洒的《随笔集》，包括107章，共3卷。从16世纪70年代开始，《随笔集》的出版跨越长达二十二年的时间。在这部书中，蒙田给了我们他对生命、宇宙和万事万物的思考。

蒙田用简单的法语精确地写下了他心中所想——正因为这种清晰和诚实，他的话在今天听起来和四个半世纪前一样鲜活。他的首要目标是了解心灵本身——他将这一任务描述为"一项棘手的任务"，要求我们"深入其最深处那些不透明的褶皱"。事实上，他或多或少发明了"意识流"写作：

> 我把目光转向我的内部，在其中停驻，使它保持忙碌。每个人都在他的前面看他；至于我，我看我的内部；我只与自己打交道，除了自己无事可做；我不断地观察自己，评估和体验自己……我在自己内部转来转去。

蒙田能够把他的想象投射到他的直接世界之外。他知道，在某种意义上，一切都是相对的：一切都取决于个人的观点。他看到，对一种文化的成员来说神圣的东西，对另一种文化的成员来说却是亵渎。年轻时，他游历过很多地方，对我们现在所说的"文化相对主义"有了深刻的认识。邻国，甚至是邻近地区，有着不同的风俗、法律和信仰。"这有什么好处呢?"他问道，"昨天还尊崇的东西，今天却不了，而且过河就成了犯罪！什么样的真理能被山脉所限，成为另一边世界的谎言。"

对文化和习俗的质疑不可避免地会导致对宗教和宗教实践的质疑。蒙田明白，人们的宗教信仰是通过一系列的意外事件而形成的：出生、所在地、接触的特定的老师等等。我们捍卫我们特有的信仰——但我们不应惊讶于我们的邻居也同样积极地捍卫他们的信仰。他赞赏地引用了罗马诗人尤维纳利斯(Juvenal)的话："由于每个人都憎恨邻居的神，深信自己崇拜的神才是唯一的真神，所以暴民的愤怒被激起了。"蒙田目睹了宗教战争的恐怖，也目睹了猎巫狂热所带来的不必要的苦难。正如他曾经深思的那样："为了一个人的猜想而把另一个人活活烤了，这也太把猜想当回事了。"虽然蒙田着迷于（也许是痴迷于）死亡，但他似乎对死亡之后会发生什么毫无兴趣。

蒙田几乎质疑一切。他拒绝接受卢克莱修所描述的无神的世界。无论他怎样努力，他都不能使自己怀疑造物主的存在（他一度称无神论是"可怕的东西"，后来又谈到"无宗教的恐怖与黑暗"）。直到他去世之前，他一直是一名实践中的天主教徒（很可能也信仰天主教）。但他认为他的信仰和怀疑之间没有冲突：他接受宗教的教导不是通过任何推理的过程，而是简单地将之作为信仰（一种被称为信仰主义（*fideism*）的观点，来自拉丁语词"*fides*"，意思是信仰）。他认为，没有这样的信念，一个人的生命就无法锚定。然而，他允许私人生活和公共生活分离。不管一个人内心有什么想法，都没有必要让它干扰他在社会中的地位。"睿智的人应该退入自己的内心，让自己自由地评判一切，"他写道，"但对外，他应该完全遵循既定的秩序。"詹姆斯·雅各布（James Jacob）指出，由于这种二元性，蒙田的怀疑论"在思想上产生了革命性的影响，却几乎没有产生什么社会涟漪"。尽管蒙田曾公开表示对天主教信仰的虔诚，但许多人还是把《随笔集》视为一部反宗教的，甚至是危险的作品。这本书出版一个世纪后，起初认为这本书没有任何问题的梵蒂冈，决定不冒任何风险，将这本书列入了禁书目录。

蒙田，一个相信科学的人？

与卢克莱修一样，蒙田准备质疑一个最受人重视的观念——宇宙为了我们的利益而存在。蒙田对这种浮夸的妄自尊大的看法——不仅预示着萨根，还有费曼（Feynman）、温伯格（Weinberg）以及许多20世纪后期物理学和宇宙学方面的作家——值得研究（在第2章中，我们简要看了一下，但在这里，我将完整地引用相关段落）。蒙田问道：

> 是什么使他相信，天穹神奇的运动变幻，傲然运行在他头顶上的日月星辰的永恒光芒，或是海洋无边无际的骇人的汹涌澎湃，这一切都是为他的需要与方便，为他而千百年来都是如此呢？这个连自己都不能掌控，而且遭受各方摆弄的可怜又渺小的生物居然自称是宇宙的主人和帝王，难道还能想象出比这更可笑的事吗？他无法认识宇宙中的分毫，更不用说把握宇宙了！

这里有一种明显的谦卑，很像现代科学家的断言，那就是宇宙"并不是关于我们的"。但是，蒙田是一个早期科学家吗？他的传记作者们在这个问题上都很谨慎。M. A.斯克里奇（M. A. Screech）是厚重的企鹅版作者传记的译者，他说，后来的启蒙思想家把蒙田看作"无神论自然主义"的早期支持者，而雨果·弗里德里希（Hugo Friedrich）注意到蒙田孜孜不倦、探究式地对人类进行研究的方法，他把这描述为"人类学式的好奇心"。但弗里德里希也提出了一个警告：蒙田的推理方式"绕过了数学、物理和技术科学"，如果把蒙田称为早期科学家，那将是一个"错误的结论"。我认为，问题在于蒙田有时听起来很现代，但有时又很保守和传统——正如人们可能期望的那样，他生活的年代如此接近我们所认为的新旧事物分隔的时间界限。想想他在医学上的立场：他似乎接受了盖伦的体液理论——但他也热情地谈到了帕拉塞尔苏斯（Paracelsus）医生最近的工作，该医生强调观察比坚持古代文献更重要。蒙田还曾检查过山羊胃里的东西，发现里面有石头，于是他得出结论：山羊的血可能无法像人们普遍想象的那样，可以用来治疗这类胃部疾病。在对实验和观察的早期认可中，R. A.塞斯（R. A.Sayce）写道："我们可以看到他的怀疑论和经验主义如何引导他走向科学时代的标准。"他的研究方法"指向了科学方法，他似乎有可能通过笛卡尔、帕斯卡，甚至是培根，对科学方法的发展产生了直接的影响"。

至少，蒙田的思维方式常常带有科学的味道。我最喜欢的关于他的固执怀疑论的一个例子是关于海上迷失的水手的命运[就像他的许多故事一样，它也有古典渊源；这个例子是他从希腊诗人米洛斯的迪亚戈拉斯（Diagoras of Melos）那里借来的，诗人也被人称作无神论者迪亚戈拉斯，生活在公元前5世纪]。蒙田写道：

> 曾有人指着乘船获救的生还者的誓言和献祭的图画问迪亚戈拉斯："你觉得众神不关心人类的事，那么对于这么多因神灵庇佑而获救的人你又作何解释？"——"那是因为，"他回答道，"被淹死的人没有被画下来——他们的人数要多得多！"

当我读到这篇文章时，我听到了类似于劳伦斯·克洛斯或斯蒂芬·霍金的现代怀疑论。蒙田是一个清醒又保持怀疑的揭穿者，他完全能够比哲学家们想得更多。

考虑一下他对感官的评价：我们用眼睛和耳朵感知周围的世界——虽然我们的感官可以作为我们了解世界的窗口，但它们也一定会限制我们的观察。"通过我们五种感官的磋商与合作，我们已经形成了一个真理，"蒙田写道，"但也许我们需要八到十个感官的一致贡献，才能确切地感知世界和它的本质。"而且，感官可能会误导我们；我们所看到或听到的往往会使我们误入歧途。他举的一个例子——再次借用一位古代作家——包含戏剧，因此肯定会涉及莎士比亚：如果使用有彩色玻璃罩的火把照亮舞台，观众可能误以为他们面前的人或事物是蓝色、红色或其他颜色的，完全不同于他们的自然色。但即使没有人对我们耍花招，我们也永远无法确定我们看到的是什么。正如蒙田所指出的，不同的人不一定以完全相同的方式感知事物：有些人比其他人听或看得更清楚；此外，随着年龄的增长，我们的感官也会退化。他也很小心地不把物体的感官印象和物体本身混淆。“因此，无论是谁从外表判断事物，”他写道，“他所判断的事物都与事物本身有很大的不同。”他说，雪可能“在我们看来是白色的”，但我们如何知道“这就是雪的本质”？一旦人们认识到这个基本问题，“世界上所有的知识都不可避免地被清除了”。他甚至想知道这个世界对狗或其他动物来说会是什么样子，并试图把自己代入到它们的脑海里。蒙田有一句名言：“当我和我的猫玩耍时，谁知道是它在陪我消磨时间，还是我在陪它消磨时间呢？”

即使他不是一位“科学家”，蒙田也对古代和当代科学思想家对世界结构的看法很感兴趣。他阅读过卢克莱修的史诗，现在在伊顿公学的图书馆里可以看到他那本有着大量注释的《物性论》一书。正如斯蒂芬·格林布拉特所指出的，蒙田的《随笔集》中包含了卢克莱修的一百多条语录。所以，不管他觉得是否有说服力，蒙田至少对卢克莱修详细阐述的原子论有所了解。他还对自己那个世纪的思想家有兴趣。正如引言中简要提到的，蒙田知道哥白尼的日心说。他指出，纵观历史，每个人都相信天界是运动的，直到某些古代思想家提出天界实际上是固定的，而且

是地球在黄道十二宫的斜面上进行着它的旋转……在我们的

> 时代，哥白尼已经很好地奠定了这一学说的基础，他非常有条理地让它与所有的占星术结果相适用。我们可以从它那里得到什么呢？不过，我们不必在意它是二者中的哪一个？谁知道一千年以后会不会出现第三种观点，适时地把这两个先前的观点推翻呢？

值得注意的是，蒙田的观点——这里转引自约翰·弗洛里奥的《随笔集》译本——与哥白尼主义相去甚远；事实上，他所质疑的似乎并不是古人的权威，而是哲学家的普遍权威。[1] 即便如此，正如弗里德里希所指出的，蒙田"是法国最早认识到哥白尼并认真对待他的人之一"。塞斯更进一步：在他对宇宙学的简短讨论中，"蒙田展现出……他对16世纪最伟大的科学发现的认识，以及对其重要性的正确理解"。这一点，再加上他提到的关于地球运动的观点，表明"他对待哥白尼理论可能比我们通过(《随笔集》中的)简短叙述所猜想的更认真"。他不仅是提到了哥白尼主义及其竞争者；而且这就是他对科学本质的看法。20世纪的哲学家卡尔·波普尔(Karl Popper)会为蒙田的主张感到骄傲，即所有的知识都是暂时的；一个"一千年以后"的新理论可能推翻我们今天最好的理论。对于蒙田来说，一切都是可以讨论的；一切知识都可以被质疑。他很清楚法国、西班牙、荷兰和英格兰的探险家们正在发现的"新"领土，以及他们在这些遥远的地方所遇到的惊奇事件。也许宇宙也为我们保留了一些惊喜？"难道不是更有可能，"他问道，"我们称之为宇宙的这个巨大的物体与我们所想的大不相同吗？"蒙田独特的怀疑论"让一切都陷入了怀疑，甚至是它本身"，萨拉·贝克维尔(Sarah

---

1 奇怪的是，学者们对蒙田关于哥白尼的讨论几乎只字未提。M. A.斯克里奇于1991年出版的那本厚达近一千三百页的译本，甚至连哥白尼的索引都没有，人们不得不在前言中才能寻找到对这个主题的简短的提及。

Bakewell)写道："也因此在欧洲哲学的核心地带提出了一个巨大的问号。"

蒙田的《随笔集》在1603年首次被约翰·弗洛里奥(我们在第7章中提到过他)翻译成英语，而且卖得很好。究竟是蒙田作品中的什么吸引了英格兰人？不一定是他的哲学。相反，正如萨拉·贝克维尔解释的那样，是他的风格，他完全不矫揉造作：

> 蒙田对细节而非抽象的偏爱吸引了他们；他对学者的不信任、对节制和舒适的偏爱以及对隐私的渴望也是如此……另一方面，英格兰人也和蒙田一样，喜欢旅行和异国情调。他可以在安静的保守主义中间出人意料地爆发出激进主义：他们也可以。大多数时候，他更喜欢看他的猫在炉边玩耍——英格兰人也是如此。

正如贝克维尔所说，弗洛里奥把蒙田身上"隐藏的英格兰人"特质显示出来了。蒙田出生在伦敦，父亲是意大利人，母亲是英格兰人。年轻时，他游历过很多地方，似乎对语言很有天赋。正如我们所看到的，莎士比亚可能认识弗洛里奥，也许是第一批阅读《随笔集》的英格兰读者之一——这些散文对他的作品产生了深远的影响。(因为蒙田的影响早在《哈姆莱特》中就出现了，比弗洛里奥翻译的《随笔集》要早几年，所以人们认为，这位剧作家可以接触到弗洛里奥更早的译本，而这些译本很可能以手稿形式流传。)

莎士比亚与蒙田

长久以来，学者们一直在讨论莎士比亚戏剧中的许多段落与蒙田散文之间的相似之处。多年来已经发现了数十个例子；足以使莎士比亚欠法国作家的债滋味十足。想想莎士比亚的《暴风雨》和蒙田的文章《论食人族》("On the Cannibals")。蒙田着迷于来自新大陆的报告,如饥似渴地阅读从美洲归来的探险家们的各种记述。其中一些人,比如法国探险家尼古拉斯·杜兰德·德·维勒盖尼翁,把当地的俘虏带回了法国。蒙田在访问鲁昂时遇到了这些不幸的男人和女人——在这个事例中,这些是现在巴西的图皮族人。以下是蒙田对这些南美原住民的描述(由弗洛里奥翻译):

> 在这个国家……没有买卖,没有文字,不懂算术,不设地方长官,也没有上级政治;没有服役,无贫富之分;不订契约,没有财产分割,亦无工作职业,只有休憩闲适;没有对亲族的重视,而是普遍地照顾,没有差别,不务农,不饮酒,不食谷物,不用金属。至于那些含有撒谎、虚伪、叛国、掩饰、贪婪、嫉妒、诽谤和宽恕的字眼,他们连听也没听过。

在莎士比亚的《暴风雨》中,贡柴罗(Gonzalo)解释道,如果他有机会以总督的身份统治普洛斯彼罗岛,他将如何把它变成人间天堂:

> 在这共和国中我要实行一切与众不同的设施;
> 我要禁止一切的贸易;没有地方官的设立;
> 没有文学;富有、贫穷和雇佣都要废止;
> 契约、承袭、疆界、区域、耕种、葡萄园都没有;
> 金属、谷物、酒、油都没有用处;
> 废除职业,所有人都不做事,所有……
>
> (2.1.148—155)

这两个段落之间的相似之处在19世纪首次被注意到,从那时起,学者们发现了大量这样的借用。

当然，从技术上来说，我们不能证明莎士比亚读过蒙田；毕竟，正如格林布拉特在我们的采访中所说的，“没有人拿着摄像机”捕捉到他的这一举动——“但在莎士比亚职业生涯的某个阶段之后，蒙田的痕迹出现在他的许多戏剧中”。不仅仅是语言本身；就像维吉尼亚·梅森·沃恩和奥尔登·T.沃恩在雅顿版的食人族随笔中所写的那样，莎士比亚采用了一种“修辞策略，来探索不同的、往往是对立的看法，从不满足于确定的观点”——这种方式呼应了蒙田的研究方法。顺便说一句，大英博物馆有一本弗洛里奥翻译的蒙田的《随笔集》，封面内页上有一个签名，可能是威廉·莎士比亚。[1] 我们知道莎士比亚读过蒙田的作品，现在我们可以重申在引言中简要提到的一点：多亏了蒙田的《随笔集》，莎士比亚至少肯定已经知道哥白尼的日心说，即使他没有通过其他途径接触到。

为什么莎士比亚如此迷恋蒙田？这两个人尽管生活在英吉利海峡两岸，对不同的国王宣誓效忠，信奉不同的宗教，但却有着相似的精神。正如贝克维尔所说，这两人都“被视为现代作家，抓住了一种独特的感觉，即不确定自己属于哪里，不确定自己是谁，不确定别人希望你做什么”。两人都毕生致力于调查人类的状况；两人都充满了无尽的好奇心；谁也不怕怀疑。

在《李尔王》中，莎士比亚也大量借用了蒙田的语言。正如杰伊·哈利奥(Jay Halio)指出的，莎士比亚在《随笔集》中发现了不公正的法官(4.5.146—148)，能看见东西的盲人(4.5.144—145)，以及“在职时能

---

1 就像其他许多可以阐明剧作家生活的事情一样，签名也是一个重大的争议话题。伪造的莎士比亚签名比比皆是，博物馆里的蒙田作品上的签名，在很久以前就被宣布为赝品。然而，当尼古拉斯·奈特(Nicholas Knight)将这一签名与另一本蒙田作品上的签名进行比较时，争论又重新开始，另一本蒙田著作收藏在华盛顿的福尔杰莎士比亚图书馆；奈特认为二者都是真的。

被服从”的狗(4.5.151);更普遍地说,莎士比亚“似乎不仅从这位法国散文家那里获得了短语和思想,而且还获得了弥漫在剧中的怀疑态度”。学者们在《李尔王》中发现了至少二十三个直接从《随笔集》中借用的段落,正如米莉森·贝尔(Millicent Bell)所说,这部戏剧包含了超过一百个莎士比亚从未使用过的单词,但却都出现在弗洛里奥对《随笔集》的翻译中。

莎士比亚笔下持怀疑态度的反派角色

让我们仔细看看萦绕在《李尔王》中的质疑和不确定性。我们已经看到,爱德蒙是一个怀疑论者——贝尔把他描述为一个“怀疑论者哲学家”——但他可能也可以被看作是一个科学家。他善于分析,固执地、一根筋地追求自己的目标,而且从头到尾都非常理性。让我们来看看爱德蒙的性格,正如20世纪著名的莎士比亚学者 A. C.布拉德利所描绘的那样:

> 爱德蒙是个纯粹的冒险家……他视男人和女人,连同他们的品德与恶行,以及亲属关系、友谊或效忠的纽带,仅仅为实现他目的的阻碍或助力。在他看来,他们除了与这目的有关外,已丧失了一切品质;就像数学量或纯物理量一样无关紧要。
>
> “一个轻信他人的父亲,一个忠厚的哥哥,
> ……该怎么下手,我已经想好了,”
>
> 他说得就好像在谈论 x 和 y。
>
> “这是我献功邀赏的好机会,

我的父亲将要因此而丧失他所有的一切，也许他的全部家产都要落到我的手里；

老的一代没落了，年轻的一代才会兴起；”

他沉思着，好像他在考虑的是一个力学问题。

“数学量”？“x 和 y”？“力学问题”？如果这些都不是科学思想家的标志，那我不知道什么才是；唯一缺少的只是白色的实验服和黑框眼镜。[1]

当我们在他哈佛的办公室里谈话时，斯蒂芬·格林布拉特把重点放在了爱德蒙与自然的关系上——爱德蒙认为没有理由超越自然：“我想到了爱德蒙……阐明了我们可以称之为‘自然主义’的立场，即世界之所以是世界是因为它的本性；人之所以为人也是他的本性，不是因为占星术，不是因为神圣的冲动，而是因为他们如何组合在一起。爱德蒙对这种自然主义有一种非常强烈的看法。他认为这是‘生物学’——这不是他使用的术语，但实际上他的意思正是如此。”

当然，现代生物学在当时甚至还没有起步；“新哲学”将演变成的现代科学还只在培根和伽利略等人的想象中（我们可以注意到，培根的《学术的进展》与《李尔王》出版于同一年，前后相差几个月）。即便如此，正如乔纳森·贝特所写的那样：“爱德蒙是‘新人类’的化身，他与‘新哲学’同时出现。”一种新的思维方式正在形成，而爱德蒙已经成为它的第一任大使。

爱德蒙并不是唯一一个表现出对这种仔细检查、剖析和量化有冲

1 布拉德利的分析在过去的一百年中并非毫无改变：今天的学者认为他错误地将20世纪早期的概念应用到17世纪的作品中。但是，一百年后的学者们会怎么看待今天的文学批评呢？

动的人。我们已经看到霍茨波和爱德蒙一样，把占星术斥为迷信(第10章)；但这两人对他们的问题都采用了严肃认真的分析方法。在《亨利四世·上篇》中——实际上，与占星术争论是同一个场景——我们发现霍茨波与葛兰道厄和摩提默在讨论他们新赢得的土地应该如何分配。葛兰道厄画了一张地图，展示了他所提议的三分法："副主教已经把它很平均地分为三份。"(3.1.69—70)这位威尔士贵族描述完谁会得到哪块土地后，准备转向做其他事情——这时霍茨波跳了出来："我想你们分给我的勃敦以北的这一份土地，讲起大小来是比不上你们那两份的；瞧这条河水打这儿弯了进来，硬生生从我的最好的土地上割去了半月形的一大块……"接着，没有一丝停留，他提出了一个解决办法："我要把这道河流在这地方填塞起来，让澄澈明净的特兰特河更换一条平平正正的新的水道。"(第93—100行)如果莎士比亚笔下持怀疑论的反派角色可以是科学家，或许他们也可以是工程师。

我不确定为什么是莎士比亚笔下的反派，而不是他笔下的主人公，表现出如此"科学"的倾向。当然，我们不能认为莎士比亚只会把他赞同的观点放到主人公的嘴里，而把他不赞同的观点通过反派之口说出。另外，爱德蒙和霍茨波也并非完全不招人喜欢：我们可能看不起他们的行为，但却钦佩他们敏锐的头脑。正如哈罗德·布鲁姆(Harold Bloom)注意到的那样，我们觉得爱德蒙具有"可怕的魅力"这一点是可以原谅的。

李尔自己也没有认真考虑哲学问题。在第三幕中，我们发现国王和他的同伴们在荒原上忍受暴风雨的摧残。葛罗斯特和肯特恳求国王躲避风雨。但李尔有更迫切的问题。"让我先跟这位哲学家谈谈。"李尔王转向“可怜的汤姆”(实际上是爱德伽伪装的)说道。他问:“天上打雷是什么缘故?”(3.4.138—139)当然,李尔此时可能已经完全疯了——但他在头脑完全清醒的时候也有过类似的询问。在第一幕中,他以同样的方式和他的弄人打交道:

弄人

北斗七星为什么只有七颗星,其中有一个绝妙的理由。

李尔

因为它们没有第八颗吗?

弄人

正是,一点不错;你可以做一个很好的傻瓜。

(1.5.28—29)

弄人似乎有猜测这种谜语的诀窍;前几行中他问道:“你知道牡蛎怎么造它的壳吗?”(1.5.21)李尔不知道答案——但这里的关键似乎在于问题本身。星星、雷声和牡蛎都被认为是上帝的杰作;去寻求物理解释,不仅是挑战既定的信仰,也是挑战信仰本身。正如威廉·埃尔顿(William Elton)在《李尔王与众神》(*King Lear and the Gods*,1968)中所写的那样:“李尔诉诸自然而非神的因果关系,一定程度上体现了他不断发展的怀疑主义……诉诸第二原因而非第一原因,诉诸自然而非上帝,这种思想是新的唯物主义怀疑论的标志。”他甚至为女儿的行为寻求唯物主义的解释:知晓自己曾经深爱的老二已经背叛他了,他仔细思索了一个还原论者的解释——“叫他们剖开里根的身体来,看看她心里有些什么东西,”他要求道,“究竟为了什么天然的原因,她们的心才会变得这样硬?”(3.6.33—34)

此时，里根的背叛已经成了事实。在第二幕中，李尔恳求她成为那种在他年老时照顾他的女儿——“好女儿，我承认我年纪老……让我跪在地上，请求您赏给我几件衣服穿，赏给我一张床睡，赏给我一些东西吃吧。”但是没有用；里根称他那可怜的要求是“胡闹”(2.4.146—148)。在新剑桥版中，约翰·哈利奥(John Halio)评论道：“李尔恰当地总结了康华尔和里根的达尔文主义观点，认为适者生存以及老年人是多余的。”我们也在爱德伽身上瞥见这种态度。爱德伽和他哥哥一样持怀疑态度，尽管与爱德蒙不同，他倾向于同情而不是操纵自我发展。即便如此，正如大卫·贝文顿所指出的，爱德伽“在对自然的事实性理解上，和他的兄弟爱德蒙一样。他认识到生存竞争是存在的事实”。原子论、无神论、还原论、达尔文主义，《李尔王》是信徒最可怕的噩梦。这是莎士比亚最黑暗的戏剧。这也可能是他最伟大的作品。

14. 消逝的众神

“天神掌握着我们的命运，正像顽童捉到飞虫一样……”

《哈姆莱特》对《李尔王》，哪一部成就更大？这一争论由来已久，就像任何令人烦恼的对比一样——Mac（苹果电脑）对 PC（一般个人电脑）、可口可乐对百事可乐、贝蒂对维罗妮卡——都令人激情澎湃。然而，从 20 世纪早期开始，势头似乎已经转向《李尔王》。A. C.布拉德利在 1909 年的写作中将莎士比亚的《李尔王》描述为“一部悲剧，莎士比亚在其中充分展示了他的众多能力”；他认为，如果我们要失去所有的戏剧，只有一部除外，那么《李尔王》将是需要抢救的那部。事实上，有一本书专门讨论这两部剧哪一部更伟大——R. A.福克斯（R. A. Foakes）的命名贴切的《哈姆莱特对李尔王》（*Hamlet versus Lear*，1993）。作者觉得“在不久的将来，《李尔王》将被继续视为莎士比亚的首要成就，哪怕只是因为它比其他悲剧更大程度地向我们讲述了现代世界的焦虑和问题”。

的确是焦虑。在某种程度上，不是《哈姆莱特》，而是《李尔王》反映了自恐怖的世界大战以来笼罩在这个星球上的不安情绪。堑壕战、大屠杀、核武器、环境破坏、恐怖主义——所有这些都在 21 世纪人们的心理上留下了印记，都导致了一种类似笼罩在《李尔王》剧中的无助感。这部剧可能写于 1605 年，也很可能是在那一年第一次上演，尽管第一次有文献记载的表演是在 1606 年圣诞节，当时是在宫廷里于詹姆士国王面前演出。

《李尔王》无疑是莎士比亚戏剧中最荒凉的一部。不仅仅是所有人都死了——《哈姆莱特》中已经出现过这种状况;《泰特斯·安特洛尼克斯》以其血腥程度超越了《李尔王》——而且在《李尔王》中,附带的损害更高得不可估量。似乎正义、道德和意义都与主角们一同消亡了。当李尔带着考狄利娅那无生命气息的尸体出现在舞台上时,观众们肯定认为他们已经跌到了谷底。塞缪尔·约翰逊无法忍受该剧的结局,称它违背了我们"自然的正义理念"。约翰·多佛·威尔逊(John Dover Wilson)写道,在《李尔王》中,"恐怖在恐怖的基础上堆积,怜悯在怜悯的基础上堆积",这使它成为"世界文学中最伟大的人类苦难和绝望的纪念碑"。托马斯·麦克林顿评论说,在整部戏剧中,莎士比亚"一直在思考生活能给人类带来多少痛苦,他们又能忍受多少痛苦。现在他想知道悲剧能走多远以及观众能接受多少"。当其他剧作家停下脚步或折回时,这位《李尔王》的作者继续前进。麦克林顿说莎士比亚"坚决地把我们带到深渊的边缘,甚至更远"。也许剧作家前进得太过了:1681年,纳厄姆·泰特(Nahum Tate)给出了该剧的另一个版本——一种温和的重写,其中考狄利娅得以幸存。在接下来的一百五十年里,这是人们更喜欢的版本,直到19世纪初的几十年,莎士比亚的版本才再次被人们接受。[1]

---

1 我们可能会注意到,早先的《李尔王》的故事——莎士比亚的直接来源——也是一个更快乐的故事。一个可以追溯到1594年的版本,名为《莱尔国王和他的三个女儿高纳里尔、里根和考狄利娅的真实编年史》(*The True Chronicle History of King Leir, and his three daughters, Gonerill, Ragan, and Cordelia*),该版本在伦敦的舞台上大获成功;在这个版本中,国王和考狄利娅都活下来了,而两个邪恶的姐姐得到了报应。

公正世界信念

人类需要或渴望少量必需品——空气、食物、水和性。但我们也渴望公正。看到一个被冤枉的人受苦，我们心中充满愤怒；听到有人做了坏事却逍遥法外，我们心中充满了愤慨。司法不公让我们抓狂。实验表明，即使是非常小的孩子也有正义感：当一个行为不端的木偶得到奖励而不是惩罚时，他们会变得暴躁，而如果让孩子负责分发奖励，他会奖励一个“好”木偶而不是“坏”木偶。粗略来说，我们天生希望好的行为得到奖励，做坏事的受到惩罚。当我们长大成人的时候，对公正的渴望是我们不可分割的一部分。

事实上，我们如此渴望公正，以至于它塑造了我们的世界观。有时候，即使公正并不存在，我们也能感知到它。我们把它加入到对自然的解读中，想象宇宙本身有某种道德的一面。心理学家认为，在我们的大脑中存在着一种认知过程，它经常让我们想象世界本身就是公正的——人们“得到他们应得的”。我们的语言中充满了这样的日常用语，反映了这种想象“宇宙正义”确实得到了满足的渴望：“他罪有应得”；“善有善报，恶有恶报”；甚至“业力”。心理学家给这种看待事物的方式起了个名字：“公正世界理论”，有时也叫“公正世界信念”（belief in a just world，BJW）。在过去的几十年中，社会心理学领域产生了大量关于公正世界信念的文献，最早是由梅尔文·勒纳（Melvin Lerner）在20世纪60年代做了开创性工作。正如一位心理学家所说，这个理念是“好事往往发生在好人身上，而坏事往往发生在坏人身上，尽管事实显然不是这样”。我们进化出这种思维方式的确切原因仍是一个有待研究的课题，但心理学家怀疑，就像多年来被发现的许多其他“认知偏差”一样，这种思维方式赋予了一种生存优势。我们最好的猜测是它强化了一种观念：我们控制自己的生活；我们的行为和他人的行为会产生可预测的后果。正如最近的一篇评论文章所言："公正世界信念似乎提供了一种心理缓冲，用以应对严酷的现实世界以及个人对自己命运的掌控。"

不幸的是，坏事确实经常发生在好人身上。哈姆莱特王子所说的"命运之箭和凶险之箭"在选择目标时很少有区别。勒纳告诫说公正世界信念是一个"发明"；他关于这一问题的著作名为《公正世界信念：一种根本的错觉》(*The Belief in a Just World: A Fundamental Delusion*, 1980)。但它的影响非常真实，而且常常相当令人反感，包括倾向于将人们遭受的苦难或伤害归咎于他们的命运。这可以应用于个人(例如，指责强奸受害者的着装方式)；应用于群体(例如，穷人一定是懒惰的)；甚至应用于自然现象[例如，正如帕特・罗伯逊(Pat Robertson)所言，卡特里娜飓风是上帝对美国宽容堕胎的惩罚]。请注意，前两种情况需要人类来煽动，而第三种情况则是"上帝的旨意"。然而，在每一种情况下，总是会有无辜的人受苦；当然，无辜的人不应该在一个公正的世界里受苦。因此，一些人会不遗余力地寻找一个理由，任何理由都行，来解释为什么受害者的不幸命运是他们应得的——为什么那些成功的人配得上他们的好运。公正世界信念还有另一个负面影响：让我们怀疑科学证据。例如，加州大学伯克利分校的心理学家所做的一项研究表明，即使面对大量的和越来越多的证据，一些人还是抵制气候变化是人为的这一观点，因为这与他们所认为的公正世界相冲突。正如马修・范伯格(Matthew Feinberg)和罗伯・威勒(Robb Willer)所言，承认全球变暖"威胁到了人们根深蒂固的信念，即世界是公正、有序和稳定的"。

莎士比亚从未在伯克利教过心理学——但他似乎在四个世纪前就有了这些想法。至少，他认识到存在一个天生的公正世界的想法难以置信。他要么知道、要么怀疑宇宙没有道德的一面；事情就只是发生。有些时候，目睹这一切令人不安，好事发生在坏人身上，还有更糟糕的是，坏事发生在好人身上。

没有哪里比《李尔王》更深入地探讨了宇宙正义的概念。“自然”这个词在《李尔王》中的使用频率比其他任何一部戏剧都要高，正如大卫·贝文顿所断言的，这部戏剧本身就可以看作是“对立的自然概念争斗的战场”。正如托马斯·麦克林顿所说，这部剧是对“自然本质”的调查。它问的是我们生活在什么样的宇宙中。一个是“在本质上道德的，规定利他主义，社区式，有限制和理性”的宇宙，而另一个更新的观点认为“自然是一个非道德的系统，鼓励利己主义和肆无忌惮地使用武力及狡诈来实现自己的欲望”，人们需要在这两者之间做出选择。答案并不令人欣慰。塞缪尔·约翰逊曾问《李尔王》是不是“一部恶人横行的戏剧”，看起来的确是那样。恶人常逍遥法外，好人则无利可图。看过这部剧的人都不会忘记葛罗斯特的失明，这肯定是文艺复兴戏剧中最残忍（甚至令人作呕）的场景之一。但是，请注意其中一个仆人在目睹了康华尔对其受害者造成的恐怖之后所说的话：“要是这家伙有好收场，我什么坏事都可以去做了。”[1]（3.7.98—99）正如贝文顿所指出的，仆人们“提出了令人不安的问题，也就是如果犯罪不受上帝惩罚，必然会导致普遍的混乱”。同样，在《奥瑟罗》中，众神也没有惩罚伊阿古，所以威尼斯当局必须弥补宇宙正义的缺失：“我们将要用一切巧妙的酷刑加在

1　这一段只出现在四开本的文本中，而没有出现在对开本中[因此可以在雅顿版《全集》(*Complete Works*)中找到，但在新剑桥版本中没有]。

他的身上，使他遍受种种的痛苦，而不至于立刻死去。”(5.2.332—334)这听起来更像是复仇，而不是正义，但它确实如格林布拉特所写的是“一种修复受损道德秩序的姿态，尽管并不充分”。诸神似乎也同样对《麦克白》中的主人公不感兴趣，但至少在剧中标题主人公遇到了对手，而看到麦克德夫扛着麦克白被斩下的头颅走上舞台，我们感到很满足。但在《李尔王》中，众神，如果他们真实存在的话，似乎是在朝另一个方向看。在莎士比亚时代，教会经常谴责戏剧不道德，但是《李尔王》展示了比不道德更糟糕的东西。它暗示着一个既不公正也不是不公正的宇宙，在这个宇宙中，除非我们自己采取措施来建立公正，否则它就完全不存在。我们面对的是一个可怕的无道德的宇宙。

爱德蒙——葛罗斯特伯爵的私生子，是莎士比亚笔下的大反派之一。关于这个《李尔王》中的角色令人惊恐的地方，是他成功了：他坚决地作恶——他极其乐意伤害别人来实现自己的自私目标——而且他侥幸逃脱了惩罚。贝文顿写道：

> 《李尔王》真正让人感到恐惧的是，围绕“自然”展开的争斗似乎对爱德蒙有利，其程度如此之深、持续时间如此之久。正如他所理解的，他自力更生的信条使他比那些轻信于社会秩序中道德约束的人具有战术上的优势。他认为道德规范只是神话的一部分，权力结构通过它来控制社会，所以他觉得没有理由不去撒谎、欺骗或以其他方式压倒那些阻碍他实现无限抱负的人。确信没有神来奖赏和惩罚，也没有来世来承受永恒的痛苦，爱德蒙以不懈的精力和高超的战术不断前进。

正如乔纳森·贝特所言，爱德蒙与艾伦(Aaron)、伊阿古和理查德三世一起，是一组莎士比亚提供的“华丽舞台上毫无歉意的反派”人物。但爱德蒙不仅仅是一个聪明、精于算计、控制欲强的反派，也是一个怀疑论者。我们已经看到（在第10章）他拒绝相信占星术，拒绝接受他父亲信奉的迷信，但他也——正如贝文顿在上面段落中暗示的那样——完全愿意拒绝死后生命的观念，甚至拒绝神本身。

无神论简史

正如我们今天使用的"科学"一词在莎士比亚的时代并不存在一样，无神论也没有现代道金斯式（Dawkins-like）的意义。关于上帝（或诸神）在人类事务中介入程度的争论已经持续了数千年——但正如加文·海曼在《无神论简史》（*A Short History of Atheism*，2010）中所写的，上帝完全不存在的观点是"一种内在的现代倾向"，一种看待事物的方式，它"与现代性本身诞生于大致相同的时代"。

在16世纪，"无神论"一词突然开始出现在英语写作中，几乎总是作为一种贬低和羞辱；这个词被用作贬义的标签，被赋予任何可能持有这种或那种异教观点的人。即便如此，不信仰的种子已经播下，海曼指出，在1540年到1630年这段时期"完全脱离有神论框架的世界观……逐渐成为可能"。碰巧的是，莎士比亚的一生完全处于这一过渡时期；正如他的作品暗示着科学的开端一样，这些作品也暗示着无信仰的可能性。

人们可以很容易觉察到不信教对既定信仰的危害；而且，考虑到宗教和政治之间非常真实的联系，议会最终通过反对无神论的法律也就不足为奇了。第一个法令颁布于1667年，要求监禁任何"否认或嘲笑《圣经》中圣父、圣子或圣灵的本质、人格或属性的人……"（至少在付清50先令的罚款之前）。1678年颁布的一项类似的法律规定，任何超过十六岁的人,“若不因疾病或天生虚弱而明显的精神错乱,或不是天生的傻瓜,没有常识,如果……用语言或文字否认神的存在……[那个人]应被监禁”。当局之所以能感觉到这么多的烟,肯定至少偶尔会有火。正如本杰明·伯特伦所写的,无神论“肯定在 16 和 17 世纪盛极一时”。

我们已经看过古希腊人的原子论(卢克莱修在他的史诗中支持和拥护了这一理论——不难看出为什么它会被视为对既定信仰的冒犯。正如格林布拉特注意到的,无论卢克莱修的诗出现在哪里,“它对道德、政治、伦理和神学的暗示都令人深感不安”。原因很简单:原子论挑战神的天意,消除了对原动力的需要(对神的另一个挑战),消除了来世的概念。由于宗教和政治之间的紧密联系,相信原子论与叛国罪相差无几。(直到 17 世纪,比萨大学的年轻耶稣会士还需要背诵一篇谴责卢克莱修原子论的祈祷文。祈祷者总结道:“原子不生产任何东西;因此原子什么都不是。”正如格林布拉特指出的,这是一次“试图驱除原子论”并宣称宇宙是上帝杰作的尝试。)

卢克莱修猜想生命随着死亡而结束,因为组成人体的原子分散回原来的混乱状态——到莎士比亚的时代,持这种想法的他并不孤单。在 1545 年出版的《论灵魂的不朽》(*De animi immortalitate*)一书中,意大利哲学家吉洛拉谟·卡尔达诺(Girolamo Cardano)想知道“人类灵魂是否永恒与神圣,或者是否与身体一同消亡”——接着他还列举了几十个支持和反对灵魂不朽的论点。这场争论很快在英格兰生根。1549 年,改革家休·拉蒂默(Hugh Latimer)警告说:“英格兰许多人说灵魂不存在,认为其像狗的灵魂一样并不永恒;他们认为没有天堂也没有地狱。”

没有天堂和地狱——因此,有人可能会问:神在哪里?就原子论者对神的费心程度来说,他们认为诸神对人类事务完全不感兴趣。但即使没有原子论，人们也可能会质疑神意的合理性——就像一些大胆的思想家准备做的那样。上帝真的对过去、现在和未来的每一个生灵都有一个计划——就像哈姆莱特想象的“一只麻雀的生死都是命运预先注定的”吗？早在1550年，一位名叫罗杰·哈钦森（Roger Hutchinson）的神学家就警告过那些否认上帝对创造物直接眷顾的人：

> 其他人承认上帝创造万物：但他们认为正如船匠造了船，就把船留给水手，不再管它；也如木匠离开他所造的房屋；即便如此，上帝在创造万物之后，还是让他的创造物自我管理，或由星辰管辖。……

接下来是乔尔丹诺·布鲁诺的独特（并且极度非正统）的观点，我们在第4章探讨过他关于科学和哲学的著作。布鲁诺不是无神论者；正如我们所见，他的科学与神学紧密相连。也许描述他世界观最好的词是泛神论：对布鲁诺来说，上帝和宇宙是一体的。在这种观点看来，基督教只不过是一种错觉；基督不是神，而是如詹妮弗·迈克尔·赫克特（Jennifer Michael Hecht）所言，“只不过是一位技艺非凡的魔术师”；他也摒弃了天堂和地狱、童贞女产子以及耶稣复活。如前所述，莎士比亚不太可能见过布鲁诺本人。然而，莎士比亚肯定与当时英格兰最著名的无神论者、剧作家克里斯托弗·马洛是好朋友。在马洛的《马耳他岛的犹太人》（*The Jew of Malta*）一书中，意大利政治思想家尼科洛·马基雅维利（Niccolò Machiavelli，英语化为“Machevil”）说：“我认为宗教不过是一个幼稚的玩具……”（序言，第14行）《浮士德博士的悲剧》是马洛最重要的剧本，甚至更为危险的是，“这不是一出简单的道德剧，”苏珊·布里格登说，“而是一部在冲突和大胆方面令人恐惧的作品，它暗示了一个危险的质疑。”浮士德宣称“我认为地狱是一个寓言”

(5.129)——而剧作家很可能也同意这一点。

克里斯托弗·马洛奇事

然而,事情变得复杂起来,因为马洛不仅是个无神论者——他还是个政府间谍;在法国旅行期间,他监视着流亡的英格兰天主教徒的活动。在那个同性恋被判死刑的年代,他还是一个公开的同性恋者——在《爱德华二世》(*Edward the Second*)中,他大胆地描绘了年轻国王和他"最爱的人"皮尔斯·加夫斯顿(Piers Gaveston)之间注定失败的爱情。换句话说,马洛的生活与伊丽莎白时代受人尊敬的主流生活相去甚远。在剑桥大学圣体学院,有一幅据说画的是马洛的画像;上面有一句神秘的格言——"滋养我的也毁灭我"(*Quod me nutrit me destruit*)。

对马洛无神论的指责有好几个来源,首先是另一位著名剧作家托马斯·基德的证词。当在基德的住处发现一片异教小册子的碎片时,他说它是马洛的,马洛曾经和他一起住过。但呈给枢密院的最严厉的证词来自一个名叫理查德·贝恩斯的人(使事情更加复杂的是,他也是个间谍)。除了谴责马洛之外,值得注意的是,贝恩斯的证词还提及了天文学家托马斯·哈里奥特,我们在第5章看过哈里奥特的工作。贝恩斯记录了马洛关于《圣经》中某些章节的异教观点,并补充说这位剧作家认为"摩西只是个骗子,而沃尔特·莱利爵士手下的一个叫作哈里奥特的人能比他做得更多"。正如我们所见,哈里奥特被无神论的指控所困扰,沃尔特·莱利爵士也是如此。[然而,与马洛相比,几乎没有证据表明莱利是一个无神论者;乔治·巴克利(George Buckley)说,他幸存下来的作品中"没有对宗教有所怀疑的证据"。]还有清教徒牧师托马斯·比尔德(Thomas Beard)的刻薄话语。在一本名为《上帝的审判剧场》(*The Theatre of God's Judgement*,1597)的书中,比尔德概述了等待各种罪人的一系列惩罚——而且他不怕指名道姓。他的受害者大多是意大利人或法国人,但有一个爱尔兰人被单独挑了出来(即使他把名字弄乱了):

> 在无神论和不虔诚方面不亚于前者的……是来自我们自己国家的新近记忆,名为马林(Marlin),这人从专业上讲是个学者,从小就在剑桥大学被抚养长大,但实际上是一名戏剧写作人……否认上帝和他的儿子基督,不仅亵渎三位一体,而且(据可靠报道)还写了反对它的书。……

不出所料,马洛的死有些可疑：在因涉嫌异端而要被捕的逮捕令发布后仅十二天,这位剧作家就在一场发生于德普特福德酒吧的殴打中被刺伤致死——就在右眼上方。(是不是王权出手"打击"了一个特别讨厌的麻烦制造者?)整个事件有着20世纪60年代冷战时期间谍电影的味道,包含秘密生活、危险的文件和双重间谍。正如乔治·巴克利所言,马洛"显然在玩一些晦涩难懂的游戏";毫无疑问,无神论的指控与正在进行的政治阴谋有关。一个名叫理查德·霍默利(Richard Cholmeley)的人说他的信仰已经被剧作家"转变",声称"比起任何英格兰牧师证明的神的存在,马洛能够为无神论展示更充分合理的理由",而且马洛曾经读过一个无神论者的讲座稿:《致沃尔特·莱利爵士和其他人》。然而,马洛的无神论很可能并不是植根于他的哲学,而是如巴克利所说的"一种在生活和行动中表现出来的心境"。作为一名戏剧演员并没有什么帮助：舞台总是与罪恶和放荡联系在一起。正如伯特伦所言,剧院充当了一个"对上帝不够忠诚的社会"的象征;人们认为演员和剧作家"在社会秩序中没有适当的地位;他们亵渎上帝,成为同性恋，并追随马基雅维利”。

顺便提一句，在英吉利海峡的另一边，对不信教的怀疑甚至更加危险。1623年，一位名叫塞奥菲力·德·维奥（Théophile de Viau）的法国诗人和剧作家被指控为无神论者，被拷打并判处死刑，尽管由于他有关系，判决被减刑为流放。和马洛一样，德·维奥也被怀疑是同性恋。正如A. C.格雷林所指出的，这并不完全是巧合："无神论"这个词是一个用来指代一切不可接受的信仰和行为的通用标签，而同性恋"被认为是无神论的表现，或者与之相同"。对于一位名叫卢西利奥·瓦尼尼（Lucilio Vanini）的意大利哲学家来说，事情就不那么顺利了。和布鲁诺一样，他也是一位持极端非正统观点的牧师；与马洛和德·维奥一样，他也被怀疑是同性恋。瓦尼尼于1618年在图卢兹以无神论的罪名被捕，经过漫长的审判后被定罪。当局认为，死太便宜他了——所以他们割了他的舌头，勒死他，然后焚烧他的遗体。

无神论者莎士比亚?

在莎士比亚身上，我们没有找到那么直接的证据，因为没有针对他的不信仰而指责他的信件，也没有谩骂、警告——的确，他身上没有对现有秩序的任何威胁。（和马洛的生活相比，他的生活是多么乏味啊！）因此，我们小心地转向他的戏剧作品。针对莎士比亚的缺乏信仰，埃里克·马林在他的著作《无神论者莎士比亚》（*Godless Shakespeare*，2007）中给出了论证。马林首先考察了《一报还一报》中一个引人注目的场景，在这个场景中，不幸的克劳狄奥（Claudio）在监狱里等待处决。他正在接受修女训练的姐姐依莎贝拉看望了他。此时，克劳狄奥有了一个想法：如果依莎贝拉和安哲鲁（Angelo）公爵睡了，可能她就可以确保

他获得释放。她(很合理地)拒绝了。然后,正如马林指出的,我们看到一个关于死亡本质的非凡演讲。克劳狄奥说:

……可是死了,到我们不知道的地方去,
长眠在阴寒的囚牢里发霉腐烂,
让这有知觉又温暖的、活跃的生命化为泥土;
一个追求着欢乐的灵魂,
沐浴在火焰一样的热流里,
或者幽禁在寒气砭骨的冰山,
无形的飙风把它吞卷,
回绕着上下八方肆意狂吹;……
……那太可怕了!

(3.1.115—127)

对于马林来说,问题不在于克劳狄奥的恐惧,而是这段话对依莎贝拉的影响,她的信仰似乎真的被她所听到的内容动摇了。马林写道,这里提供的画面是"宗教作为一种可怕的虐待狂,是信仰深度不足、无法缓解黑暗的产物,或是为了应对被欲望、法律、孤独和绝望触及的复杂的自我"。依莎贝拉的信仰怎么了?马林说,我们在这里和整个作品集中看到的是"精神信念在压力下的崩溃"。

在《泰特斯·安特洛尼克斯》中,莎士比亚更进一步地向观众展示了作品集中唯一自称无信仰的反派——摩尔人艾伦。艾伦被俘虏后,试图和俘获他的路歇斯讨价还价。但路歇斯问,一个无信仰者的誓言有什么好的?然而,艾伦有一个诙谐的反驳,他说,那些真正相信的人往往是傻瓜和骗子;而我们还认为他们的誓言有价值(请注意莎士比亚笔下的反派们是多么机智!)。

不过，艾伦不仅仅是一个反派，还是一个操纵大师。正如在得克萨斯大学奥斯汀分校任教的马林在一次采访中告诉我的那样："艾伦筹划各种事件——他安排阴谋，他为他的行为设置舞台，他有使用的道具。"换句话说，艾伦也是"莎士比亚早期作品的原型之一。艾伦是一位'剧作家'。他与莎士比亚的相似之处非常引人注目"。

是什么引导莎士比亚走向这个方向？马林推测，一种可能性是他在跟随马洛的脚步——或者是想要超越他的同事。想想《浮士德博士的悲剧》的故事情节：博士与魔鬼达成协议，而上帝似乎并不在意。"剧中从未真正出现上帝的介入；从来没有出现上帝的仁慈，"马林说，"这是马洛引入的一种非常令人沮丧的可能性，而莎士比亚也在发挥这种可能性，尤其是在他的悲剧中。"

当然，还有《李尔王》。在这部莎士比亚最阴郁的戏剧中，众神经常被召唤——被国王、葛罗斯特和其他人——但他们没有回应。正如杰伊·哈利奥所言，"他们无处可寻，无从感知"；在格林布拉特看来，众神"明显是毁灭性地沉默着"。没有他们，正义就得不到保障；事实上，它变得极度脆弱。在绝望中，李尔希望事态会"让上天知道你们不是全无心肝的人吧"(3.4.36)，但这注定是失败的。正如威廉·埃尔顿所言，该剧以"好人死于坏人之手"为结局。在该剧最著名——也最黑暗——的一句台词中，葛罗斯特悲叹道："天神掌握着我们的命运，正像顽童捉到飞虫一样，为了戏弄的缘故而把我们杀害。"(4.1.36—37)（顺便提一句，这句台词密切附和了蒙田的一段话，在弗洛里奥的译本中，蒙田写道："众神无疑是把我们当作他们的网球来玩弄。"）

在《李尔王与众神》(1968)中，埃尔顿列出了一张类似"文艺复兴时期怀疑论者”的核对清单——否认神圣的天意；否认灵魂的不灭；把人的地位与野兽等同；否认上帝的创造宇宙的角色；将上帝的杰作归于自然——然后表明李尔在整个戏剧过程中，恰恰发展成了这样一个怀疑论者。这是一个渐进的过程，但从未间断：“李尔的幻灭一旦开始，就会横扫一切，推翻神与人、神圣与人类正义的类比大厦。”托马斯·麦克林顿写道：“这部剧肯定至少唤起了大多数基督徒灵魂的黑暗之夜，即使对最虔诚的信徒来说，信仰也似乎毫无根据。”我们活着，我们死去，似乎这就是结局。我们生活得是好是坏，宇宙似乎并不关心。在剧中，“没有任何关于来世的明确暗示，在那里天使们会为受苦的人歌唱，让他们得到安息，或者让邪恶的人受到与他们所做的邪恶相称的惩罚”，麦克林顿写道，“在这里人类完全孤立于他们自己和世界的本质中”。或者，正如马林在我们的采访中所说，《李尔王》“本质上是一部不信神的记录文献”；它描述了一个“失去神性”的世界。

我们已经说过莎士比亚想要超越他的同事马洛——去冒更大的风险，去震撼，去颠覆。但正如哈罗德·布鲁姆提出的，爱德蒙这个人物——布鲁姆描述其为“异教的无神论者和放荡的自然主义者”——也可能受到了马洛本身的启发：“马洛这个人，或者说莎士比亚记忆中的他，可能是爱德蒙奇妙魅力的线索，这种超凡魅力使人很难不喜欢他。”无论来源如何，结果都是极端大胆的，埃尔顿曾写道，《李尔王》“在政治和艺术上都充满危险”。

作品集中还提供了对无神论者莎士比亚的其他暗示：哈姆莱特沉迷于死亡和衰败，没有提到来生；《终成眷属》中海丽娜断言“一切办法都在我们自己，虽然我们把它诿之天意”(1.1.216—217)；麦克白声称人生不过是“一个愚人所讲的故事，找不到一点意义”(5.5.26—27)。

马林承认，这些都不能证明莎士比亚是一个无神论者——但至少表明他可以想象一个无神的世界。况且还有什么地方比伦敦的舞台更能发挥这个想象呢？——在这个舞台上，人们可以废黜国王，嘲笑贵族，把王子比作乞丐，不去理会神圣；这是一个可以让一个人在颠覆的同时还可以避开绞刑架的地方。

为虚无烦恼

“无神论者莎士比亚”的观点似乎在20世纪初就已经根深蒂固，或许是巧合——也可能不是——同一时间，人们第一次认为《李尔王》的伟大程度超过了《哈姆莱特》。正如乔治·桑塔亚那(George Santayana)所写的，剧作家面临着一个严峻的选择：

> 对莎士比亚来说，在宗教问题上，只能在基督教和虚无之间做出选择。他选择了虚无……宇宙避开了他；他似乎不觉得有必要构架那个观念。他描绘了人类生活的丰富性和多样性，但却使生活没有背景，因此也就没有了意义。

“虚无”(Nothing)，当然是《李尔王》的伟大主题之一；在第一个场景中，我们听到了四遍。邪恶的里根和高纳里尔姐妹用奢华夸张的语言向父亲表达热爱。然后，李尔问他的三女儿考狄利娅能说些什么来超越她的姐妹们：

> **考狄利娅**
>
> 父亲，我没有话说。[1]

---

1 原文为“Nothing, my lord”，后面几句中的“没有”也都对应“nothing”一词，与前文的“虚无”一样。——译者

李尔

没有？

考狄利娅

没有。

李尔

没有只能换到没有；重新说过。

(1.1.82—85)

莎士比亚只是在搭建舞台；混乱和黑暗还没有展开。剧作家真的"选择了虚无"吗？埃里克·马林没有探索得那么深。但他说，《李尔王》中的确缺乏"仁慈的宇宙形象和仁慈的神"。部分原因可能是作者自己缺乏信仰——马林说——但也有可能是因为超自然现象并不是莎士比亚首先关注的。"他对社会、世俗、性和语言感兴趣，"马林说，"他对这个星球上发生的事情感兴趣。重要的是存在；重要的是我们在这里的时候做了什么。这让我觉得很现代。"

《莎士比亚的哲学》(*Shakespeare's Philosophy*，2006)的作者科林·麦克金考虑过给莎士比亚贴上无神论者的标签，但他更喜欢用"自然主义者"这个词。麦克金写道，莎士比亚的道德认知是"完全世俗的，他只是说，事情就是这样，不管喜欢与否"。当我在他迈阿密的公寓与他会面时，我们对这些想法进行了进一步的探讨——包括《李尔王》中明显缺失的"宇宙公正"概念。"对莎士比亚来说，公正完全是人为的，"麦克金说，"这也许可以解释为什么莎士比亚对法律如此感兴趣，以及你为获得公正必须使用法律的方式——因为你无法在人类的建造物或发明物之外获得公正。你不能指望大自然以正确的方式来给予公正的赏罚。"特别是在《李尔王》中,我们发现了一种"非常进步、激进的观点",这种观点直到19世纪晚期的存在主义运动才受到关注。

"人们总是说'事出有因',"麦克金说,"但其实没有。有时候,事情就毫无原因地发生了。我认为这是他(在《李尔王》中)的整体世界观的一部分。我认为,莎士比亚身上有一股强烈的悲观主义情绪。这是一种认为一切都毫无意义的悲观看法。"

莎士比亚经常强调偶发事件的作用——那些"命运的暴虐的毒箭"——当他在1609年写《冬天的故事》时,这一点还在他脑海中。正如斯蒂芬·奥格尔(Stephen Orgel)所言,这部剧有一种"令人不安的非道德"气息。在第四幕开始时,致辞者——"时间"宣告:"我令少数人欢欣,我给一切人苦难,善善恶恶把喜乐和惊扰一一宣展……"(4.1.1—2)无论是好是坏,时间的流逝都是一样的。

认为莎士比亚是无神论者的理论也许正在流行,但它们也可以被视为关于莎士比亚宗教信仰——一个无界限的可供探究和猜测的主题——这个永恒故事的最新篇章。他被称为各种各样的人,从秘密的天主教徒到新教国教的辩护者;有人怀疑,真相更加扑朔迷离了。我们已经注意到,在16世纪上半叶,宗教动荡破坏了英格兰精神;莎士比亚,不管相信什么,都非常清楚宗教争端所带来的痛苦。正如格林布拉特所写的,莎士比亚常常"看上去既是天主教徒,又是新教徒,而对两者又都深表怀疑"。他的父亲可能在虔诚的天主教徒和与之相反的新教徒之间摇摆不定,"威廉·莎士比亚却打算两者都不当"。即便如此,格林布拉特警告说,这位剧作家的个人信仰"完全无法触及"。

我们不能明确地给莎士比亚贴上无神论者的标签,就像我们不能称他为科学家一样——即使我们怀疑我们看到了这样一种世界观的暗示。我们只能说他生活在英格兰历史的关键时期；一个长期存在的信仰需要辩论的时代；一个充满思想冲突和价值观冲突的时代；一个充满怀疑和困惑的时代。如前所述，乔纳森·贝特认为莎士比亚的思想处于"理性思考与内在本能、信仰与怀疑主义之间"。麦克金也认为莎士比亚生活在一个正在转变的世界。"莎士比亚身处科学时代之前，但在魔法时代之后，"他说，"所以我认为他有点类似前科学时代的自然主义者……至于莎士比亚本人是不是无神论者，我不认为你能说得出来。但如果是的话，我一点也不惊讶。我真的不会感到惊讶。"

"一个伟大的钟表装置"

古老的原子论的复兴是一种力量，可以推动一个博览群书的伊丽莎白时代的人走向无神论——或者至少，走向一个不那么宗教化的世界观。但同时代的学术发展可能也有类似的影响。其中一个最深刻的变化涉及哲学家们想象我们居住的世界的方式。中世纪的世界观是高度的万物有灵论（animistic）——对待物体就好像它们有类似灵魂的属性（来自拉丁语的"*anima*"（灵魂）一词。例如，我们已经见过人体器官如何被想象成具有自身个性，以及开普勒和吉尔伯特如何想象行星运动的原因涉及"灵魂"）。但在1605年，正如史蒂文·夏平指出的，开普勒开始有了新的想法。在他的新工作中，开普勒将把自己投入到"对物理原因的研究中。我在这里的目的是要表明，宇宙机器不是像一个有生命的神，而是像一个时钟"。半个世纪后，化学家罗伯特·波义耳（Robert Boyle）也表达了类似的观点，他写道，自然界"就像一个伟大的钟表装置”。[1] 在物理科学领域，钟表理论与艾萨克·牛顿的关系最为密切，他的万有引力理论最终为哥白尼和开普勒所描述的太阳系模型提供了数学基础。除此之外，这个理论还需要对上帝有一个新的概念：与其想象上帝与他的创造物不断互动，日复一日地指导着事情，不如把上帝想象成某种神圣的建筑师——一个宇宙钟表制造者。一旦启动，宇宙就可以自我照看；上帝创造了宇宙和支配它的法则，这就足够了（有趣的是，这并不是牛顿自己的想法：作为一个虔诚的非正统信徒，他坚持认为上帝仍然是物理世界不可分割的一部分，并且需要不时地调整这个系统）。

一个“钟表式的宇宙”一切都很好——除非，或者直到，它磨损耗尽。这就是葛罗斯特在《李尔王》中最害怕的事情：“啊，毁灭了的生命！这一个广大的世界有一天也会像这样零落得只剩一堆残迹。”[2]（4.5.130—131）到了19世纪，物理学家们会给这出宇宙大戏的最后一幕起一个科学的名字：“宇宙热寂”，而且它不可能会好看。幸运的是，这是数十亿年后的事了——这提供了些许安慰。对于肉体来说，没有那么多的时间：你最好的选择是在熵产生影响之前享受它。但是，人体作为机器的形象并非来自牛顿，而是来自笛卡尔，他为开创机械时代做出的贡献比其他任何一个思想家都要多。

勒内·笛卡尔（René Descartes，1596—1650）在认真思考了自己的存在之后，提出动植物的运作过程类似于机器的运作。他写道，除了尺

1 尽管英格兰哲学家托马斯·霍布斯没有明确使用时钟的比喻，但他对万物有灵论的合理性表达了类似的怀疑。在《利维坦》（*Leviathan*，1651）中，他嘲笑那些把无生命的物体当作持有目的或目标行为的人。他问道，谁能相信“石头和金属有欲望，或者它们能像人一样辨别出它们的位置”？（转引自夏平，第30页）

2 这句台词应出自第四幕第六场。——译者

寸差异之外，“工匠制造的机器与大自然独立组成的各种物体之间没有区别”。在任何一种情况下，机械原理都是关键所在，因为“由必要数量的齿轮组成的一个时钟能够指示时间，其自然程度不亚于一棵树从这种或那种种子生长起来并结出某种特定的果实”。事后看来，这种机械论的解释似乎是古希腊原子论的自然延伸；在这两种情况下，我们都侧重于还原主义和唯物主义对大多数——也许是全部——自然现象的解释。尽管如此，笛卡尔自己还是拒绝原子论；他认为物质无限可分，所以不可能有任何“最小”的成分。然而，他的许多同代人，尤其是他的同胞皮埃尔·伽桑狄（Pierre Gassendi），正在推动这个古老观念的复兴，即“小体论”。无论世界是由原子、微粒还是其他尚未预想到的东西组成，很明显，它的各个部分相互推拉着：要解释某种特定的自然现象，关键是找出其潜在的机制。[1]

肉体当然是一个生命体，但也不必认为它本身是有机的。笛卡尔认为肉体“只是一个由泥土构成的雕像或机器”。他描述了我们身体无意识地进行的各种功能——消化、血液循环、呼吸、神经和肌肉的运作——宣称它们的发生“就像手表的运动仅仅是由发条的力量和齿轮结构来实现一样”。他拿巴黎圣日耳曼皇家花园中的自动机做了一个类比，这些自动机是由水驱动的机械生物，它们会演奏音乐，甚至会“说话”——所有这些功能“取决于输水管道的不同安排”。对于动物，笛卡尔愿意坚持到底，他认为，没有什么可以区分有血有肉的动物和高度复杂的机械模拟。然而，对于人类，他没有允许一个纯粹的机械描述；他

1 关于机械论世界观的兴起，请参阅史蒂文·夏平的《科学革命》(1996)，第30—46页。另见理查德·德威特（Richard DeWitt）的《世界观》(*Worldviews*，2004)，第178—182页。

相信人类有灵魂，与动物有限的能力相比，灵魂赋予了人类推理、交谈和执行多种任务的能力。

皇家花园里的自动机等复杂的机械设备是新事物，但时钟本身已经很成熟，第一座大教堂时钟的建造日期可以追溯到13世纪末。正如夏平所指出的，时钟是“统一和规律的典范”。如果哲学家们想要为某种显示秩序的事物寻找一个类比——比如宇宙——那么时钟就是显而易见的选择。虽然钟表的内部结构可能很复杂，但它们并不神秘：原则上，它们完全是可以了解的（制造它们的工匠和机械师当然清楚）。就像夏平说的那样，时钟的比喻可以作为“我们理解自然时‘去掉奇迹’的一种工具”。

我不敢说莎士比亚预见了这一幕的到来——我们很容易想象莎士比亚预见了一切——但他似乎确实对机器着迷，尤其是钟表和计时器。在作品集中，他用了85次“时钟”，63次“分钟”，高达462次的“小时”——平均每部剧超过12次。正如斯科特·迈萨诺所指出的，莎士比亚的一些隐喻似乎暗示了新的机械哲学：科利奥兰纳斯被称为“发动机”；波林勃洛克被称为“时钟里的机器人”；把自己描述为一台“机器”的哈姆莱特曾问过一个著名的问题：吉尔登斯吞是否把他想象成一个可以像笛子一样“吹奏”的“乐器”。在《暴风雨》中，我们发现了一个钟表隐喻非常私人化的应用，当时西巴斯辛（Sebastian）和安东尼奥在等待贡柴罗接下来的华丽话语：“瞧吧，他在旋转着他那嘴巴子里的发条；不久他那口钟又要敲起来啦——”（2.1.14—15）在《理查二世》中，我们看到被废黜的国王在狱中饱受煎熬，反思时间的本质；在一个精彩的段落中，他在八行文字中七次使用了“时间”这个词，然后把自己想象成一个计时器："时间已经使我成为他的计时的钟。"(5.5.50)在《皆大欢喜》里，你也可以在亚登森林中找到假想的时钟。放眼望去，除了树什么都没有，但莎士比亚似乎无法忘记时钟：

罗瑟林

请问现在是几点钟？

奥兰多

你应该问我现在是什么时辰；
树林里哪来的钟？

罗瑟林

那么树林里也不会有真心的情人了；
否则每分钟的叹气，每点钟的呻吟，
该会像时钟一样计算出时间的懒懒的脚步来的。

(3.2.295—300)

这一交流之后是罗瑟林著名的对时间流逝相对性(可以这么说)的反思——"时间对于各种人有各种的步法……"——这一阐述就算在21世纪的心理学教科书中也不会太离谱。

莎士比亚最后几部剧作之一的《冬天的故事》尤其引人注目。在高潮的最后一幕中，被认为已经死去十六年的赫米温妮王后以雕像的形式出现在我们和里昂提斯国王面前——在国王和朝臣惊奇的注视下，雕像复活了。我们通常认为的"雕像"不能做到这一点——但自动机却能做到这一点，这种激发笛卡尔灵感的东西，到了莎士比亚时代，在欧洲许多王宫和花园中都有，它们看起来确实栩栩如生。正如迈萨诺所指出的，莎士比亚在写《冬天的故事》时很可能就想到了这种机器。当然，里昂提斯对此感到震惊；他希望他所看到的是一种“合法”的魔法，而不是更黑暗的东西。但是，对于外行来说，精密的自动机难道不会显得不可思议吗？正如阿瑟·C.克拉克（Arthur C. Clarke）的名言：“任何足够先进的技术都与魔法无异。”难怪迈萨诺把《冬天的故事》看作是科幻小说的原型——而《暴风雨》（其中魔法师住在一座孤岛上），就更是如此了。迈萨诺写道，这最后几部戏剧长期以来一直被认为是“保守和深刻怀旧的”，但它们更可以被看作是“前瞻性的推测”。玛丽·雪莱（Marry Shelley）于1818年首次出版的《弗兰肯斯坦》（*Frankenstein*）通常被认为是第一部科幻文学作品——但迈萨诺认为，莎士比亚在此两个多世纪前就已经发明了这一体裁。他并不是唯一一个从这一角度看待莎士比亚的人。在《思想者莎士比亚》（*Shakespeare the Thinker*，2007）中，安东尼·纳托尔（Anthony Nuttall）指出，《暴风雨》中普洛斯彼罗与被描述为“缥缈的精灵”的爱丽儿的关系：这样的精灵有感觉和情感吗？还是像电视剧《星际迷航》（*Star Trek*）中冷酷无情的瓦肯人（Vulcans）？纳托尔认为，在《暴风雨》中“莎士比亚在创造科幻小说”。

就在《暴风雨》首次登上伦敦舞台的一年前，伽利略将他的望远镜对准了夜空。他在“天堂”中所观察到的一切并不特别神圣；事实上，月球上的山脉和山谷与地球上的非常相似。他并没有使人们相信天堂变得不可能——但对许多人来说，他确实使这一点变得更加困难。[1] 半

1 在于1940年创作的戏剧《伽利略的一生》（*The Life of Galileo*）中，天文学家贝托尔特·布莱希特（Bertolt Brecht）亲自指出了这一点。当观察木星的卫星时，布莱希特笔下的伽利略宣称：“今天是1610年1月10日。今天，人类可以在日记中写下：破除天堂。”（布莱希特，第24页）

个世纪后，法国科学家、哲学家布莱斯·帕斯卡(Blaise Pascal)被天文学家所描述的宇宙规模所折服。帕斯卡于莎士比亚死后七年出生；巧的是，《第一对开本》也在这一年问世。他是一名基督徒，同时也有点像一个存在主义者(在存在主义者出现之前)，他与宇宙的浩瀚、人类的渺小和人类事务的偶然性进行斗争。就像在他之前的卢克莱修和蒙田一样，他非常善于辞令：

> 当我想到我生存的短暂时间，被之前和之后的永恒吞噬，我所填充的、甚至可以看到的小小空间，正在陷入无限浩瀚的空间中，我既无知，也从不知有我，我为存在在这里而不是那里感到害怕惊讶；因为没有理由为什么是这里而不是那里，为什么是此时而不是那时。谁把我放在这儿的？是谁创造奇迹并下达指令分给了我这个地方和时间？……这无边无际的空间里永恒的寂静使我害怕。

三个世纪后，史蒂文·温伯格(Steven Weinberg)——物理学家、宇宙学家、无神论者——更加直言不讳。他没有问"是谁把我放在这里"，因为他已经知道一个可怕的事实：他的存在，就如人类的存在，是一种偶然。宇宙浩瀚而冰冷，对我们的喜怒哀乐漠不关心。在他的著作《前三分钟》(*The First Three Minutes*，1977)中，他得出了著名的结论："似乎宇宙越容易理解，它就越显得毫无意义。"

科学家们解出了这些方程，但艺术家和作家们向我们展示了它们的意义。莎士比亚是否同意温伯格关于宇宙"毫无意义"的这一观点，我们将永远不会知道，虽然我怀疑他不会：不管人们在空间的深度上可能会发现(或未能发现)什么，他在地球上都有地方可去，有可珍惜的朋友，有可追求的情人以及有偶尔的弑君报仇。但是，莎士比亚在四百年前写作的时候，痛苦地意识到这也许就是一切了。

· · ·

结 语

“人家说奇迹已经过去了……”

如今,否认曾经有过“科学革命”是一种时髦的说法。事实上,今天的历史书都不愿给任何事物贴上革命的标签,以免我们错误地得出这样的结论——“在 X 之前,事情是这样的;X 之后,事情是那样的”。最好避免提到任何“转折点”或“关键时刻”。然而到了 17 世纪中叶,我们发现的世界与 16 世纪中叶大不相同。首先,关于哥白尼主义的争论已经基本结束;日心说取得了胜利。当开普勒在写作出版于 1618 年至 1621 年间的《哥白尼天文学概述》(*Epitome of Copernican Astronomy*)一书时,他描述了一门科学,正如宝拉·芬德伦所说的,“它不再起源于古代,而是始于 1543 年”,正是哥白尼发表《天体运行论》的那一年。一千多年来,天文学作家们一直引用亚里士多德和托勒密的著作。现在,他们引用哥白尼、第谷、吉尔伯特和伽利略。

但是,这种变化不仅仅局限于宇宙学。魔法思维在衰落,机械思维在兴起,科学开始以数学为基础,最早一批专门的“科学协会”很快将在伦敦和巴黎蓬勃发展起来。回顾 1600 年很有启发意义:碰巧也是莎士比亚转变的一年;《哈姆莱特》发表于这一年,这部作品标志着这位剧作家学习曲线的结束,也标志着他成长为了当时最重要的剧作家。对科学来说,这也是重要的一年(或者至少是重要的十年的开始)。在霍华德·马戈利斯(Howard Margolis)的著作《从哥白尼开始:世界翻转

图 15.1　作为发现之旅的科学：弗朗西斯·培根的《伟大的复兴》(1620)的卷首插图。培根将成为科学革命的关键人物之一。图像选择/艺术资源，纽约

是如何导致科学革命的》(*It Started with Copernicus: How Turning the World Inside Out Led to the Scientific Revolution*)中，他列出了一些在1600年及其前后的发现：电和磁的区别；自由落体定律；惯性定律；地球是磁铁的理论；透镜理论；行星运动定律；伽利略的望远镜发现；液体静压定律；钟摆摆动定律。这是一个相当长的清单。不管是不是革命,一些重大的事件似乎正在发生。[1]

一个值得注意的发展是人们开始更重视新颖原创的东西。在《最有价值的话语》(*Most Worthy Discourses*,1580)一书的引言中,法国工匠伯纳德·帕里希(Bernard Palissy)写道:"许多哲学家的理论,甚至是最古老和最著名的那些,在许多点上都是有误的","比起你五十年致力于学习古代哲学家的理论研究,你会从这本书包含的事实中了解更多自然历史"。到 1620 年,一位名叫亚历山德罗·塔索尼(Alessandro Tassoni)的意大利作家可以夸耀他那个时代(或最近的过去)所发现的一切足以让古希腊人和罗马人羡慕不已:印刷机、会敲打的时钟、指南针、航海图和望远镜。所有这些发现都"远远超越了拉丁人和希腊人在其如此辉煌的岁月里所发现的任何发明"。

这种对"新"的拥抱反映在弗朗西斯·培根的《伟大的复兴》(*The Great Instauration*,1620)的卷首插图上。《伟大的复兴》是培根的一项庞大但未完成的项目的一部分,在该项目中培根制定了一个计划,人类可以借此了解甚至征服自然界,并描述将来需要的"新哲学"。这幅卷首插图上描绘了一艘大帆船穿过赫拉克勒斯之柱(直布罗陀海峡,常被认为是已知世界的边界线)进入大西洋。对培根来说,科学世界是一个未被发现的伟大国度,在这些未被发现的水域航行比阅读所有古代哲学家的著作能学到更多。史蒂文·夏平称这幅图是"对新乐观主义关于科学知识可能性和广度的最生动的图像描述之一"。

---

1 当然,并不是每个人都否认科学革命。1996 年去世的科学史学家理查德·韦斯特福尔(Richard Westfall)坚持认为,在那段时间里世界确实发生了深刻变化:"曾经的基督教文化已经变成了科学文化。变化的焦点和关键在于 16 世纪和 17 世纪的科学革命。"(韦斯特福尔,第 43 页)

我们已经详细探讨了莎士比亚对新哲学，特别是对宇宙新图景的看法。传统的答案是“非常少”；认为这位剧作家要么是不清楚，要么就是勉强知道一些发展。在引言中我举了几个例子来说明这个观点；在这里我重复其中的一些，并提供一些额外的例子。在20世纪头几十年写作的历史学家多萝西·斯廷森(Dorothy Stimson)直言不讳地指出：作品集中的许多段落“表明莎士比亚完全接受托勒密的一个中心的、不可移动的地球概念”。20世纪60年代，玛丽·博阿斯·霍尔(Marie Boas Hall)写道，莎士比亚“不是数理天文学的业余爱好者”——这千真万确！——“……他更不知道他的同时代人正在试探性地发展着的革命性思想。”托马斯·麦克林顿在1991年的作品中承认，莎士比亚非常关注宇宙问题，但在他的戏剧中“没有(哥白尼)革命的迹象”。甚至莱斯利·霍森——正如我们所见，他比任何人都更深入地揭示了莎士比亚和迪格斯家族之间的联系——写道：“在莎士比亚无数的思想中，没有一个思想准备点燃迪格斯广阔视野的真相。”大卫·利维曾写过大量关于莎士比亚对夜空的迷恋的文章，但他对剧作家对于新天文学的认识却轻描淡写。“即使莎士比亚相信新的宇宙论，”他写道，“也不会很好地达到他的目的，因为强调地球和人类是宇宙中心的旧体系更适合戏剧的目的。”

但潮流最终可能会逆转。正如我们所见，越来越多的学者在研究莎士比亚知道什么、何时知道的问题。有些例子值得我们再次提及：例如，我们有乔纳森·贝特，他指出《特洛伊罗斯与克瑞西达》中俄底修斯的著名演讲“可能暗示了新的日心说天文学”。詹姆斯·夏皮罗说“托勒密的科学……正如莎士比亚所知，已经被哥白尼革命弄得名誉扫地”。我们看到了约翰·皮切尔和斯科特·迈萨诺都认为莎士比亚及时知道了伽利略的望远镜发现并影响了他的最后几部戏剧——一个天文学家彼得·厄舍全心全意支持的观点，而虽然厄舍的作品存有争议，但它们重燃了人们对“莎士比亚与科学”这一问题的兴趣。

“所有连贯性消失”

其他作家和诗人比莎士比亚更密切关注科学的发展，其中有些人对新哲学的不满显而易见。约翰·邓恩（1572—1631）的诗歌充满了天上的意象，无数次提到太阳、月亮和星星。诗歌中的背景几乎总是托勒密式的，但正如玛格丽特·拜亚德（Margaret Byard）所言，他的《第一周年》（*First Anniversary*，1611）和《灵魂的进步》（*Of the Progress of the Soule*，1612）是“对消逝的世界和宇宙论的哀悼”：

> 有人直率地承认，这个世界完蛋了，
>
> 在行星中，在苍穹中，
>
> 他们正在探寻那么多新的东西：他们看到，
>
> 这个世界再次崩塌成原子。
>
> 万物粉碎，所有连贯性消失……

在这种新的宇宙学中，没有什么是确定的，没有什么是可靠的。邓恩写道，在天空中有“新的星星，而旧的确实从我们眼前消失了”。邓恩是“一个聪明的理科生”，弗朗西斯·约翰逊如此写道，邓恩完全有能力评估新旧宇宙图景的价值。“在邓恩把它们作为写作材料之前，”约翰逊指出，“伽利略和开普勒的发现几乎没有发表。”事实上，他提到了这两位天文学家的名字。正如拜亚德所指出的，邓恩与天文学家托马斯·哈里奥特有共同的朋友和同事——他似乎被天文学家的发现吓了一跳。在他最感人的段落之一，邓恩写道，天空曾经神圣不可知；现在，多亏了天文学家，它们正在失去一些神秘性。就像大洋彼岸的新大陆一样，它们被征服了：

因为人用经线和纬线织出了一张网，

这张网撒向天空，

天空现在是他的了。

也许我们可以同情那些发现中世纪天文学体系更符合自己喜好的诗人。在《管弦乐队》（*The Orchestra*，1595）中，诗人约翰·戴维斯（John Davies）写道：

唯有地球永远静止不动：

她的岩石不移，山岭不遇；

（尽管有些通过学习技能充实才智的人

说天空坚如磐石而地球确实在他们脚下飞速旋转）

然而，虽然地球看上去从来不动，

但在她宽阔的胸脯上舞蹈从未停止。

七十多年后，即使是弥尔顿在写作中似乎也对旧的世界观持有一定的尊敬——尽管他在《失乐园》中对新旧宇宙模型的详细比较表明他对科学理解得相当清楚。史诗中到处都有天文方面的参考，它们反映出一种精确度，而这只能来自对夜空的精湛研究。正如托马斯·奥查德（Thomas Orchard）所言，弥尔顿对天空的了解表明他“精通这门科学”。他很清楚地轴的倾斜导致了季节的变化；他知道太阳何时穿过黄道十二宫的各个部分；他理解行星在固定恒星背景下如何运动（包括外行星的逆行）；他甚至理解分点岁差。[1] 诗中大约提到了十四个星座的

---

1 分点岁差指的是一种由地轴移动而形成的缓慢的圆周运动。就像旋转陀螺的轴慢慢旋转一样，地球的轴描出一个圆（实际上是一对顶点相连的锥）。这种旋转运动的周期大约是两万六千年。人们通常把这种运动的发现归功于公元前2世纪的古希腊天文学家希帕克斯。

名字，而且总是在它们应该在的地方。并且他在佛罗伦萨拜访了伽利略。在第1卷中，我们发现了一段对月亮的描述，“那天球/托斯卡纳那位大师通过望远镜观察所见/在夜晚的飞索尔的山头”(I.287—289)，飞索尔指的是佛罗伦萨外的群山。后来，他提到了这位科学家的“釉面光管”(III.590)，为了避免产生任何疑问，他在第5卷中给了我们这位科学家的名字：

> 就像在夜晚的时候，
> 伽利略的望远镜隐约观察到
> 月球表面的陆地和地区。
>
> (V.261—263)

弥尔顿不喜欢哥白尼体系——但这并不意味着他拒绝它。奥查德认为，他“无疑认识到了这个体系的优越性”，但他认为托勒密体系更令人愉快，更确切地说，更适合他的诗歌目的：弥尔顿有一个故事要讲，而托勒密体系提供了必要的支架。

弥尔顿无法——包括当时的任何诗人——忽视宇宙的新图景。正如玛格丽特·拜亚德所言：“到17世纪末，诗人在写作时再也不能像从前那样，把自己当作了解事物本质的先知和预言者；直觉逐渐被随之而来的科学知识革命所取代。”

到了17世纪末，亚里士多德和托勒密已经毫无希望。实验科学的理念——相信可重复的观察和实验而不是古老的权威——胜出了。宇宙变得更大，也许是无限的，类似地球这样的其他世界的存在完全是可以想象的。认识人类和自然界的新方法正在生根发芽。这些理念就像池塘表面的涟漪一样，缓慢而稳定地向外扩散。旧的信仰，即使是最被珍视的，也处于危险之中。《圣经》仍然是世界上最受欢迎的书籍——事实上，现在仍然如此——但把它当作科学教科书变得越来越不可信了。其中的许多故事——古代洪水、童贞女分娩、死者复活——都被看作是一种隐喻，而不是只有字面含义。甚至在16世纪的最后几年，这就已经是注定的事了。在16世纪90年代写作的法国哲学家让·博丹(Jean Bodin)把一些物理学知识运用于最后的审判中，质疑地球上所有人在一天之内复活的可能性。他估计地球距离固定恒星74697000英里(一个相当精确的估计!)，即使人们能以每天50英里的速度被迅速送上天堂(在马和马车的时代这已经是相当快的速度了)，完成这一旅程也需要约8万年。强调这样一个计算显然有混淆科学和信仰的危险——大致相当于21世纪的报纸上每年在圣诞节前后出现的调皮文章，计算圣诞老人的雪橇该以多快的速度才能在一个晚上将玩具递送给地球上所有的好男孩和好女孩。当然，上帝总是能创造奇迹，在这种情况下，到星星的精确距离就无关紧要了——但是正如拉佛在《终成眷属》中宣称的那样，上帝修补自然界的日子可能结束了："人家说奇迹已经过去了，我们现在这一辈博学深思的人们，惯把不可思议的事情看作平淡无奇。"(2.3.1—3)

莎士比亚发挥作用的地方

那么，我们该如何看待莎士比亚呢？我们已经探讨了现在称作科学革命的正在欧洲展开的巨变——但是，这些发展与来自斯特拉福德的这位剧作家的思想有多大关系呢？在《第一对开本》的序言中，本·琼森曾说过一句著名的话："他不属于一个时代，而是属于所有的世纪。"当然，莎士比亚确实生活在一个特定的时代，这样说并不可耻。

“我认为莎士比亚出生于1564年对他来说非常重要。”格林布拉特在我们的采访中如此说道。当时学术思想的许多特征在一代人的时间内就会消失，包括万物是有灵的、充满灵魂的这种世界观，而在莎士比亚出生时，它仍然具有巨大的吸引力。格林布拉特说，在“中世纪晚期的世界观中，宇宙有点像一把‘神奇的七弦琴’，你拨动一根弦，其他的弦就会产生共鸣”。在这样一个宇宙中，“人类的命运似乎处于整个自然计划的中心”。

但是后来，哥白尼、第谷、布鲁诺、哈里奥特出现了，以及——正好赶上莎士比亚的最后几部戏剧——伽利略。尽管两人相隔千里，但在格林布拉特看来，这位英国剧作家和这位意大利科学家志趣相投，或者可以说在某种程度上二人互为镜像。“以伽利略为例，我们看到的是一位具有惊人力量和智慧的科学家，他还具有令人吃惊的文学敏感性。在莎士比亚的作品中，你可以看到一个有着令人难以置信的力量的艺术家，他拥有一种奇特有趣的科学敏感性。”虽然这并不能使莎士比亚成为一位科学家——但是，格林布拉特说，这位剧作家“实际上对他那个时代的（我们可以称之为）‘科学自然主义’有着惊人的警觉和兴趣”。也许他不像其他作家那样感兴趣——比如不久后的邓恩或弥尔顿——但这不是因为他不懂，或者觉得它无聊。正如斯科特·迈萨诺在采访中所说的，莎士比亚“对新科学既不无知也没有漠不关心”。他不一定像邓恩那样写到科学，相反，“他在其中写作。”迈萨诺说。这门新科学可以被看作莎士比亚的“背景”——但它的意义不止于此。这也是“他故事中不可或缺的一部分”。

我们的旅程是危险的，其中有很多陷阱：想象莎士比亚“领先于他的时代”(可怕的“莎士比亚崇拜”的罪过)；把莎士比亚和他的戏剧创作混为一谈；用21世纪的眼睛(可悲的是，这是我唯一拥有的眼睛)去看17世纪的交替；把科学和无神论等同起来；也许最可耻的是，相对于其他与世界打交道的方式，赋予科学特权地位——“科学主义”的罪恶。最可靠的冒犯方式是提出科学在某种程度上优于宗教；但暗示它超越艺术同样是有问题的。几年前，一份名为《中南评论》(*South Central Review*)的杂志发表了一期关于“莎士比亚与科学”的特刊，而这是一个主要问题。其中一篇文章对“将科学主义特权化作为一种授权模式”提出了警告，因为这可能导致“时代错误和学科重叠的问题”。好吧，我们不希望那样。但需要注意的是：我们通常认为科学的独一无二在于它拥有真正改变社会的力量，而艺术、音乐和文学虽然至关重要，但只是凑热闹，偶尔提供一种消遣。正如乔治·莱文(George Levine)所言，直到最近，学术界一直专注于“科学思想塑造文学思想的方式。交流都是单向的”，这种方法“含蓄地将科学的知识权威置于文学之上”。更糟糕的是，当交流确实从另一个方向流动时，它通常是“可爱的”：“我们已经用莎士比亚笔下的人物给天王星的二十四个卫星命名了。这不可爱吗？现在，回到计算它们的轨道参数上来……”

当然，如果这两门学科没有首先发生分歧，科学永远不会比人文科学享有更高的特权——五十多年前，C. P.斯诺(C. P. Snow)在他的文章《两种文化》(“The Two Cultures”)中对这种裂痕的负面影响进行了著名的谴责。但在莎士比亚的时代，这两种文化并没有太大的差异，“艺术”的所有分支都参与塑造了我们对世界的看法。莎士比亚本人对它的塑造比任何人都重要。有人可能会像哈罗德·布鲁姆那样，认为是莎士比亚让我们成为完整的人类，这位剧作家比任何心理学家都更深入地探讨了人性。再说一次，这并不意味着莎士比亚是一位“科学家”——但他无疑是一位对人性敏锐的观察者，并且有着和科学家一样严谨的头脑。约翰·多佛·威尔逊使用的术语“探索者”也许是一个更好的词。多佛认为，像《李尔王》这样的戏剧在很大程度上是一种探索，“比一个沙克尔顿或爱因斯坦更有价值，意义也大得多”。但这不是比赛，也没有必要把艺术和科学想象成是在比赛。我更喜欢将其视为伙伴关系。科学给了我们一个新的世界，而莎士比亚照亮了我们在其中的位置。

注　释

序言

尽管是虚构的，但序言中的故事“很有可能发生”：到 11 月 19 日，至少有两个英国人看到了这颗新星，消息也会迅速传播开来。那天月亮确实是圆的，它在天空中的位置——以及仙后座和超新星的位置——都是准确的。亨特和詹金斯是莎士比亚时代在斯特拉福德教书的教师。我冒昧地想象莎士比亚的父亲约翰懂得相当多的拉丁语；他也可能并不懂拉丁语。（那天晚上的天气也只能靠猜测了。）

引言

1　“诗人的眼睛……”《仲夏夜之梦》(5.1.12—14)。[1]

7　“新哲学……”转引自贝特，第 60 页。

7　“……一种科学力量”博阿斯·霍尔，第 143 页。

7　“很少的拉丁语和更少的希腊语”www.bartleby.com/40/163.htm.

7　“……漠不关心”卡特赖特，第 35 页。

8　“……对科学几乎不感兴趣”伯恩斯，第 171 页（感谢斯科特·迈萨诺让我注意到这一引用）。

8　“没有（哥白尼式）革命的迹象”麦克林顿，第 4 页。

9　“一颗明亮的新星照亮了夜空……”参见奥尔森等人所写文章《哈姆莱特中的星星》对 1572 年出现的“第谷新星”的全面回顾。

1　最左侧阿拉伯数字为引号内引文在本书正文中的页码。下文不再一一说明。——译者

10 ……就天体事件而言，莎士比亚生活在一个非常多事的时期 要了解莎士比亚一生中发生的一系列天体事件可以参见利维的《早期现代英格兰文学中的天空》，第 vii 页。

11 “托勒密主义的概念” 贝文顿，《特洛伊罗斯与克瑞西达》，第 162 页。

11 “可能暗示着新的日心天文学” 贝特，第 62 页。

12 “已经因哥白尼革命而声名狼藉” 夏皮罗，《1599》，第 259 页。

13 “宇宙想象力” 麦克林顿，第 4 页。

1. 宇宙学简史

16 “起来吧，美丽的太阳……”《罗密欧与朱丽叶》(2.2.4)。

16 ……被称为“天堂”…… 参见如格林布拉特，《俗世威尔》，第 183 页；克莫德，第 109 页。

17 莎士比亚“知道……时间和日光的流逝……” 阿克罗伊德，第 264 页。

17 环球剧院的建造与……保持一致 阿克罗伊德，第 374 页。

27 正如一位叫赛科诺伯斯克…… 这是 13 世纪的法国学者约翰尼斯·德·赛科诺伯斯克。参见梅多斯，第 4—5 页。

29 “如果万能的主……” 转引自 I.伯纳德·科恩，《新物理学的诞生》，第 33 页。

31 “……主持整个体系” 贝特，第 64 页。

31 “我，你的亚瑟，……” 这些台词转引自福勒，第 98 页。台词为假面剧《亨利亲王在困难中的发言》(*The Speeches at Prince Henry's Barriers*)的第 65—70 行，有时也称作《湖边夫人》(*The Lady of the Lake*)。这部剧是为纪念国王詹姆士一世的儿子威尔士亲王所作，于 1610 年上演。

33 “星辰少女”艾斯特莱雅 福勒，第 99—100 页。

34 “充满了目的和意义” 普林西比，第 21 页。

35 “宇宙的娴熟秩序……”转引自赫宁格，第8页。

35 “我们必须把……放在我们眼前……”转引自赫宁格，第11页。

35 “……神秘、惊奇和希望”普林西比，第38页。

36 “使……大多数特征……”迪尔，第28页。

36 “一幅思想和潮流交织在一起的丰富挂毯……”普林西比，第4页。

37 “哦，雄伟庄严的神殿……”转引自科赫尔，第155页。

38 “从来没有任何优秀的天文学家……”转引自科赫尔，第156页。

38 “更多地被引用来……”科赫尔，第256页。

38 “一种固有的宗教活动”转引自拿本斯，第105页。

38 “神学从来没有降级……”普林西比，第36页。

39 “……历史情况”普林西比，第37页。

2. 尼古拉·哥白尼，迟疑的改革者

40 “眩晕的人认为世界颠倒了……”《驯悍记》(5.2.20)。

41 “哥白尼是什么样的人?”金格里奇，《无人阅读的书》，第29页。

42 “古人有……的优势”转引自索贝尔，第27页。

42 “他讨论……的飞速运行……”转引自索贝尔，第15页。

42 ……哥白尼显然并不信 罗森(Rosen)，《哥白尼与科学革命》(*Copernicus and the Scientific Revolution*)，第110—111页。

42 “既不够绝对……”转引自克拉夫，第49页。

42 “所有天体都……旋转……”转引自芬德伦，第655页。

43 ……只有少量手稿…… 金格里奇，《无人阅读的书》，第31页。

43 “……组成的是一个怪物，不是一个人”丹尼尔森，第106页。

44 “遵循自然的智慧……”转引自克拉夫，第49页。

44 “我们所看到的……运动……”转引自索贝尔，第20页。

45 “请记住，在 16 世纪……” 格里宾，第 12 页。

46 “我认为接受……容易得多……” 丹尼尔森，第 116 页。

47 “亚里士多德体系中……独特性……” 转引自 I.伯纳德·科恩，《新物理学的诞生》，第 50—51 页。

47 “如果基督教神学家们……” 约翰逊，《天文学思想》，第 94 页。

47 ……教皇克莱门特七世（Clement Ⅶ）的私人秘书…… 普林西比，第 49 页。

48 “世界……是永恒的……” 转引自克拉夫，第 42 页。

49 “就假设而言……” 转引自罗森，《哥白尼与科学革命》，第 196 页。

50 “圣父，我已经猜到……” 丹尼尔森，第 104 页。

50 “……声称是天文学的行家……” 转引自罗森，《哥白尼与科学革命》，第 185 页。

50 “确实，太阳……” 丹尼尔森，第 117 页。

50 “……难道还有谁能把这盏明灯放在……” 转引自赫宁格，第 47 页。

51 ……从大约 80 个减少到了 34 个 约翰逊，《天文学思想》，第 102 页；也可以参见金格里奇，《无人阅读的书》，附录Ⅰ。

51 “……哥白尼所做的只是对现有世界观的修改……” 赫宁格，第 46、48 页。

51 ……在“几何方法和结构方面”与……相似…… 科恩，《科学革命》，第 120 页。

52 “显然是……” 迪尔，第 33 页。

52 “……激进知识分子的角色” 赫宁格，第 48 页。

52 “他的理论得到了广泛的阅读……” 德威特，第 135 页。

52 正如亚瑟·科斯特勒曾经描述的那样 参见金格里奇，《无人阅读的书》，第 vii 页。

53 “就我们的感官所知……” 丹尼尔森，第 112 页。

53 “是一个令人震惊的距离……” 普林西比，第 50 页。

53 ……四十万倍 克拉夫,第50页。

53 “现在,当我们看到行星之间这种美丽的秩序时……”转引自克拉夫,第53页。

54 “可能想象出……更可笑的东西吗……”蒙田(斯克里奇编),第502页。

54 “没有什么比……更明显了……”博斯汀,第294页。

54 “是否仍然有可能相信……”科赫尔,第146页。

55 “……那真是令人惊讶!”丹尼尔森,第112页。

55 “那么,……也就不足为奇了。”丹尼尔森,第115页。

56 “但是,当然从来没有……”转引自克拉夫,第43页。

56 “……动摇……结构……”I.伯纳德·科恩,《新物理学的诞生》,第51页。

3. 第谷·布拉赫和托马斯·迪格斯

57 “雄伟的屋顶上满是金色的火焰……”《哈姆莱特》(2.2.301)。

57 ……白矮星团…… 西兹(Seeds),第269页。

59 “我惊愕地……仿佛惊呆了……”转引自金格里奇,《第谷·布拉赫与1572年新星》,第7页。

60 “我注意到一颗新奇且异常的星……”转引自丹尼尔森,第129页。

60 “……最大奇迹。”转引自索贝尔,第202—203页。

60 “……不是某种彗星或流星……”丹尼尔森,第131页。

62 “被奇怪的舌头锁住了”转引自哈克尼斯,第107页。

62 “多加判断……”转引自哈克尼斯,第107页。

63 ……其中被赦免的七十五人之一 厄舍,《莎士比亚与现代科学的黎明》,第308—309页。

63 “凹凸玻璃”转引自麦克莱恩,第149页。

63 “尽管看似确定……”帕内克,第30页。

63 “许多人正在……进行……” 邓恩,第 23 页。

66 “两者都向他们展示了光亮……” 转引自福勒,第 77 页。

67 ……一种选择的隐喻…… 参见费里斯,第 71 页;索贝尔,第 202 页;丹尼尔森,第 128 页。

68 “您可以平静地生活……” 转引自福克(Falk),《第谷·布拉赫的兴衰》,第 54 页。

69 “这确实是一个缩影……” 转引自福克,《第谷·布拉赫的兴衰》,第 55 页。

70 “就观测体量而言……” 转引自福克,《第谷·布拉赫的兴衰》,第 57 页。

70 “第二个托勒密” 转引自克拉夫,第 51 页。

72 “在……下被神圣地导引着” 转引自马戈利斯,第 48 页。

72 “是作家们……而发明的……” 哈勒(Hale),第 570 页。

72 “天体问题……” 转引自克拉夫,第 53 页。

73 “……更关心礼节” 转引自福克,《第谷·布拉赫的兴衰》,第 56—57 页。

74 迪格斯谈到“神圣的哥白尼……” 转引自 http://www-history.mcs.st-and.ac.uk /Biographies/Digges.html;“地球不在整个世界的中心……”,转引自丹尼尔森,第 133 页。

74 “每二十四小时围绕……” 转引自丹尼尔森,第 133 页。

74 “按照数学原理” 转引自赫宁格,第 49 页。

75 ……很可能……进行过…… 罗森,《哥白尼与科学革命》,第 164 页。

75 ……为《根据……的完美描述》这部现代版本的迪格斯的书来自丹尼尔森,第 135 页。

75 “几乎所有天文学作家……” 约翰逊,《天文学思想》,第 180 页。

76 “无限地向上延伸……在高度上” 转引自赫宁格,第 51 页。

76 “文艺复兴时期普通英格兰人……” 约翰逊,《天文学思想》,第 165 页。

76 “即使……最随意的观察……” 约翰逊,《天文学思想》,第 175 页。

78 “似乎很有可能……”格里宾，第16—17页。

78 “……天界的天使宫殿……”转引自金格里奇，《无人阅读的书》，第119页。

78 据金格里奇估计…… 金格里奇，《无人阅读的书》，第121页。

4. 哥白尼的影子和科学的曙光

80 “那些自命不凡的文人学士……”《爱的徒劳》(1.1.88)

80 “这些是非常流行的……”鲍里斯·贾丁，笔者采访，2012年6月27日。

83 “只需要一个水晶球……”奈杰尔·琼斯，《英格兰的大魔法师》。

84 “……辛勤工作所付出的巨大努力……”转引自罗素，第191页。

84 “……确定的论据”转引自罗素，第192页。

84 “上帝创造的整个框架……”转引自赫宁格，第8页。

84 ……最大的私人图书馆…… 约翰逊，《天文学思想》，第139页。

85 “迪伊认识所有人”奈杰尔·琼斯，《英格兰的大魔法师》。

85 “……任何了解……的人……”科尔马克，第516页。

85 “……演员们可能……”阿克罗伊德，第423页。

85 ……迪伊本人……起了重要作用 罗素，第192页。

85 “成为……的焦点”麦克莱恩，第134页。

85 “勤奋学习和阅读……”转引自哈克尼斯，第134页。

86 “由英格兰人撰写的……”麦克莱恩，第134页。

86 “……可以很好地帮助……”转引自邓恩，第15页。

86 “……环球剧院成为……”麦克莱恩，第142页。

86 “……新产品、奇怪的引擎……”转引自哈克尼斯，第113页。

87 “大师：哥白尼……”转引自斯廷森，第43页；笔者把拼写现代化了。

88 “不要被……所虐……”转引自约翰逊，《天文学思想》，第130页；笔者把拼写现代化了。

89 ……正如斯蒂芬·彭弗里指出…… 彭弗里,《哈里奥特的月球地图》。

90 “他激进宇宙学……”彭弗里,《哈里奥特的月球地图》,第166页。

90 “那些浩瀚的巨大发光体……”转引自约翰逊,《天文学思想》,第217页。

91 “新生理学”转引自科恩,《科学革命》,第133页。

91 “磁力……”转引自科赫尔,第181页。

91 “更像是一个灵魂……社区”罗素,第207页。

91 “被许多论证……所证明”转引自科恩,《科学革命》,第133—134页。

91 “蕴含着……的种子”科恩,《科学革命》,第135页。

94 “这只蠢驴竟然……”转引自罗兰,第77页。

94 “但丁对……的确定性……”罗兰,第106页。

94 在穿越英格兰……海峡时…… 参见罗兰,第139页。

95 正如乔凡尼·阿奎莱基亚所指出的那样…… 阿奎莱基亚,第9页。

96 “……在转动”转引自加蒂,《关于乔尔丹诺·布鲁诺的论文集》(*Essays on Giordano Bruno*),第23页。

96 “因为他(哥白尼)具有……”转引自加蒂,《关于乔尔丹诺·布鲁诺的论文集》,第23页。

96 被“众神指定为……”转引自格林布拉特,《大转向》,第238页。

96 “有一个普遍的空间……”转引自麦克莱恩,第147页。

97 “……无限个……之一……”转引自斯廷森,第51页。

97 “现在假设所有空间……”转引自德克尔(Decker),第603页。

97 ……永恒的过去 罗兰,第165页。

98 ……随行人员访问牛津后…… 加蒂,《乔尔丹诺·布鲁诺:文艺复兴哲学家》(*Giordano Bruno: Renaissance Philosopher*),第44页。

98 “整个城市……”转引自加蒂,《关于乔尔丹诺·布鲁诺的论文集》,

第141页。

98 “英格兰可以吹嘘……”转引自罗兰，第152页。

98 “比世上所有国王都优秀……”转引自加蒂，《关于乔尔丹诺·布鲁诺的论文集》，第142页。

99 “因为从无限中诞生了……”转引自雅各布，第31页。

100 ……他们分享妻子…… 罗兰，第206页。

101 “无处不在的世界灵魂”罗兰，第218页。

101 “这个无限的空间……”转引自罗兰，第219页。

101 “是恒星的共和国……”罗兰，第221页。

103 “孵化期”范戈尔德，《数学家的学徒生涯》(*The Mathematician's Apprenticeship*)，第16页。

5. 英格兰科学的崛起和都铎望远镜的问题

104 “镀着一层泪液的愁人之眼……”《理查二世》(2.2.16)。

104 年度讲座…… 约翰逊，《天文学思想》，第199页。

105 “几乎没有接受过任何学术训练……”约翰逊，《天文学思想》，第200页。

105 “……综合信息搜集所”约翰逊，《天文学思想》，第265页。

105 “……所有格雷山姆学院的天文学教授……”查普曼，《托马斯·哈里奥特：第一位望远镜天文学家》，第318页。

106 ……十本书中，至少有一本…… 根据《英格兰书籍简要目录：1475—1640》(*Short Title Catalogue of English Books*，1475—1640)(London：1926)。参见约翰逊，《天文学思想》，第9页。

106 “不仅局限于学者……”约翰逊，《天文学思想》，第10页。

107 “每艘停泊在……的船上……”哈克尼斯，第10页。

107 ……一颗鸵鸟蛋、来自中国的钱币…… 洛伦·达斯顿(Lorraine Daston)

在2012年5月4日CBC电台的《概念》(*Ideas*)频道提到过这些特别的物品条目。

108 “……方式都更加朴实”转引自哈克尼斯,第98页。

108 “三个商人……”转引自哈克尼斯,第117页。

108 “到伊丽莎白统治末期……”哈克尼斯,第140页。

109 “……与……的假设相吻合……”转引自约翰逊,《天文学思想》,第208页;笔者把拼写现代化了。

109 然而,在布拉格雷夫的星盘中…… 参见约翰逊,《天文学思想》,第208—209页。

109 “……哥白尼理论的……”约翰逊,《天文学思想》,第210页。

109 ……杰拉德·墨卡托……建造了…… 参见芬德伦,第664页。

109 “所有人类事务的基础”转引自哈克尼斯,第98页。

109 ……每年大约有五本…… 哈克尼斯,第104页。

110 ……足球被认为…… 伯恩(Byrne),第204页。

111 “……公元前4世纪……”夏普,《早期现代英格兰》,第259页。

111 “在他们短暂的……期……间”约翰逊,《天文学思想》,第10页。

111 “完全取决于……”约翰逊,《天文学思想》,第11页。

112 正如宝拉·芬德伦所指出的 芬德伦,第662页。

112 “……而不是宣言……”芬德伦,第662页。

112 “我们可以肯定…… ”约翰逊,《天文学思想》,第181页。

112 “而且有时可以讲得很好”范戈尔德,《数学家的学徒生涯》,第20页。

112 例如,一个名叫埃德蒙·李…… 范戈尔德,《数学家的学徒生涯》,第100页。

113 “哥白尼,……王子”范戈尔德,《数学家的学徒生涯》,第47页。

113 ……威廉·坎登…… 范戈尔德,《数学家的学徒生涯》,第101页。

113 ……约翰·曼塞尔…… 范戈尔德，《数学家的学徒生涯》，第102页。

113 ……理查德·克拉坎索普…… 范戈尔德，《数学家的学徒生涯》，第66页。

113 ……威廉·博斯韦尔爵士…… 范戈尔德，《数学家的学徒生涯》，第79页。

114 "……在伦敦……更为成熟" 范戈尔德，《数学家的学徒生涯》，第87页。

115 ……解释能"揭开事物之谜" 转引自鲍尔，第100页。

115 "……发现自己错误……" 培根[韦伯格(Weinberger)编]，第24页。

116 "一个错综复杂的谜题" 鲍尔，第107页。

116 "天地的确合谋……" 培根，《学术的进展》，第37页。

116 "预见了……技术……" 卡特赖特，第70页。

117 "……这位女士具有……" 培根，《学术的进展》，第47页。

117 ……一套……音乐鸣钟 范戈尔德，《数学家的学徒生涯》，第198页。

117 戴了一个很小的"闹钟" 兰迪斯(Landes)，第87页。

117 "……一些……水……" 转引自范戈尔德，《数学家的学徒生涯》，第198页。

117 ……赠送给詹姆士一个时钟…… 范戈尔德，《数学家的学徒生涯》，第198页。

118 "伽利略的最新著作" 转引自迈萨诺，《莎士比亚的最后一幕》，第427页。

120 "透视玻璃……" 转引自麦克莱恩，第150页。

121 "据……" 查普曼，《托马斯·哈里奥特：第一位望远镜天文学家》，第318页。

122 到1610年2月…… 约翰逊，《天文学思想》，第228页。

123 哈里奥特进行了许多天文观测…… 参见，例如查普曼，《托马斯·哈里奥特：第一位望远镜天文学家》。

123　“两根透视镜杆……”转引自麦克莱恩，第154页。

123　……迪伊……提到……哈里奥特的两次拜访　范戈尔德，《数学家的学徒生涯》，第137页。

125　……布鲁诺的书……　福克斯，第6页。

125　“毫无疑问……”约翰逊，《天文学思想》，第229页。

125　“很可能与……有交集”斯蒂芬·格林布拉特，作者采访，2012年5月1日。

125　“……有可能……”斯蒂芬·格林布拉特，作者采访，2012年5月1日。

126　“很高兴积累了……”查普曼，《托马斯·哈里奥特(1560—1621)的天文学工作》，第104—105页。

127　“……而不是作为一个公众人物”查普曼，《托马斯·哈里奥特：第一位望远镜天文学家》，第320页。

129　正如大卫·利维……论证的那样……　参见利维，《早期现代英格兰文学中的科学》(*Science in Early Modern English Literature*)，第64页。

130　“一个隐秘的……提醒”道森和亚克宁，第184页。

130　“……相混淆”乌雷，第71页。

130　……暗示了一种特殊的绘画形式……　威尔德斯，第153—154页。

130　“允许……的魔法水晶……”布罗恩穆勒，第212页。

131　“一种特别设计的……”布朗，第80页。

131　“到16世纪后期……”邓恩，第15页。

132　“……放大的巨大物体”转引自麦克莱恩，第149页。

132　“无法得出……结论”利维，《早期现代英格兰文学中的科学》，第67页。

132　“我就是不相信……”查普曼，《托马斯·哈里奥特：第一位望远镜天文学家》，第324页。

133　“如果……有……”哈克尼斯，第2页。

133 “现代科学思想的种子” 詹森,第 527 页。

133 “现代科学的序幕” 范戈尔德,《数学家的学徒生涯》,第 7 页。

6. 威廉·莎士比亚简史

134 “谁能够告诉我我是什么人?”《李尔王》(1.4.189)。

134 ……每天都组织漫步 斯特拉福德小镇漫步,参见 www.stratfordtownwalk.co.uk.

135 ……只有四分之三…… 福根格,第 47 页。

137 “……有双重意识” 斯蒂芬·格林布拉特,《俗世威尔》,第 103 页。

137 “认为莎士比亚一家……” 夏皮罗,《1599》,第 148 页。

138 “是日常生活中的事实” 琼斯,《莎士比亚的英格兰》(*Shakespeare's England*),第 41 页。

138 “他的思想和世界……” 贝特,第 12 页。

138 “人们必须做出……” 琼斯,《莎士比亚的英格兰》,第 39 页。

138 “……英格兰历史上……” 琼斯,《莎士比亚的英格兰》,第 41 页。

138 ……约为四百万…… 琼斯,《莎士比亚的英格兰》,第 34 页。

138 ……大约占三分之一…… 福根格,第 43 页。

139 那些活到三十岁的人…… 福根格,第 68 页。

139 “善变的裁缝” 转引自普里查德,第 19 页。

140 “妇女[被要求]……” 转引自福根格,第 40 页。

140 “她们去市场……” 转引自福根格,第 41 页。

140 ……并且不会被教授拉丁文 例如,参见詹森,第 512 页。

140 ……作品超过一百种…… 查夫斯基(Travitsky),第 3 页。

141 ……大约 160 个这样的教育机构…… 詹森,第 512 页。

142 “上帝授予的……” 转引自普里查德,第 91 页。

142 “……异常麻烦的成年人”多德(Dodd),第91页。

144 “有时下令把马车……”转引自多兰(Doran),第54页。

144 “非常威严;她的脸呈长圆形……”转引自尼科尔,第5页。

144 “……君临天下的野心和魄力”转引自贝特,第226页,以及来自威廉斯,第210页。

144 ……男性为二十七岁,女性为二十四岁 福根格,第64页。

145 “事实上……可能是……”圣约翰·帕克(St. John Parker),第6页。

145 “在这个时代……”拉罗克(Laroque),第18页。

146 ……两千字节内存…… 阿波罗计算机还有一个额外的32k只读存储器。

146 “……天才的本质”http://literateur.com/interview-with-jame-shapiro.

149 ……门票仅为一分钱 丘特(Chute),第58页。

150 “在同一时间……”转引自普里查德,第164页。

151 “大批人民”转引自阿克罗伊德,第94页。

151 “……到处都有奇珍异品”转引自哈克尼斯,第1—2页。

151 “戏剧业与性交易……”贝特,第47页。

152 ……约2760种书…… 克莫德,第44页。

152 “几乎没有猫能……”转引自丘特,第65页。

153 “邪恶的男人们……”转引自菲茨莫里斯(Fitzmaurice),第30页。

153 “……最新的文学潮流”夏皮罗,第191页。

154 “自鸣得意的猪肉屠夫”转引自尼科尔,第22页。

154 ……钱多斯家族的收藏 例如,参见布赖森,第2—4页。

155 “暴发户乌鸦……”转引自拉罗克,第48页。

155 “……最有经验的戏迷”夏皮罗,第9页。

157 “……高薪教师的十倍”舍恩鲍姆,第212页。

157 “……以笔杆为生……”贝特和桑顿,第10页。

159 “和她那一阶层的大多数妇女……一样” 圣约翰·帕克，第 10 页。

159 ……装点着很多不确定性…… 接下来的引用来自唐纳利和沃尔西克，第 10 页；格林布拉特，《俗世威尔》，第 71 页；迪尔，第 6 页；夏皮罗，第 190 页；阿克罗伊德，第 428 页。

159 “我们必须假定”，“很可能” 克莫德，第 44 页，第 17 页。

161 ……再次大肆宣扬…… 利克（Leake），《坏诗圣：逃税者和饥荒投机商》；劳利斯（Lawless），《莎士比亚原来是“冷酷的商人”》。

162 “……而不是服装或书籍” 布赖森，第 180 页。

162 “……而是平淡无趣” 格林布拉特，《莎士比亚文集》诺顿版（*The Norton Shakespeare*），第 47 页。

162 ……比……同时代人都有更好的…… 斯蒂芬·格林布拉特，作者采访，2012 年 5 月 1 日。

163 “……在我看来……这恰似一种循环” http：//literateur. com /interview-with-james-shapiro.

164 “你对……思考的时间越长……” 斯蒂芬·格林布拉特，作者采访，2012 年 5 月 1 日。

7. 《哈姆莱特》中的科学

167 “天地之间有许多事情……”《哈姆莱特》(1.5.174)。

167 ……超过 1500 行…… 亨特，第 2 页。

171 ……仙后座上的…… 转引自奥尔森，第 70 页。

172 “在整个场景中……”，“似乎暗示……” 斯宾塞，第 207 页。

175 “北极星对……的作用……” 尼尔，《奥瑟罗》，第 241 页。

175 “比他的评论者们更了解……” 弗内斯，第 93 页。

176 “……亮星五车二……” 詹金斯，第 167 页。

176 ……五车二没有了，带来的是超新星 汤普森和泰勒，第151页。

177 ……他的一些同胞演员…… 詹金斯，第190页。

179 ……版画有多个版本 参见奥尔森，第72页；金格里奇，《天文学剪贴簿》，第395页。

180 “最高贵、最博学的……” 霍森，第123页。

180 “很有可能……” 金格里奇，“天文学剪贴簿”，第395页。

181 “内附四张……” 转引自奥尔森，第72页。

181 “……我们可以肯定，第谷的肖像……” 金格里奇，《天文学剪贴簿》，第395页。

181 “莎士比亚的想象力……” 奥尔森，第72页。

182 “真实的丹麦风情” 詹金斯，第423页。

182 “在……的丹麦家族中很常见” 詹金斯，第422页。

182 “一系列惊人的……” 马切特洛，第78页。

182 “……并不是巧合……” 斯蒂芬·格林布拉特，作者采访，2012年5月1日。

183 ……弗鲁爱林这一角色…… 霍森，第119—122页。

184 “学生从未……” 转引自约翰逊，《天文学思想》，第184页；笔者把拼写现代化了。

185 “常客” 霍森，第112页。

187 “一个地下停车场……” 尼科尔，第50页。

188 正如莱斯利·霍森所指出的…… 霍森，第113页。

188 ……海洋冒险号沉船事件…… 贝特，第58页。

188 “请相信，我们的莎士比亚……” 转引自霍森，第247页。

189 “毫无疑问，从1590年起……” 霍森，第124页。

191 “有一个普遍的空间……” 转引自贾诺威茨(Janowitz)，第79页。

191 “……如此崇高的理论”转引自丹尼尔森,第133页。

192 “……托勒密科学……”夏皮罗,第299页。

193 “因为诗的前两行……”詹金斯,第242页。

193 “……巧妙缩影……”斯宾塞,第249页。

193 “……留下了印记”加蒂,《关于乔尔丹诺·布鲁诺的论文集》,第23页。

194 莎士比亚和布鲁诺之间的关系…… 加蒂,《关于乔尔丹诺·布鲁诺的论文集》,第146页。

195 ……对布鲁诺的赞赏 加蒂,《关于乔尔丹诺·布鲁诺的论文集》,第143页。

195 “……有力基础……”加蒂,《关于乔尔丹诺·布鲁诺的论文集》,第144页。

195 “凡是想要做哲学研究的人……”加蒂,《关于乔尔丹诺·布鲁诺的论文集》,第155页。

195 “极其顽固的异教徒……”加蒂,《关于乔尔丹诺·布鲁诺的论文集》,第155页。

196 “……必须追求真理……”加蒂,《关于乔尔丹诺·布鲁诺的论文集》,第155—156页。

8. 阅读莎士比亚，阅读隐藏的含义

197 “我认为早在1601年……”厄舍,《哈姆莱特和无限宇宙》。

198 “……这简直不可思议……”厄舍,《莎士比亚与现代科学的黎明》,第xix—xx页。

198 “查阅莎士比亚的作品全集……”彼得·厄舍,作者采访,2012年5月24日。

200 “托马斯和哈姆莱特都是……”厄舍,《莎士比亚与现代科学的黎明》,

第95—96页。

200 “非常适合……”厄舍,《莎士比亚与现代科学的黎明》,第73页。

201 ……他注意到另一位天文学家…… 厄舍,《莎士比亚的宇宙观》,第23页。

203 “人们普遍认为是诗圣莎士比亚……”厄舍,《莎士比亚与现代科学的黎明》,第xxiii页。

204 “有人认为……”克拉夫,第57页。

204 “……的想法……”彼得·厄舍,作者采访,2012年5月24日。

205 “……情况是这样的……”转引自麦克莱恩,第152页。

205 “……没有任何迫害”查普曼,《托马斯·哈里奥特:第一位望远镜天文学家》,第318页。

208 “……布鲁诺式的哥白尼主义”萨塞尔多蒂,第8页。

209 “……制造复仇熊……”厄舍,《莎士比亚与现代科学的黎明》,第280页。

209 ……木星上的大红斑 厄舍,《莎士比亚对新天文学的支持》,通过网络获取。

210 ……可能代表了土星…… 厄舍,《莎士比亚与现代科学的黎明》,第241页。

210 “没有望远镜的帮助……”厄舍,《莎士比亚与现代科学的黎明》,第69页。

210 “在《哈姆莱特》中,诗圣……描述了……”厄舍,《莎士比亚与伊丽莎白时代望远镜》,第17页。

210 “解释这些细节……”厄舍,《莎士比亚与现代科学的黎明》,第xxiii页。

212 “难以置信”利维,《早期现代英格兰文学中的科学》,第67页。

212 “望远镜有明显的军事用途……”厄舍,《莎士比亚与现代科学的黎明》,第310—311页。

212 “相对较好的、清晰的图像……” 查普曼,《托马斯·哈里奥特：第一位望远镜天文学家》,第 324 页。

214 “四重组合” 麦克林顿,第 80 页。

214 “统一的二元性……” 麦克林顿,第 48 页。

214 “数字象征与……相互配合……” 麦克林顿,第 200 页。

215 “当然,这个解释……” 麦克林顿,第 205 页。

215 “女巫们最喜欢的……” 麦克林顿,第 205 页。

215 “……要复杂和巧妙得多的戏剧” 麦克林顿,第 209 页。

216 “比例……的语言……” 这些引用来自拉曼,《指明未知的事物》,第 159 页。

216 “对存在有限性……” 这些引用来自拉曼,《死亡的数字》,第 162、168、174 页。

217 “经常对数字马虎” 詹金斯,第 346 页。

217 “……一般解释是说……” http：//www.shakespeare-online.com/plays /hamlet /examq /six.html.

218 “有时候,雪茄……” 不幸的是,弗洛伊德可能没有说过这句话。

9. 莎士比亚和伽利略

223 “世界在旋转吗?”《辛白林》(5.5.232)。

224 “亚里士多德宣称……” 克鲁(Crew),第 64—65 页。

225 “哲学就写在……” 德雷克(Drake),第 237—238 页。

226 “……我有许多不同的发明……” 转引自莱斯顿(Reston),第 85 页。

226 “真是可惜……” 转引自莱斯顿,第 54 页。

227 “大约十个月以前……” 德雷克,第 28—29 页。

227 “通过这种工具……” 转引自邓恩,第 22 页。

228 “把一个流行的狂欢节玩具变成了……” 金格里奇,《人类在宇宙中的位置》,第 28 页。

229 “1610 年 1 月 7 日……” 德雷克,第 51 页。

229 “……它们围绕木星的旅行” 这些引用出自德雷克,第 52—53 页。

232 “从世界诞生……” 德雷克,第 50—51 页。

232 “自古以来……” 德雷克,第 49 页。

232 ……远在北京…… 德雷克,第 59 页。

233 “无疑……” 斯沃德罗(Swerdlow),第 261 页。

233 “我们绝对有必要……” 德雷克,第 94 页。

234 “现在我们不仅有一颗……” 德雷克,第 57 页。

234 “使……在思想上受到了尊重” 金格里奇,《人类在宇宙中的位置》,第 28 页。

235 “……我把……报告陛下……” 转引自帕内克,第 40—42 页。

235 “我认为,勤奋的伽利略……” 转引自莱斯顿,第 100 页;笔者把拼写现代化了。

235 “月球适合人类居住吗?” 范戈尔德,《伽利略在英格兰》,第 416 页。

235 “对……产生了重大影响” 范戈尔德,《伽利略在英格兰》,第 415 页。

236 “买这种书的人……” 转引自范戈尔德,《伽利略在英格兰》,第 416 页。

236 ……1618 年出版的一部戏剧 范戈尔德,《伽利略在英格兰》,第 416 页。

236 “哥伦布给人类……” 转引自帕内克,第 41 页。

236 “悲剧-喜剧-历史剧-田园牧歌” 贝特,《辛白林》,第 vii 页。

237 “把批评浪费在……” 这些引用出自贝特,《辛白林》,第 viii—xiii 页。

237 “叙事扣人心弦,令人信服……” 巴特勒,第 1 页。

240 “经常被质疑……” 沃伦,《辛白林》,第 54 页。

241 “也许……的头……” 沃伦,《辛白林》,第 235 页。

242 “这些鬼魂……” 厄舍，“朱庇特和《辛白林》”，第8页。

242 “这本放在……怀里的书……” 厄舍，“朱庇特和《辛白林》”，第8页。

242 “《辛白林》有神秘的……” 厄舍，《莎士比亚与现代科学的黎明》，第171页。

243 “……对新发现……” 厄舍，《莎士比亚与现代科学的黎明》，第224页。

246 “是一部……的赞歌” 厄舍，《莎士比亚与现代科学的黎明》，第xxii页。

246 “如果它看起来不协调……” 迈萨诺，《莎士比亚的最后一幕》，第403页。

246 “莎士比亚一定看到过……” 转引自迈萨诺，《莎士比亚的最后一幕》，第403页。

247 “……怀旧传奇剧……” 迈萨诺，《莎士比亚的最后一幕》，第411页。

247 “毫无疑问是伽利略” 迈萨诺，《莎士比亚的科幻小说》，通过网络获取。

247 “……唯一一次这样表达……” 迈萨诺，《莎士比亚的最后一幕》，第413页。

248 “让我们注意……” 迈萨诺，《莎士比亚的最后一幕》，第429页。

248 “似乎有意……” 迈萨诺，《莎士比亚的最后一幕》，第415页。

248 受到了“现代……证据”的…… 皮切尔，第lxix页。

248 “在托勒密宇宙学中……” 巴特勒，《辛白林》，第220页。

249 “那一年，因为伽利略……” 皮切尔，第lxix页。

249 ……有意为之…… 皮切尔，第lxxiii页。

250 “如果伽利略的望远镜……” 皮切尔，第lxxiii页。

250 ……可能是“一种说……的方式” 皮切尔，第lxxvi页。

250 “……科学出版物……” 皮切尔，第lxxii页。

10. 占星术的诱惑

253 “出于上天旨意做叛徒……” 《李尔王》(1.2.108)。

253 ……1564年7月11日这个日期…… 阿克罗伊德,第4页。

253 "土星正经过……"转引自布里格登,第299页。

253 "人们观察天空……"奥尔森,第一卷,第71页。

254 "边缘位置"奥尔森,第一卷,第60页。

255 "……的一个重要方面"托马斯,《宗教与魔法的衰落》,第338页。

255 "可以很公平地被宣称……"夏普,《早期现代英格兰》,第307页。

255 "……人的身体和所有其他……"转引自哈勒,第568页。

257 "大部分人……"转引自科赫尔,第210页。

257 "一个专业和谨慎的占星家……"转引自托马斯,第392页。

257 "汝若欲得子嗣……"转引自托马斯,第393页。

257 ……莎士比亚的公司咨询了…… 阿克罗伊德,第374页。

257 ……一本英文宣传册…… 参见哈勒,第567页。

258 "……有真相也会有谎言"蒙田(斯克里奇编),第44页。

260 "如今一个普通人……"转引自托马斯,第269页。

260 "可能是……最有野心的……","一个连贯而全面的……"托马斯,第340页,第391页。

261 "……往往看起来像……"科赫尔,第201页。

261 "如果我们不能否认……"转引自托马斯,第395页。

262 "并不是来听星辰……"科赫尔,第207页。

263 "对于那些……的事情……"转引自科赫尔,第213页。

263 "另外有一个……教士……"这些引用出自《磨坊主的故事》第349—353行,http://www.librarius.com/canttran/milltale/milltale331-387.htm.

264 ……在新剑桥版中…… 这些引用出自哈利奥,第121页。

265 "他蔑视……陈词滥调……"贝文顿,《莎士比亚的思想》,第168页。

269 "……探索的一部分……"麦克林顿,第4页。

269 “几乎没有任何人能够工作……”转引自托马斯，第355页。

269 ……丧失了声誉 转引自托马斯，第355页。

269 “对于他们的观察……”转引自托马斯，第398页。

270 “矛盾的是……”托马斯，第401页。

271 “人们不再设想世界是……”托马斯，第415页。

11. 莎士比亚时代的魔法

272 “美即丑恶丑即美……”《麦克白》(1.1.12)。

272 “也许……最引人注目的……”布罗恩穆勒，第118页。

272 “怪异的女巫们起来了……”转引自布罗恩穆勒，第24页。

272 “一个被……折磨的灵魂……”布拉德利，第276页。

272 “不是简洁，而是速度”布拉德利，第276页。

273 正如特里·伊格尔顿所说…… 参见迪金森(Dickson)，第210页。

273 “……长期以来的厌女传统……”爱德华兹，第45页。

273 “对撒旦诱惑的抵抗力更低”夏普，《早期现代英格兰》，第312页。

274 “满脸皱纹……的老太太”转引自托马斯，第677页。

274 “被告是否……”奥尔森，第二卷，第678页。

276 在英格兰，记录显示…… 英格兰和苏格兰的数据来自夏普，《关于巫术的争论》，第513页，以及来自爱德华兹，第32页。

276 “智慧、理解力或判断力”奥尔森，第三卷，675页。

277 “……像……的黑狗……”转引自爱德华兹，第37页。

277 ……小爱德蒙承认…… 夏普，《关于巫术的争论》，第520页。

278 “惩罚罪恶的人类……”转引自爱德华兹，第39页。

278 “……救赎与诅咒……”布里格登，第302页。

279 “……不断关注……”爱德华兹，第47页。

279　“巫师太普遍了……”转引自托马斯,第209页。

279　“……的一个分支”托马斯,第210页。

280　……得到科学家……的认可　托马斯,第261页。

280　“如果一个人的孩子……”转引自托马斯,第300页。

280　“同一个主人……”转引自沃恩和T.沃恩,第63页。

281　“女巫、魔法师、巫师……”转引自托马斯,第307页。

282　“只能被认为……”斯皮勒,第26、36页。

282　“严肃魔法师和狂欢节魔术师……”沃恩和T.沃恩,第63页。

284　“……至少也有可能……”加蒂,《关于乔尔丹诺·布鲁诺的论文集》,第163页。

284　“科学和欺骗……”坎贝尔,第xviii页。

286　“……心灵感应……的可能性”托马斯,第266页。

290　“我把全部天文学建立在……”转引自罗森,开普勒的《梦游记》,第100页。

290　……第一位天体物理学家　金格里奇,《无人阅读的书》,第168页。

290　“暗示了……的终结……”科恩,《科学革命》,第129页。

290　“灵魂原理”科恩,《科学革命》,第132页。

290　“一个文艺复兴时期的科学悖论……”德布斯,第100页。

290　“我们可以很容易地汇集……”科恩,《科学革命》,第127页。

291　“……愚蠢小女儿”转引自鲍姆加特(Baumgardt),第27页。

291　“最后一位重要的天文学家……”科恩,《科学革命》,第127页。

291　“令人印象异常深刻的是……”夏普,《早期现代英格兰》,第308—309页。

292　“正是因为……”亨利,第55页。

292　“我们的基本原理的终点……”转引自亨利,第59页。

12. 莎士比亚与医学

293 “紊乱的身体……”《亨利四世·下篇》(3.1.40)。

299 ……正如克里斯汀·奥尔森所指出的…… 参见奥尔森,第473页。

299 ……六百多个版本 哈勒,第557页。

302 “一群愤怒的……”奥尔森,第一卷,第10页。

302 “……放血用的小刀”转引自哈勒,第543页。

304 “……通常都不起作用”奥尔森,第一卷,第177页。

306 “最近受感染房屋中的……”转引自阿克罗伊德,第477页。

306 “死亡和焦虑……”阿克罗伊德,第199页。

307 “只是从……流浪……”奥尔森,第一卷,第398页。

309 “不唐突”波普,第287页。

309 “……对医学提及的次数……”安德鲁斯,第二卷,第98页。

310 “一些有尊严的……医生形象”贝特,第46页,

310 “……斯特拉福德的霍尔太太……”转引自贝特,第44页。

311 “……亲密关系”贝特,第46页。

311 “……在这个特殊的时期……”凯文·弗鲁德,作者采访,2012年6月22日。

13. 生活在物质世界

313 “几匹蚂蚁大小的细马替她拖着车子……”《罗密欧与朱丽叶》(1.4.58)。

314 “……到处飞行……”卢克莱修,第65—66页。

314 “……冒着永远被诅咒的风险”伯特伦,第171页。

314 “偶然间,由于……”转引自赫克特,第151页。

315 “爱因斯坦、弗洛伊德……”弗洛(Flow),通过网络获取。

315 “没有高超的规划……”格林布拉特,《大转向》,第6页。

316 “必然不是因为设计……” 卢克莱修,第 32 页。

316 “……邪恶宗教的污点” 转引自赫克特,第 150 页。

316 “……内在世界理解中的固有概念……” 海曼,第 3 页。

317 “……卢克莱修的思想就会在哪里渗透……” 格林布拉特,《大转向》,第 220 页。

317 ……大约出版了三十个拉丁文版本…… 帕尔默,第 414 页。

319 ……他有一枚奖章,上面刻着…… 伯克(Burke),第 14 页。

320 “一项棘手的任务” 转引自贝克维尔,第 33 页。

320 “我把目光转向我的内部……” 转引自贝克维尔,第 224 页。

320 “这有什么好处……” 蒙田(斯克里奇编),第 653 页。

321 “……暴民的愤怒……” 蒙田(斯克里奇编),第 656 页。

321 “……把另一个人活活烤了……” 转引自雅各布,第 35 页。

321 “可怕的东西”,“无宗教的……与黑暗” 蒙田(斯克里奇编),第 498 页,第 500 页。

321 “睿智的人应该……” 转引自雅各布,第 37 页。

321 “……社会涟漪” 雅各布,第 37 页。

322 “是什么使他相信……” 蒙田(斯克里奇编),第 502 页。

322 “无神论自然主义” 蒙田(斯克里奇编),第 xli 页。

322 “人类学式的好奇心” 弗里德里希,第 137 页。

322 “错误的结论” 弗里德里希,第 134 页。

323 ……山羊的血可能…… 塞斯,第 186 页。

323 “指向了科学方法……” 塞斯,第 187 页。

323 “曾有人指着……问迪亚戈拉斯……” 蒙田(斯克里奇编),第44 页。

323 “……我们已经形成了一个真理……” 转引自贝克维尔,第 129 页。

323 ……如果使用有彩色玻璃…… 蒙田(斯克里奇编),第 676 页。

324 “因此,无论是谁……判断……” 转引自雅各布,第36页。

324 “……不可避免地被清除了” 蒙田(斯克里奇编),第676页。

324 “当我和我的猫玩耍时……” 蒙田(斯克里奇编),第505页。

324 “是地球在……旋转……” 蒙田(弗洛里奥编),第514页。

325 “是法国最早……之一” 弗里德里希,第140页。

325 “蒙田展现出……”,“他对待哥白尼理论……” 塞斯,第79页,第110页。

325 “难道不是更有可能……” 蒙田(斯克里奇编),第644—645页。

326 “……提出了一个巨大的问号” 贝克维尔,第139页。

326 “蒙田对细节……的偏爱……” 贝克维尔,第275页。

326 “隐藏的英格兰人” 贝克维尔,第276页。

327 “……没有买卖……” 转引自沃恩和T.沃恩,第61页。

328 “……蒙田的痕迹……” 斯蒂芬·格林布拉特,作者采访,2012年5月1日。

328 “修辞策略,来探索……” 沃恩和T.沃恩,第61页。

328 ……大英博物馆有一本…… 参见,例如贝尔,第20页。

328 “被视为现代作家……” 贝克维尔,第279页。

329 “似乎不仅从这位法国散文家那里获得了……” 哈利奥,第9页。

329 ……包含了超过一百个……的单词…… 贝尔,第17、146页。

329 “怀疑论者哲学家” 贝尔,第169页。

329 “爱德蒙是个……的冒险家……” 布拉德利,第249—250页。

330 “我想到了爱德蒙……” 斯蒂芬·格林布拉特,作者采访,2012年5月1日。

330 “爱德蒙是……的化身……” 贝特,第65页。

331 “可怕的魅力” 哈罗德·布鲁姆,《20世纪的李尔王》(*King Lear in the 20th Century*),第314页。

332 “李尔诉诸自然而非神……”埃尔顿，《李尔王与众神》，第220页。

333 “李尔恰当地总结了……”哈利奥，第167页。

333 “……和他的兄弟爱德蒙一样……”贝文顿，《莎士比亚的思想》，第172页。

14. 消逝的众神

334 “天神掌握着我们的命运，正像顽童捉到飞虫一样……”《李尔王》（4.1.36）。

334 “……他的众多能力”布拉德利，第200页。

334 “在不久的将来……”转引自哈利奥，第54页。

335 “自然的正义理念”转引自哈利奥，第24页。

335 “恐怖在恐怖的基础上堆积……”威尔逊，第120页。

335 “……多少痛苦……”麦克林顿，第181页。

336 ……即使是非常小的孩子…… 参见布鲁姆，《婴儿的道德生活》（“The Moral Life of Babies”）。

336 正如一位心理学家所说…… 对勒纳研究的这一概述来自弗恩海姆（Furnham），第795页。

337 “公正世界信念似乎提供了……”弗恩海姆，第796页。

337 “威胁到了人们根深蒂固的信念……”范伯格和威勒，第34页。

338 “……争斗的战场”贝文顿，《莎士比亚的思想》，第169页。

338 “在本质上道德的，规定利他主义……”麦克林顿，第173页。

338 “……恶人横行……”转引自布拉德利，第252页。

338 “提出了令人不安的问题……”贝文顿，《莎士比亚的思想》，第171页。

339 “一种……姿态，尽管并不充分”格林布拉特，《俗世威尔》，第180页。

339 “《李尔王》真正让人感到恐惧的是……”贝文顿，《莎士比亚的思想》，第169—170页。

339 “华丽舞台上……” 贝特，第308页。

340 “一种内在的现代倾向”，“与……大致相同的时代” 海曼，第xviii页，第2页。

340 “……世界观……” 海曼，第4页。

340 ……一项类似的法律规定…… 这些法律转引自伯曼（Berman），第48—49页。

341 “……盛极一时” 伯特伦，第167页。

341 “……令人深感不安” 格林布拉特，《大转向》，第252页。

341 “试图驱除原子论” 格林布拉特，《大转向》，第250页。

341 “人类灵魂是否……” 转引自艾伦，第56页。

341 “英格兰许多人……” 转引自巴克利，第30页；本书此处将拼写现代化了。

342 “其他人承认上帝……” 转引自巴克利，第65—66页。

342 “这不是一出简单的道德剧……” 布里格登，第308页。

343 “滋养我的……” 出自布里格登，第309页。

343 “摩西只是个骗子……” 转引自巴克利，第130页。

343 “没有对宗教有所怀疑的证据” 巴克利，第146页。

344 “……不亚于前者……” 转引自巴克利，第91页。

344 “……马洛能够……展示更……” 转引自马洛，第xii页。

344 “一种……心境” 巴克利，第129页。

345 “……并追随马基雅维利” 伯特伦，第170页。

345 ……一位名叫塞奥菲力·德·维奥的法国诗人…… 格雷林（Grayling），第121页。

345 ……用来指代…… 格雷林，第122页。

346 “宗教作为一种可怕的虐待狂……”马林,第9页。

347 “艾伦筹划各种事件……”埃里克·马林,作者采访,2013年6月14日。

347 “……尤其是在他的悲剧中”埃里克·马林,作者采访,2013年6月14日。

347 “他们……”哈利奥,第15页。

347 “……毁灭性地沉默着”格林布拉特,《俗世威尔》,第357页。

347 “好人死于……”埃尔顿,《李尔王与众神》,第337页。

347 “众神无疑是把我们……”转引自哈利奥,第207页。

348 “李尔的幻灭……”埃尔顿,《李尔王与众神》,第230页。

348 “……肯定至少唤起了……”麦克林顿,第195页。

348 “在这里人类完全孤立于……”麦克林顿,第195页。

348 “本质上是一部不信神的记录文献”埃里克·马林,作者采访,2013年6月14日。

348 “异教的无神论者和放荡的自然主义者”布鲁姆,《20世纪的李尔王》,第317页。

348 “……充满危险”埃尔顿,《李尔王与众神》,第337页。

349 “对莎士比亚来说,在……问题上……”转引自马林,第6页。

350 “……让我觉得很现代”埃里克·马林,作者采访,2013年6月14日。

350 “完全世俗的……”麦克金,第15、185—186页。

351 “令人不安的非道德”奥格尔,第41页。

351 “看上去既是天主教徒,又是新教徒……”,“威廉·莎士比亚……”格林布拉特,《俗世威尔》,第103页,第113页。

352 “……信仰与怀疑主义……”贝特,第12页。

352 “……而是像一个时钟”转引自夏平,第33页。

352 “……一个伟大的钟表装置”转引自夏平,第34页。

354 “……之间没有区别”转引自夏平，第32页。

354 “……其自然程度不亚于……”转引自夏平，第32页。

354 “只是一个……雕像……”转引自格雷林，第158页。

354 “……齿轮结构……”转引自迈萨诺，《笛卡尔和弥尔顿》，第38页。

354 “取决于……的不同……”转引自格雷林，第158页。

355 “……‘去掉奇迹’的一种工具”夏平，第36页。

355 正如斯科特·迈萨诺所指出的…… 迈萨诺，《莎士比亚的科幻小说》，第102—103页。注意迈萨诺在《无限姿态》（“Infinite Gesture”）中对这一论点做了进一步阐述。

356 ……莎士比亚……很可能…… 迈萨诺，《莎士比亚的科幻小说》，第80页。

357 “任何足够先进的技术……”http：//edge.org /response-detail/11150.

357 “前瞻性的推测”迈萨诺，《莎士比亚的科幻小说》，第vi页。

357 “……创造科幻小说”纳托尔，第361页。

358 “当我想到我生存的短暂时间……”帕斯卡的《沉思录》（*Pensées*），通过网络获取，http：//www. gutenberg. org/fi les/18269/18269-h/18269-h. htm ＃p_205.

358“……它就越显得毫无意义”温伯格，第154页。

结语

359 “人家说奇迹已经过去了……”《终成眷属》(2.3.1)。

359 “它不再起源于……”芬德伦，第669页。

359 在霍华德·马戈利斯……列出了……发现…… 马戈利斯，第5页。

361 “……你会从……了解更多……”转引自鲍斯玛（Bouwsma），第66页。

361 “远远超越了拉丁人和希腊人……”转引自哈勒，第589页。

361 “……最生动的……之一”夏平，第20页。

362 “……中心的、不可移动的地球概念”斯廷森，第50页。

362 “不是……的业余爱好者”博阿斯·霍森，第140页。

362 “没有(哥白尼)革命的迹象”麦克林顿，第4页。

362 “在莎士比亚无数的……”霍森，第123页。

362 “即使莎士比亚……”利维，《星夜》(*Starry Night*)，第69页；也可参见迈萨诺，《莎士比亚的最后一幕》，第404页。

362 “……新的日心说天文学”贝特，第62页。

362 “……被哥白尼革命……”夏皮罗，第299页。

363 “对消逝的世界……哀悼”拜亚德，第122—123页。

363 “有人直率地承认……”转引自拜亚德，第123页。

363 “一个聪明的理科生”，“伽利略……的发现……”约翰逊，《天文学思想》，第243页。

363 ……邓恩……有共同的…… 拜亚德，第122页。

364 “因为人用经线和纬线……”转引自拜亚德，第123页。

364 “唯有地球永远静止不动……”转引自切尼(Cheney)，第189页。

364 “精通……”奥查德，第52页。

365 到了17世纪末…… 拜亚德，第129页。

366 ……把一些物理学知识运用于最后的审判中…… 参见艾伦，第101页。

367 “中世纪晚期的世界观……”斯蒂芬·格林布拉特，作者采访，2012年5月1日。

367 “实际上……惊人的警觉……”斯蒂芬·格林布拉特，作者采访，2012年5月1日。

367 “……既不无知也没有漠不关心”斯科特·迈萨诺，作者采访，2012年6月4日。

368 赋予科学特权地位…… 玛吉欧(Mazzio),第1页。

368 "……将科学的……置于文学之上"转引自玛吉欧,第18页。

369 "……一个沙克尔顿或爱因斯坦……"威尔逊,第124页。

参考文献

引用的莎士比亚作品版本

注: 莎士比亚(连同所引的行号)作品的引用来自标有“★”的版本。在其他情况下,它们来自《雅顿版:莎士比亚全集》(*The Arden Shakespeare: The Complete Works*),修订版(*Revised Edition*),理查德·普劳德福特(Richard Proudfoot),安·汤普森(Ann Thompson)和大卫·斯科特·卡斯坦(David Scott Kastan)编。伦敦:梅图恩戏剧(London: Methuen Drama),2001 年。

Bate, Jonathan, ed. *Cymbeline*. The RSC Shakespeare. New York: Modern Library, 2011.

★Bevington, David, ed. *Henry IV, Part 2*. The Oxford Shakespeare. Oxford: Clarendon Press, 1998.

★Bevington, David, ed. *Troilus and Cressida*. The Arden Shakespeare. London: Thomson Learning, 2006.

★Braunmuller, A. R., ed. *Macbeth*. Updated edition. The New Cambridge Shakespeare. Cambridge: Cambridge University Press, 2008.

Brooke, Nicholas, ed. *William Shakespeare: The Tragedy of Macbeth*. Oxford: Oxford University Press, 1990.

Butler, Martin, ed. *Cymbeline*. The New Cambridge Shakespeare. Cambridge: Cambridge University Press, 2005.

★Daniell, David, ed. *Julius Caesar*. The Arden Shakespeare. London: Thomson

Learning，1998.

Dawson，Anthony B.，and Paul Yachnin，eds. *William Shakespeare: Richard II*. Oxford：Oxford University Press，2011.

Edwards，Philip，ed. *Hamlet*，*Prince of Denmark*. The New Cambridge Shakespeare. Cambridge：Cambridge University Press，2003.

Furness，Horace Howard，ed. *Othello: The New Variorum Edition*. New York：Dover，2000. Original publication 1886.

★Halio，Jay L.，ed. *King Lear*. Updated Edition. The New Cambridge Shakespeare. Cambridge：Cambridge University Press，2007.

Hibbard，G. H.，ed. *Hamlet*. The Oxford Shakespeare. Oxford：Clarendon Press，1987.

Honigmann，E. A. J.，ed. *Othello*. The Arden Shakespeare. London：Thomson Learning，1997.

Hoy，Cyrus，ed. *Hamlet*. A Norton Critical Edition. New York：W. W. Norton，1992.

Humphreys，Arthur，ed. *Julius Caesar*. The Oxford Shakespeare. Oxford：Clarendon Press，1984.

★Jenkins，Harold，ed. *Hamlet*. The Arden Shakespeare. London：Thomson Learning，1982 (1990 ed).

★Neill，Michael，ed. *Othello*. The Oxford Shakespeare. Oxford：Oxford University Press，2006.

★Orgel，Stephen，ed. *The Winter's Tale*. The Oxford Shakespeare. Oxford：Oxford University Press，2008.

★Pitcher，John，ed. *Cymbeline by William Shakespeare*. London：Penguin Books，2005.

Spencer, T. J. B., ed. *Hamlet by William Shakespeare*. London: Penguin Books, 1996.

Thompson, Ann, and Neil Taylor, eds. *Hamlet*. The Arden Shakespeare. London: Thomson Learning, 2006.

Ure, Peter, ed. *King Richard II*. The Arden Shakespeare. London: Routledge, 1991.

★ Vaughan, Virginia Mason, and Alden T. Vaughan, eds. *The Tempest*. The Arden Shakespeare. London: Thomson Learning, 1999.

Warren, Roger, ed. *Cymbeline by William Shakespeare*. Oxford World's Classics. Oxford: Oxford University Press, 1998.

★ Wilders, John, ed. *Antony and Cleopatra*. The Arden Shakespeare. London: Thomson Learning, 1995.

引用的其他书目

Ackroyd, Peter. *London: The Biography*. New York: Anchor Books, 2003.

Ackroyd, Peter. *Shakespeare: The Biography*. New York: Anchor Books, 2006.

Allen, Don Cameron. *Doubt's Boundless Sea: Skepticism and Faith in the Renaissance*. Baltimore: Johns Hopkins Press, 1964.

Aquilecchia, Giovanni. "Giordano Bruno as Philosopher of the Renaissance." In *Giordano Bruno: Philosopher of the Renaissance*, edited by Hilary Gatti. Aldershot, UK: Ashgate, 2002.

Bacon, Francis. *New Atlantis and the Great Instauration*. Edited by Jerry Weinberger. Wheeling, IL: Harlan Davidson, 1989.

Bacon, Francis. *The Advancement of Learning*. New York: Modern Library, 2001.

Bakewell，Sarah. *How to Live: A Life of Montaigne in One Question and Twenty Attempts at an Answer*. London：Vintage Books，2011.

Ball，Philip. *Curiosity: How Science Became Interested in Everything*. Chicago：University of Chicago Press，2013.

Bate，Jonathan. *Soul of the Age: A Biography of the Mind of William Shakespeare*. New York：Random House，2009. Citations are to the 2010 edition.

Bate，Jonathan，and Dora Thornton. *Shakespeare's Britain*. London：British Museum Press，2012.

Baumgardt，Carola. *Johannes Kepler: Life and Letters*. New York：Philosophical Library，1951.

Bell，Millicent. *Shakespeare's Tragic Skepticism*. New Haven，CT：Yale University Press，2002.

Berman，David. *A History of Atheism in Britain: From Hobbes to Russell*. New York：Croom Helm，1988.

Bertram，Benjamin. *The Time Is Out of Joint: Skepticism in Shakespeare's England*. Newark，DE：University of Delaware Press，2004.

Bevington，David. *Shakespeare's Ideas: More Things in Heaven and Earth*. Chichester，UK：Wiley-Blackwell，2008.

Bloom，Harold. *King Lear*. Bloom's Shakespeare through the Ages. New York：Bloom's Literary Criticism，2008.

Bloom，Paul. "The Moral Life of Babies." *New York Times*，May 5，2010. Accessed online at http：//www.nytimes.com/2010/05/09/magazine/09babies-t.html? pagewanted = all.

Boas Hall，Marie. "Scientific Thought." In *Shakespeare in His Own Age*，edited by Allardyce Nicoll. Cambridge：Cambridge University Press，1964.

Boorstin，Daniel J. *The Discoverers: A History of Man's Search to Know His World and Himself*. New York：Vintage Books，1985.

Bouwsma，William James. *The Waning of the Renaissance*，*1550 – 1640*. New Haven，CT：Yale University Press，2002.

Bradley，A. C. *Shakespearean Tragedy*. Greenwich，CT：Fawcett Publications，n.d. First published 1904.

Brecht，Bertolt. *Life of Galileo*. Translated by John Willett. London：Methuen，1980.

Bryson，Bill. *Shakespeare*. London：Harper Perennial，2008.

Buckley，George T. *Atheism in the English Renaissance*. Chicago：University of Chicago Press，1932.

Burke，Peter. *Montaigne*. Oxford：Oxford University Press，1981.

Burns，William E. *The Scientific Revolution: An Encyclopedia*. Santa Barbara，CA：ABC-CLIO，2001.

Byard，Margaret M. "Poetic Responses to the Copernican Revolution." *Scientific American*，June 1977，121 – 29.

Campbell，Gordon，ed. *Ben Jonson: The Alchemist and Other Plays*. Oxford：Oxford University Press，1995.

Cartwright，John. "Science and Literature in the Elizabethan Renaissance." In *Literature and Science: Social Impact and Interaction* by John H. Cartwright and Brian Baker. Santa Barbara，CA：ABC-CLIO，2005.

Chapman，Allan. "The Astronomical Work of Thomas Harriot (1560 – 1621)." *Quarterly Journal of the Royal Astronomical Society 36* (1995)：97 – 107.

Chapman，Allan. "Thomas Harriot：The First Telescopic Astronomer." *Journal of the British Astronomical Association* 118, no. 6 (2008): 315–25.

Cheney, Patrick. *Reading Sixteenth-Century Poetry*. Malden, MA: Wiley-Blackwell, 2011.

Chute, Marchette. *Shakespeare of London*. New York: E. P. Dutton, 1949.

Cohen, I. Bernard. *Birth of a New Physics*. New York: W. W. Norton, 1985.

Cohen, I. Bernard. *Revolution in Science*. Cambridge, MA: Harvard University Press, 1985.

Cormack, Lesley B. "Science and Technology." Chapter 28 in *A Companion to Tudor Britain*, edited by Robert Tittler and Norman Jones. New York: Blackwell Publishing, 2004.

Crew, Henry, and Alfonso de Salivo, eds. *Galileo Galilei: Dialogues Concerning Two New Sciences*. New York: Dover, 1954.

Danielson, Dennis. *The Book of the Cosmos: Imagining the Universe from Heraclitus to : Hawking*. Cambridge, MA: Perseus Publishing, 2000.

David, Ariel. "Heavens Big Enough for Both God and Aliens, Says Vatican Astronomer." *Globe and Mail*, May 14, 2008, A3.

Davies, Norman. *God's Playground: A History of Poland in Two Volumes*. Oxford: Oxford University Press, 2005.

Day, Malcolm. *Shakespeare's London*. London: Batsford, 2011.

Dear, Peter. "Miracles, Experiments, and the Ordinary Course of Nature." *ISIS* 81 (1990): 663–83.

Dear, Peter. *Revolutionizing the Sciences: European Knowledge and Its Ambitions, 1500–1700*. 2nd ed. Princeton: Princeton University Press, 2009.

Debus, Allen G. *Man and Nature in the Renaissance*. Cambridge: Cambridge University Press, 1999.

Decker, Kevin S. "The Open System and Its Enemies: Bruno, the Idea of Infinity, and Speculation in Early Modern Philosophy of Science." *American Catholic Philosophical Quarterly* 74, no. 4 (2000).

DeWitt, Richard. *Worldviews: An Introduction to the History and Philosophy of Science*. Malden, MA: Blackwell Publishing, 2004.

Dickson, Andrew. *The Rough Guide to Shakespeare*. 2nd ed. London: Rough Guides, 2009.

Dodd, A. H. *Life in Elizabethan England*. London: Batsford, 1961.

Donnelly, Ann, and Elizabeth Woledge. *Shakespeare: Work, Life and-Times*. Stratford, UK: Shakespeare Birthplace Trust/Jigsaw Design and Publishing, 2010.

Doran, Susan. "The Queen." In *The Elizabethan World*, edited by Susan Doran and Norman Jones. London: Routledge, 2011.

Drake, Stillman, trans. *Discoveries and Opinions of Galileo*. New York: Anchor Books, 1957.

Dunn, Richard. *The Telescope: A Short History*. London: National Maritime Museum, 2009.

Edwards, Kathryn A. "Witchcraft in Tudor England and Scotland." In *A Companion to Tudor Literature*, edited by Kent Cartwright, 31 – 48. Chichester, UK: Wiley-Blackwell, 2010.

Elton, William R. *King Lear and the Gods*. San Marino, CA: Huntington Library, 1968.

Elton, William. R. "Shakespeare and the Thought of His Age." In *A New Companion to Shakespeare Studies*, edited by Kenneth Muir and S. Schoenbaum. Cambridge: Cambridge University Press, 1971.

Falk, Dan. *In Search of Time: The Science of a Curious Dimension*. New York: St. Martin's Press, 2008.

Falk, Dan. "The Rise and Fall of Tycho Brahe." *Astronomy*, December 2003, 52-57.

Falk, Dan. *Universe on a T-Shirt: The Quest for the Theory of Everything*. New York: Arcade Publishing, 2004.

Feinberg, Matthew, and Robb Wilier. "Apocalypse Soon? Dire Messages Reduce Belief in Global Warming by Contradicting Just-World Beliefs." *Psychological Science* 22, no. 1 (2011): 34-38.

Feingold, Mordechai. "Galileo in England: The First Phase." In *Novità celesti e crisi del sapere*, edited by P. Galluzzi. Florence: Giunti Barbèra, 1984.

Feingold, Mordechai. *The Mathematicians' Apprenticeship: Science, Universities and Society in England, 1560-1640*. Cambridge: Cambridge University Press, 1984.

Findlen, Paula. "The Sun at the Center of the World." In *The Renaissance World*, edited by John Jeffries Martin. New York: Routledge, 2007.

Fitzmaurice, James, ed. *Major Women Writers of Seventeenth-Century England*. Ann Arbor, MI: University of Michigan Press, 2000.

Flow, Christian. "Swerves." *Harvard Magazine*, July-August 2011. Accessed online at http://harvardmagazine.com/2011/07/swerves.

Flude, Kevin. "The Hospital, the Bard, and the Son-in-law." Unpublished manuscript.

Flude, Kevin, and Paul Herbert. *The Old Operating Theatre, Museum, and Herb Garret: Museum Guide*. London: The Old Operating Theatre, Museum, and Herb Garret, 1995.

Forgeng，Jeffrey L. *Daily Life in Elizabethan England*. Santa Barbara，CA：Greenwood Press，2010.

Fowler，Alastair. *Time's Purpled Masquers：Stars and the Afterlife in Renaissance English Literature*. Oxford：Clarendon Press，1996.

Fox，Robert. *Thomas Harriot：An Elizabethan Man of Science*. Aldershot，UK：Ashgate，2000.

Friedrich，Hugo. *Montaigne*. Berkeley，CA：University of California Press，1991.

Furnham，Adrian. "Belief in a Just World：Research Progress over the Past Decade." *Personality and Individual Differences* 34，no. 5（2003）：795 - 817.

Gatti，Hilary. *Essays on Giordano Bruno*. Princeton，NJ：Princeton University Press，2011.

Gatti，Hilary. *Giordano Bruno：Philosopher of the Renaissance*. Aldershot，UK：Ashgate，2002.

Gingerich，Owen. "Astronomical Scrapbook." *Sky & Telescope*，May 1981. 394 - 5.

Gingerich，Owen. "Mankind's Place in the Universe." *Nature* 457（1 January 2009）：28 - 29.

Gingerich，Owen. *The Book Nobody Read：Chasing the Revolutions of Nicolaus Copernicus*. New York：Penguin Books，2005.

Gingerich，Owen. "Tycho Brahe and the Nova of 1572." *1604 - 2004：Supernovae as Cosmological Lighthouses*. ASP Conference Series 342（2005）.

Grayling，A. C. *Descartes*. London：Pocket Books，2006.

Greenblatt，Stephen. *The Norton Shakespeare*. 2nd ed. New York：W. W. Norton，2008.

Greenblatt，Stephen. *The Swerve：How the World Became Modern*. New York：

W. W. Norton, 2011.

Greenblatt, Stephen. *Will in the World*. New York: W. W. Norton, 2004. Citations are to the 2005 edition.

Gribbin, John. *Science: A History, 1543 – 2001*. New York: BCA, 2002.

Guthrie, Douglas. "The Medical and Scientific Exploits of King James IV of Scotland." *British Medical Journal*, May 30, 1953, 1191 – 1193.

Hafer, Carolyn L., and Laurent Bègue. "Experimental Research on Just-World Theory: Problems, Developments, and Future Challenges." *Psychological Bulletin 131*, no. 1 (2005): 128 – 167.

Haidt, Jonathan. *The Righteous Mind: Why Good People Are Divided by Politics and Religion*. New York: Random House, 2012.

Hale, John. *The Civilization of Europe in the Renaissance*. London: Harper Collins, 1993.

Harkness, Deborah. *The Jewel House: Elizabethan London and the Scientific Revolution*. New Haven, CT: Yale University Press, 2007.

Hawkes, Nigel. "Astronomer discovers cast of stars hidden in Hamlet." *Times* (London), January 14, 1997.

Hecht, Jennifer Michael. *Doubt: A History*. New York: Harper One, 2004.

Heilbron, John L. *The Sun in the Church: Cathedrals as Solar Observatories*. Cambridge, MA: Harvard University Press, 1999.

Heninger, S. K., Jr. *The Cosmographical Glass*. San Marino, CA: Huntington Library, 1977.

Henry, John. *The Scientific Revolution and the Origin of Modern Science*. 2nd ed. Houndmills, UK: Palgrave, 2002.

Hotson, Leslie. *I, William Shakespeare Do Appoint Thomas Russell, Esquire* ...

London: Jonathan Cape, 1937.

Hunt, Marvin W. *Looking for Hamlet*. New York: Palgrave Mac-Millan, 2007.

Hyman, Gavin. *A Short History of Atheism*. London: I. B. Tauris, 2010.

Jacob, James R. *The Scientific Revolution: Aspirations and Achievements, 1500 -1700*. Amherst, NY: Humanity Books, 1999.

Janowitz, Henry. "Some Evidence on Shakespeare's Knowledge of the Copernican Revolution and the 'New Philosophy'." *The Shakespeare Newsletter* (Fall 2001): 79 - 80.

Jensen, Freyja Cox. "Intellectual Developments." In *The Elizabethan World*, edited by Susan Doran and Norman Jones. London: Routledge, 2011.

Johnson, Francis R. *Astronomical Thought in Renaissance England: A Study of the English Scientific Writings from 1500 to 1645*. New York: Octagon Books, 1968.

Johnson, Francis R. "The Influence of Thomas Digges on the Progress of Modern Astronomy in Sixteenth-Century England." *Osiris 1* (January 1936): 390 - 410.

Jones, Nigel. "The Arch Conjuror of England: John Dee by Glyn Parry." *Daily Telegraph*, March 6, 2012 (accessed online).

Jones, Norman. "Shakespeare's England." *In A Companion to Shakespeare*, edited by David Scott Kastan. Malden, MA: Blackwell, 1999.

Kermode, Frank. *The Age of Shakespeare*. New York: Modern Library, 2004. Citations are to the 2005 edition.

Kocher, Paul H. *Science and Religion in Elizabethan England*. San Marino, CA: Huntington Library, 1953.

Kragh, Helge S. *Conceptions of Cosmos: From Myths to the Accelerating Universe: A History of Cosmology*. Oxford: Oxford University Press, 2007.

Landes，David S. *Revolution in Time: Clocks and the Making of the Modern World*. Cambridge，MA：Harvard University Press，1983.

Laroque，Francois. *The Age of Shakespeare*. New York：Harry N. Abrams，1993.

Lawless，Jill. "Shakespeare the 'Hard-headed Businessman' Uncovered." *Independent*，April 1，2013（accessed online）.

Leake，Jonathan. "Bad Bard：A Tax Dodger and Famine Profiteer." *Sunday Times*，March 31，2013（accessed online）.

Lerner，Melvin J. *The Belief in a Just World: A Fundamental Delusion*. New York：Plenum Press，1980.

Levy，David H. *Starry Night: Astronomers and Poets Read the Sky*. Amherst，NY：Prometheus Books，2001.

Levy，David H. *The Sky in Early Modern English Literature: A Study of Allusions to Celestial Events in Elizabethan and Jacobean Writing，1572 –1620*. New York：Springer，2011.

Lucretius. *On the Nature of the Universe*. Translated by Ronald Melville. Oxford：Oxford University Press，2008.

Maisano，Scott. "Descartes avec Milton." In *The Automaton in English Renaissance Literature*，edited by Wendy Beth Hyman. Farnham，UK：Ashgate，2011.

Maisano，Scott. "Infinite Gesture：Automata and the Emotions in Descartes and Shakespeare." In *Genesis Redux*，edited by Jessica Riskin，63 – 84. Chicago：University of Chicago Press，2007.

Maisano，Scott. "Shakespeare's Last Act：The Starry Messenger and the Galilean Book in Cymbeline." *Configurations* 12，no. 3（Fall 2004）：401 – 434.

Maisano, Scott. "Shakespeare's Science Fictions: The Future History of the Late Romances." PhD thesis, Indiana University, August 2004.

Marchitello, Howard. *The Text in the Machine: Science and Literature in the Age of Shakespeare and Galileo*. Oxford: Oxford University Press, 2011.

Margolis, Howard. *It Started with Copernicus: How Turning the World Inside Out Led to the Scientific Revolution*. New York: McGraw-Hill, 2002.

Marlowe, Christopher. *The Complete Plays*. Edited by Frank Romany and Robert Lindsey. London: Penguin Books, 2003.

Martin, Randall, ed. *Women Writers in Renaissance England*. London: Longman, 1997.

Mazzio, Carla. "Shakespeare and Science, c. 1600." *South Central Review 26* (Winter and Spring 2009): 1 – 23.

McAlindon, Thomas. *Shakespeare's Tragic Cosmos*. Cambridge: Cambridge University Press, 1991.

McGinn, Colin. *Shakespeare's Philosophy*. New York: Harper Perennial, 2006.

McLean, Antonia. *Humanism and the Rise of Science in Tudor England*. New York: Neale Watson Academic Publications, 1972.

Meadows, A. J. *The High Firmament: A Survey of Astronomy in English Literature*. Leicester, UK: Leicester University Press, 1969.

Milton, John. *Paradise Lost*. Edited by Scott Elledge. New York: W. W. Norton, 1975. Citations are to the 1993 edition.

Montaigne, Michel de. *The Complete Essays*. Edited by M. A. Screech. London: Penguin Books, 2003.

Montaigne, Michel de. *The Essays of Montaigne: The John Florio Translation*. London: Modern Library, 1933.

Nicholl, Charles. *The Lodger: Shakespeare on Silver Street*. New York: Allen Lane, 2007.

Nicoll, Allardyce. *The Elizabethans*. Cambridge: Cambridge University Press, 1957.

Numbers, Ronald L., ed. *Galileo Goes to Jail and Other Myths about Science and Religion*. Cambridge, MA: Harvard University Press, 2009.

Nuttall, A. D. *Shakespeare the Thinker*. New Haven, CT: Yale University Press, 2007.

Olsen, Kirstin. *All Things Shakespeare: An Encyclopedia of Shakespeare's World*. 3 vols. Westport, CT: Greenwood Press, 2002.

Olson, Donald W., Marilyn S. Olson, and Russell L. Doescher. "The Stars of Hamlet." *Sky & Telescope*, November 1998, 68–73.

Orchard, Thomas N. *The Astronomy of Milton's "Paradise Lost."* Fairford, UK: Echo Press, 2010.

Palmer, Ada. "Reading Lucretius in the Renaissance." *Journal of the History of Ideas* 73, no. 3 (July 2012): 395–416.

Panek, Richard. *Seeing and Believing: How the Telescope Opened our Eyes and Minds to the Heavens*. New York: Penguin Books, 1998. Citations are to the 1999 edition.

Pope, Maurice. "Medicine." In *The Oxford Companion to Shakespeare*, edited by Michael Dobson and Stanley Wells, 283–87. Oxford: Oxford University Press, 2001.

Principe, Lawrence M. *The Scientific Revolution: A Very Short Introduction*. Oxford: Oxford University Press, 2011.

Pritchard, R. E., ed. *Shakespeare's England*. Phoenix Mill, UK: Sutton

Publishing, 2000.

Pumfrey, Stephen. "Harriot's Maps of the Moon: New Interpretations." *Notes and Records of the Royal Society* 63 (2009): 163 - 68.

Pumfrey, Stephen. "'Your Astronomers and Ours Differ Exceedingly': The Controversy over the 'New Star' of 1572 in the Light of a Newly Discovered Text by Thomas Digges." *British Journal for the History of Science* 44, no. 1 (2011): 29 - 60.

Raman, Shankar. "Death by Numbers: Counting and Accounting in *The Winter's Tale*." In *Alternative Shakespeares 3*, edited by Diana E. Henderson. London: Routledge, 2008.

Raman, Shankar. "Specifying Unknown Things: The Algebra of *The Merchant of Venice*." In *Making Publics in Early Modern Europe*, edited by Bronwen Wilson and Paul Yachnin. New York: Routledge, 2010.

Reston, James. *Galileo: A Life*. New York: Harper Collins, 1994.

Ridley, Jasper. *The Tudor Age*. London: Robinson, 2002.

Rosen, Edward. *Copernicus and the Scientific Revolution*. Malabar, FL: Robert E. Krieger, 1984.

Rosen, Edward, trans. *Kepler's Somnium: The Dream, or Posthumous Work on Lunar Astronomy*. Madison, WI: University of Wisconsin Press, 1967.

Ross, James Bruce, and Mary Martin McLaughlin, eds. *The Portable Renaissance Reader*. New York: Penguin Books, 1988.

Rowland, Ingrid. *Giordano Bruno: Philosopher/Heretic*. New York: Farrar, Straus and Giroux, 2008.

Russell, John L. "The Copernican System in Great Britain." In *The Reception of Copernicus's Heliocentric Theory*, edited by Jerzy Dobrzycki. Boston: D. Reidel

Publishing Company，1973.

Sacerdoti，Gilberto. *Nuovo cielo，nuova terra：La rivelazione copernicana di "Antonio e Cleopatra" di Shakespeare*. Bologna：Società editrice il Mulino，1990.

Sayce，R. A. *The Essays of Montaigne: A Critical Exploration*. London：Weidenfeld and Nicholson，1972.

Schoenbaum，Samuel. *Shakespeare: A Compact Documentary Life*. Oxford：Oxford University Press，1987.

Seeds，Michael A. *Foundations of Astronomy*. Belmont，CA：Wadsworth，1999.

Shapin，Steven. *The Scientific Revolution*. Chicago：University of Chicago Press，1996.

Shapiro，James. *A Year in the Life of William Shakespeare*. New York：Harper Perennial，2005.

Sharpe，J. A. *Early Modern England: A Social History 1550 - 1760*. London：Edward Arnold，1987.

Sharpe，James. "The Debate on Witchcraft." In *A New Companion to English Renaissance Literature and Culture* vol. 2，edited by Michael Hattaway. Malden，MA：Wiley-Blackwell，2010.

Sobel，Dava. *A More Perfect Heaven: How Copernicus Revolutionized the Cosmos*. New York：Walker，2011.

Spiller，Elizabeth. "Shakespeare and the Making of Early Modern Science." *South Central Review* 26 (Winter and Spring 2009)：24 - 41.

St. John Parker，Michael. *Shakespeare*. Andover：Pitkin Publishing，2010.

Stimson，Dorothy. *The Gradual Acceptance of the Copernican Theory*. Gloucester，MA：Peter Smith，1972.

Swerdlow, Noel M. "Galileo's Discoveries with the Telescope and Their Evidence for the Copernican Theory." In *The Cambridge Companion to Galileo*, edited by Peter Machammer. Cambridge: Cambridge University Press, 1999.

Thomas, Keith. *Religion and the Decline of Magic*. London: Penguin Books, 1991.

Travitsky, Betty, ed. *The Paradise of Women: Writings by Englishwomen of the Renaissance*. Westport, CT: Greenwood Press, 1981.

Usher, Peter. "Hamlet and Infinite Universe." *Research Penn State* 18, no. 3 (September 1997). Accessed online at http: //www. rps. psu. edu/sep97/hamlet. html.

Usher, Peter. "Jupiter and *Cymbeline*." *The Shakespeare Newsletter*, Spring 2003, 7 - 12.

Usher, Peter. "Shakespeare and Elizabethan Telescopy." *Journal of the Royal Astronomical Society of Canada* (February 2009): 16 - 18.

Usher, Peter. *Shakespeare and the Dawn of Modern Science*. Amherst, NY: Cambria Press, 2010.

Usher, Peter. "Shakespeare's Cosmic World View." *Mercury 26*, no. 1 (January - February 1997): 20 - 23.

Usher, Peter. "Shakespeare's Support for the New Astronomy." *The Oxfordian* 5 (2002): 132 - 46. Accessed online at http: //www. shakespearedigges. org/ox2. htm.

Weinberg, Steven. *The First Three Minutes: A Modern View of the Origin of the Universe*. New York: Basic Books, 1977. Citations are to the 1988 updated edition.

Westfall, Richard S. "The Scientific Revolution Reasserted." In *Rethinking the*

Scientific Revolution，edited by Margaret J. Osler. Cambridge：Cambridge University Press，2000.

Williams，Neville. “The Tudors.” In *The Lives of the Kings and Queens of England*，editedby Antonia Fraser. London：Weidenfeld and Nicholson，1993.

Wilson，John Dover. *The Essential Shakespeare*. Cambridge：Cambridge University Press，1964.

译后记

莎士比亚是欧洲文艺复兴时期英国伟大的剧作家和诗人，创作了许多旷世奇作。他的戏剧作品问世至今一直在世界各大剧院中上演，从未落幕，因而对于其作品的研究可以说是汗牛充栋。我作为英语学习者，对于莎士比亚自然是熟悉的，但以往我阅读时看到的一般都只是从文学方面对其作品进行解读和研究，所以刚拿到《莎士比亚的科学：一个剧作家和他的时代》这本书时，我就对这个话题充满了兴趣。这是一个全新的主题，可以引领读者从莎士比亚的作品中读出更多的内容。

本书可以说是一部现代意义上的“科学”起源史，它向我们展现了一幅人类探索世界和宇宙的历史画卷。作者探究了莎士比亚时代在科学上的发现和人们对世界的认知，以及这些新发现和新认知在莎士比亚作品中的体现。作者认为莎士比亚生活于一个转折的时代，科学与神学慢慢分离，中世纪的阴影逐渐消散，现代科学文明正在崛起。书中的内容极为丰富，从亚里士多德的地心说宇宙观、中世纪的魔法，到透镜理论、伽利略的望远镜发现、笛卡尔的机械论等，还有莎士比亚在戏剧中对这些内容的指涉都有所呈现。

早期现代科学于16至17世纪在西方兴起，很多学者称之为科学革命，来自波兰的哥白尼提出的“日心说”通常被认为是这一革命的开端。“日心说”挑战了存续两千多年的亚里士多德和托勒密的“地心说”：地球不再是宇宙的中心，而是被降级为一颗普通的行星。科学革命从天文学领域开始。在哥白尼之后，第谷·布拉赫继续观测星空，他综合了托勒密体系和哥白尼体系，提出了折中的天界模型。英国的托马斯·迪格斯在新版历书《永恒的预言》中第一次向英国人详细介绍了日心说体系，并附了一张图表，从中可以看到恒星向四周无限延伸，暗示着一个无限的宇宙，甚至比哥白尼所设想的还要广阔。而在约翰·迪伊、威廉·吉尔伯特、布鲁诺等人身上我们看到科学与神秘主义的独特融合，他们是哥白尼理论的早期拥护者，但要让这一理论得以传播并为人所接受仍旧是一个漫长的过程。伽利略用他自己制造的望远镜观察天体，看到月球上的环形山、太阳表面的黑子、木星的四颗卫星和金星的相位等等。他的这些发现改变了以地球为宇宙中心的普遍看法，促进了人们对日心说的接受。阅读此书时让我们跟随作者的笔触去了解这些人类历史上的天才们如何观察星空，如何理解宇宙。在伽利略之后，包括英国的弗朗西斯·培根、托马斯·哈里奥特等，都通过用仪器观测或做实验来验证其假设，这其实已经具备了一定的现代科学思维。在这之后还有许多拥抱新观念的学者，各种思想和发现层出不穷。而莎士比亚恰好生活在这一转折时期，这些新思想和新发现在他的作品中都有所体现，只待读者去阅读发现。

例如，莎士比亚最出名的悲剧《哈姆莱特》讲述了哈姆莱特王子为了父亲向叔叔克劳狄斯复仇的故事。这部剧中复杂的人物性格和完美的艺术手法使其成为莎士比亚最负盛名的作品，对它的解读更多是从文学手法、人物塑造或是创作背景等方面入手，而本书作者从科学角度，更准确地说是从天文学角度对其进行了重新解读。《哈姆莱特》原文中有不少对天文学的指涉，如哈姆莱特的话："上帝啊！倘不是因为我总做噩梦，那么即使把我关在果壳里，我也会把自己当作一个拥有无限空间的君王的。"这里的"无限空间"一词可能并不仅仅指思想上的无限空间，更与迪格斯和布鲁诺思考的无限宇宙相关；文中还有两个配角的名字，正是第谷·布拉赫肖像上的“罗森格兰兹”和“吉尔登斯吞”。

在新天文学中，人类不再是宇宙的中心，虽然自从人类思想诞生以来，人们就认为宇宙是为“我”而造的。现在宇宙变得越来越浩瀚无垠，这种信念难以为继。随着对天空的观测与思考，“科学”所揭示的是一个没有目的、没有意义的宇宙，它不是为了人类的福祉而存在的。正如当代物理学家史蒂文·温伯格所说的，宇宙浩瀚而冰冷，对人类的喜怒哀乐漠不关心。现代意义上的“科学”认为宇宙仅仅是存在，虽然这种思想在莎士比亚时代还难以被人们普遍接受，但在莎士比亚的作品中，如果读者仔细去阅读还是会发现这种新观点的蛛丝马迹。

从天文学开始，作者接着探讨了莎士比亚作品中出现的占星术、魔法、医药等方面的内容，包括当时人们在这些方面所做的各种研究。在作者看来，莎士比亚对新的宇宙图景和新的发现是知晓的，正如他笔下的人物拉佛在《终成眷属》中宣称的那样，上帝修补自然界的日子可能结束了：“人家说奇迹已经过去了……”众神退场，以实验观测和数学为基础的科学思维正在兴起。

阅读此书就如同在人类的思想与科学发展史中遨游，见识一个接一个的天才人物，他们对宇宙的思考与探索让我们认识到人类如何走到今天，如何发展出如此璀璨的现代文明。其中许多想法直到今天依然值得我们思考，当下一次仰望星空时，我们或许也可以问自己：宇宙因何存在？我的存在又有什么意义？

此书还会让读者发现一个全新的莎士比亚，在他的作品中不但有对人性的敏锐观测，还有对最新“科学”探究的文学记录。他向我们展示了一个处于转折时期的世界，人们的思想观念正从中世纪的地心说和魔法思维向新的科学思维方式逐渐转变。科学改变了人们对世界的认知，而莎士比亚作品中对人性的深刻探讨也同样影响了人们对世界的看法。科学与文学可以有机地结合在一起，让我们更好地去认识自己，了解世界。

在整个翻译的过程中，我接触到许多或熟悉或陌生的名字，查阅了诸多资料，慢慢意识到人类的进步得益于人类对世界的好奇与探索，抬头可见的星空就是最好的开始。今年由于新冠疫情，整个超长的寒假假期我基本都被困在家中，不得外出，而这段时间正是我翻译量最多的时候，原本极度无聊的时光因为翻译变得忙碌而充实。书中的内容也让我时常在晴朗的夜晚仰望星空：天上繁星点点，遥想当年的这些天才人物与我看到的是同一片浩瀚星空，我感慨万千；这样的感觉很奇特。非常感谢这本书的陪伴，让我的 2020 年没有虚度。译事艰难，但有无限的乐趣与满足。我一直坚信阅读可以让我们遇见有趣的灵魂，见识到更广阔的世界。对莎士比亚和科学发展感兴趣的读者，相信阅读这本书将带给你不同的体验。通过阅读，让我们来一场科学与文学交织的奇妙之旅吧！

斯韩俊

2021 年 1 月